采 矿 知 识 500 问

李富平　吕广忠　朱　明　编

北 京

冶金工业出版社

2013

内 容 提 要

　　本书主要对金属矿床开采技术相关问题采用问答的形式进行了介绍,包括采矿基础知识、凿岩爆破、露天开采工艺、露天开采设计、地下矿床开拓、地下采矿方法、矿井提升与运输、井巷掘进与支护、矿井通风、矿山灾害与防治、特殊采矿、矿山技术经济及环境保护等。

　　本书可作为矿山工程技术人员、管理人员及想了解矿产资源开发技术人员的入门参考书。

图书在版编目(CIP)数据

　采矿知识 500 问/李富平,吕广忠,朱明编 . —北京:
冶金工业出版社,2010. 6 (2013. 8 重印)
　ISBN 978-7-5024-5268-1

　Ⅰ.①采…　Ⅱ.①李…　②吕…　③朱…　Ⅲ.①矿山
开采—问答　Ⅳ.①TD8-44

　中国版本图书馆 CIP 数据核字(2010)第 093971 号

出 版 人　谭学余
地　　址　北京北河沿大街嵩祝院北巷 39 号,邮编 100009
电　　话　(010)64027926　电子信箱　yjcbs@ cnmip. com. cn
责任编辑　杨秋奎　美术编辑　张媛媛　版式设计　孙跃红
责任校对　刘　倩　责任印制　牛晓波
ISBN 978-7-5024-5268-1

冶金工业出版社出版发行;各地新华书店经销;北京百善印刷厂印刷
2010 年 6 月第 1 版,2013 年 8 月第 2 次印刷
787mm×1092mm　1/16;18. 25 印张;438 千字;269 页
49. 00 元

冶金工业出版社投稿电话:(010)64027932　投稿信箱:tougao@cnmip. com. cn
冶金工业出版社发行部　电话:(010)64044283　传真:(010)64027893
冶金书店　地址:北京东四西大街 46 号(100010)　电话:(010)65289081(兼传真)
(本书如有印装质量问题,本社发行部负责退换)

前　言

　　矿产资源是人类社会得以生存和发展的重要物质基础，也是保持我国社会稳定和国家安全不可缺少的支撑条件。目前，我国95%以上的能源和80%以上的工业原料都取自矿产资源。随着我国经济的快速发展，矿产资源的需求量与日俱增，矿产资源的开发引起社会各界的广泛关注，需要对矿产资源开发相关知识的了解的人群也越来越多。本书即是针对此需求而编写的一本有关矿产资源开发的采矿工程知识的问答性图书。

　　近年来，随着我国矿产资源的开发，采矿工业得到了迅速发展，无论是在开采技术方面，还是有关矿产资源开发引起的生态环境方面、安全方面的研究均取得了很大的进步。因此，本书在内容安排上，除重点介绍有关采矿工程的基本概念、基本技术外，还介绍了有关充填采矿工艺、矿山安全以及矿山土地复垦等方面的内容。为了将采矿最新的知识奉献给读者，我们尽量将国内外最新的技术及有代表性的研究成果选至书中，在此向本书引用的有关资料和研究的作者顺表谢意。

　　参加本书编写工作的是河北理工大学的李富平（第十一、十二章）、吕广忠（第一、五、六章）、朱明（第二、三、四章）、孙光华（第七章）、唐瑞（第八章）、朱令起（第九章）、张嘉勇（第十章）。此外，研究生韩瑞亮、张璐、李海洲、孙金龙、何方维、常贵平等同志对本书的编写也给予了帮助。全书由李富平负责统稿和定稿。

　　由于作者水平所限，书中疏漏之处，敬请广大读者和同仁不吝指正。

编　者

2010 年 1 月

目 录

第一章 采矿基础知识

第二章 凿岩爆破

第三章 露天开采工艺

第四章　露天开采设计

第五章　地下矿床开拓

第六章 地下采矿方法

第七章　矿井提升与运输

第八章　　井巷掘进与支护

第九章　矿井通风

第十章　矿山灾害与防治

第十一章　特殊采矿

第十二章　矿山技术经济及环境保护

第一章　采矿基础知识

1. 采矿工业有哪些特点?

开采矿产资源的过程和作业称为采矿。采矿工业是现代工业的基础。采矿工业与国民经济其他工业类相比,有以下特点:

(1)矿山建设受矿产资源的限制,不能自由选择矿址,往往因为矿产资源所在地的条件限制,造成建设、交通、动力、生活等诸多方面的不便,从而使建设施工工程量加大、投资增多、建设周期增长。

(2)采矿工作的对象是矿产资源,矿产资源均有一定的数量,因此矿山也存在有一定的服务年限。资源采完,矿山也就结束了存在的基础。

(3)由于矿产资源赋存条件多样,采矿工作的地点也随着工作面的推进而变化,因此采矿作业具有多样性。矿山开采的方法和工艺也要随着矿床的变化和采矿工作的推进而变化,因此加强矿山管理、及时调整生产进度与强度尤为重要。

(4)采矿生产过程中部分矿石不能采出,造成损失,在开采和运输过程中不可避免地混入废石而使矿石品位降低(贫化)。降低采矿工作的贫化率和损失率,是采矿工作中重要的质量要求。

(5)采矿作业受客观条件限制,特别是地下采矿,劳动强度大,工作条件恶劣,安全性差,不易实现机械化和自动化作业,因此采矿工作应特别注意生产安全和劳动保护工作。

2. 何谓矿床、工业矿床,金属矿床如何分类?

矿床是矿体的总称,对某一矿区而言,可由一个或若干个矿体所组成。

工业矿床是在现有的经济技术条件下可以开采和利用的矿床,不可开采利用的叫非工业矿床。

金属矿床的分类,一般按其矿体形状、倾角和厚度三个因素进行分类。

(1)按矿体形状分类:

1)层状矿床:这类矿床多为沉积或变质沉积矿床。

2)脉状矿床:这类矿床主要是由于热液和汽化作用,矿物质充填于地壳的裂隙中生成的。

3)块状矿床:这类矿床主要是充填、接触交代、分离和汽化作用形成的矿床。

(2)按倾角分类:

1)水平和微倾斜矿床:倾角小于 5°。

2)缓倾斜矿床:倾角为 5°~30°。

3)倾斜矿床:倾角为 30°~55°。

4)急倾斜矿床:倾角大于55°。

(3)按厚度分类:

1)极薄矿体:厚度在0.8m以下。

2)薄矿体:厚度为0.8~4m。

3)中厚矿体:厚度为4~(10~15)m。

4)厚矿体:厚度为(10~15)~40m。

5)极厚矿体:厚度大于40m。

3. 何谓矿石和废石?

地壳内的各种矿物质,凡能用开采、洗选和冶炼等现代技术提取国民经济和国防建设各部门所需的金属或矿物产品的,统称矿石。

矿体周围的岩石(围岩)以及夹在矿石中的岩石(夹石),不含有用成分或含量过少,或当前不宜作为矿石开采的,统称废石。

矿石和废石的概念是相对的,是随着国民经济的发展、矿山开采和矿石加工技术水平的提高而变化的。

4. 金属矿床的特性是什么?

(1)矿床赋存条件不稳定。矿体的厚度、倾角及形状均不稳定。在走向或在倾向上,矿体厚度、倾角经常有较大变化,常出现尖灭、分支复合等现象。这就要求有多种采矿方法和采矿方法本身要有一定的灵活性以适合复杂的地质条件。

(2)矿石品位变化大。在金属矿床中,矿石品位沿矿体的走向及倾向,经常有较大变化。这些变化有时有一定的规律,如:随深度增加,矿石品位变贫或变富;在矿体中经常存在夹石;有些硫化矿床的上部有氧化矿,使同一矿体产生分带现象等。这些都对采矿提出特殊的要求,如:按不同品种、不同品级进行分采,品位中和,剔除夹石以及确定矿体边界等。

(3)地质构造复杂。在矿床中经常有断层、褶皱、穿入矿石的岩脉、断层破碎带等地质构造。这些构造给采矿和探矿工作带来很大困难。

(4)矿石和围岩的坚固性大。多数金属矿床均有这个特点。因此,一般采用凿岩爆破方法来崩落矿石和围岩。

(5)矿床的含水性。某些金属矿床大量含水,对开采有很大的影响。矿床含水大,不仅增加排水设备及设施,而且给回采工作造成很大困难。

5. 矿床开采的步骤有哪些?

矿床开采分为开拓、采准、切割、回采四个步骤。

(1)开拓。从地面掘进一系列巷道通达矿体,以便把地下将要采出的矿石运至地面,同时把新鲜空气送入地下、污浊空气排出地表,把矿坑水排出地表,把人员、材料和设备等送入地下和运出地面,形成提升、运输、通风、排水以及动力供应等完整系统,称为矿床开拓。

(2)采准。在已开拓的矿体范围内,按设计规定的采矿方法所需掘进采准巷道的工作。

（3）切割。切割是指在已采准完毕的矿块里，为大规模回采矿石开辟自由面和自由空间（拉底或切割槽），有的还需要辟漏（把漏斗颈扩大成漏斗形状），为大规模采矿创造良好的爆破和放矿条件。

（4）回采。切割工作完毕之后，就可以大量的采矿，称为回采工作，包括落矿、运搬和地压管理三项主要工作。

开拓、采准、切割和回采是按编定的采掘进度计划进行的。在矿山生产初期，上述各步骤在时间上是依次进行的；到正常生产时期时，下阶段的开拓、上阶段的采准与再上阶段的切割和回采是同时进行。

为了保证矿山持续均衡地进行生产，避免出现生产停顿或产量下降等现象，应保证开拓必须超前于采准，采准必须超前于切割，切割必须超前于回采。

6. 常用的矿床工业指标有哪些？

矿床工业指标是指用来衡量地质体是否可作为矿床、矿体或矿石的指标，也就是当前工业水平所需求的最低界限。

常用的矿床工业指标主要有：

（1）边界品位。边界品位是指划分矿石与废石的分界品位，若有用组分低于边界品位，均作废石处理。

（2）工业品位。工业品位是指在当前工业技术条件和经济条件下，工业上可利用的矿体或矿块的有用组分的最低平均品位。

（3）最小可采厚度。最小可采厚度是指当前开采技术水平和经济条件下，矿体可被开采的最低厚度。

（4）夹石剔除厚度。夹石剔除厚度是指矿体内矿化夹层应予剔除的最小厚度。小于此厚度的夹石并入矿体计算储量。

（5）最低米百分数。最低米百分数是指矿体最小可采厚度与最低可采品位的乘积。某些矿体，特别是一些稀贵金属，有时厚度虽然小于最小可采厚度，但其有用组分品位却比最低工业品位高得多，即使开采一定厚度的围岩，经济上仍然合理。此时需综合考虑矿体的厚度和品位对矿床开采价值的影响。此项指标不适于厚而贫的矿体。

7. 何谓表内、表外储量？

表内储量是指在目前工业技术条件下可以开采利用的储量。表外储量是指由于有用组分含量低，有害物质含量过高，矿体厚度过小，矿石埋藏太深，矿山开采技术或水文地质条件特别复杂，矿石的选冶工艺暂未解决等问题，目前尚难利用的储量。

8. 何谓储量级别，如何划分？

储量级别是反映所探明储量精确程度或可靠性的分级。对发现后已查明矿产资源通过可行性评价分成经济的、边际经济的、次边际经济的和内蕴经济的，综合考虑上述技术和经济的因素将矿产资源分为三大类（即储量、基础储量、资源量），16 种类型（表1－1）。

表 1 - 1　固体矿产资源/储量分类

经济意义	地质可靠程度			
	查明矿产资源			潜在矿产资源
	探明的	控制的	推断的	预测的
经济的	可采储量(111)			
	基础储量(111b)			
	预可采储量(121)	预可采储量(122)		
	基础储量(121b)	基础储量(122b)		
边际经济的	基础储量(2M11)			
	基础储量(2M21)	基础储量(2M22)		
次边际经济的	资源量(2S11)			
	资源量(2S21)	资源量(2S22)		
内蕴经济的	资源量(331)	资源量(332)	资源量(333)	资源量(334)

9. 储量分为哪几类?

储量是指基础储量中的经济可采部分。在预可行性研究、可行性研究或编制年度采掘计划当时,经过了对经济、开采、选冶、环境、法律、市场、社会和政府等诸因素的研究及相应修改,结果表明在当时是经济可采或已经开采的部分。用扣除设计、采矿损失的可实际开采数量表述,依据地质可靠程度和可行性评价阶段不同,又可分为可采储量和预可采储量,可分为以下三种类型:

(1)可采储量(111)是探明的经济基础储量的可采部分。它是指在已接近勘探阶段要求加密工程的地段,在三维空间上详细圈定了矿体,肯定了矿体的连续性,详细查明了矿床地质特征、矿石质量和开采技术条件,并有相应的矿石加工选冶试验成果,已进行了可行性研究,包括对开采、选冶、经济、市场、法律、环境、社会和政府因素的研究及相应的修改,证实其在计算的当时开采是经济的。计算的可采储量及可行性评价结果,可行度高。

(2)预可采储量(121)是探明经济基础储量的可采部分。它是指在已达到勘探阶段加密工程阶段,三维空间上详细圈定了的矿体,肯定了矿体连续性,详细查明了矿床地质特征、矿石质量和开采技术条件,并有相应的矿石加工选冶试验成果,但只进行了预可行性研究,表明当时开采是经济的,计算的可采储量可信度高,可行性评价结果的可行度一般。

(3)预可采储量(122)是控制的经济基础储量的可采部分,是指在已达到详查阶段工作程度要求的地段基本上圈定了矿体三维形态,能够较有把握的确定矿体连续性的地段,基本查明了矿床地质特征、矿石质量、开采技术条件,提供了矿石加工选冶性能条件试验的结果。对于工艺流程成熟的易选矿石,也可利用同类型矿产的试验结果。预可行性研究结果表明开采是经济的,计算的可采储量可信度高,可行性评价结果的可信度一般。

10. 基础储量分为哪几类?

基础储量是查明矿产资源的一部分。它能满足现行采矿和生产所需的指标要求(包括品位、质量、厚度、开采技术条件等),是经详查、勘探所获控制的、探明的并通过可行性研

究、预可行性研究认为属于经济、边际经济的部分,用未扣除设计、采矿损失的数量表达,可分为以下6种类型:

(1)探明的(可研)经济基础储量(111b)。它所达到的勘察阶段、地质可靠程度、可行性评价阶段及经济意义的分类同可采储量(111)所述,与其唯一的差别在于本类型是用未扣除设计、采矿损失的数量表达。

(2)探明的(预可研)经济基础储量(121b)。它所达到的勘察阶段、地质可靠程度、可行性评价阶段及经济意义的分类同预可采储量(121)所述,与其唯一的差别在于本类型是用未扣除设计、采矿损失的数量表达。

(3)控制的经济基础储量(122b)。它所达到的勘查阶段地质可靠程度、可行性评价阶段及经济意义的分类同预可采阶段储量(122)所述,与其唯一的差别在于本类型是用未扣除设计、采矿损失的数量表达。

(4)探明的(可研)边际经济基础储量(2M11)。它是指在达到勘探阶段工作程度要求的地段,详细查明了矿床地质特征、矿石质量、开采技术条件,圈定了矿体的三维形态,肯定了矿体连续性,有相应的加工选冶试验结果。可行性研究结果表明,在确定当时,开采时不经济的,但接近盈亏边界,只有当技术、经济等条件改善后才可变成经济的。这部分基础储量可以再可采储量周围或在其间分布。计算的基础储量和可行性评价结果的可信度高。

(5)探明的(预可研)边际经济基础储量(2M22)。它是指在达到勘探阶段工作程度要求的地段、详细查明了矿床地质特征、矿石质量、开采技术条件,圈定了矿体的三维形态,肯定了矿体连续性,有相应的矿石加工选冶性能试验结果。可行性研究结果表明,在确定当时,开采时不经济的,但接近盈亏边界,待将来技术经济条件改善后可变成经济的。其分布特征同2M11,计算的基础储量的可行度高,可行性评价结果的可行度一般。

(6)控制的边际经济基础储量(2M22)。它是指在达到详查阶段工作程度的地段,基本查明了矿床地质特征、矿石质量、开采技术条件,基本圈定了矿体的三维形态,预可行性研究结果表明,在确定当时,开采时不经济的,但接近盈亏边界,待将来技术经济条件改善后可变成经济的。其分布特征类似于2M11,极端的基础储量可信度高,可行性评价结果的可行度一般。

11. 资源量分为哪几类?

资源量是指查明矿产资源的一部分和潜在矿产资源,包括经可行性研究或预可行性研究证实为次边际经济的矿产资源以及经过勘查而未进行可行性研究或预可行性研究的内蕴经济的矿产资源,以及经过预查后预测的矿产资源,可分为以下7种类型:

(1)探明的(可研)以次边际经济资源量(2S11)是指在勘查工作程度已达到勘探阶段要求的地段,地质可靠程度为探明的,可行性研究结果表明,在确定当时,开采时不经济的矿产资源,必须大幅度提高矿产品价格或大幅度降低成本后,才能变成经济的。计算的资源量和可行性评价结果的可信度高。

(2)探明的(预可研)次边际经济资源量(2S21)是指在勘查工作程度已达到勘探阶段要求的地段,地质可靠程度为探明的,预可行性研究结果表明,在确定当时,开采是不经济的,需要大幅度提高矿产品价格或大幅度降低成本后,才能变成经济的。计算的资源量和可行性评价结果可信度一般。

(3)控制的次边际经济资源量(2S22)是指在勘查工作程度已达到详查阶段要求的地

段,地质可靠程度为控制的,预可行性研究结果表明,在确定当时,开采是不经济的,需要大幅度提高矿产品价格或大幅度降低成本后,才能变成经济的。计算的资源量可信度较高,可行性评价结果的可行度一般。

(4)探明的内蕴经济资源量(331)是指在勘查工作程度已达到勘探阶段要求的地段,地质可靠程度为探明的,但未做可行性研究或预可行性研究,仅做了概略研究,经济意义介于经济的-次边际经济范围内。计算的资源量可信度高,可行性评价可信度低。

(5)控制的内蕴经济资源量(332)是指在勘查工作程度已达到详查阶段要求的地段,地质可靠程度为控制的,可行性评价仅做概略研究,经济意义介于经济的-次边际经济范围内。计算的资源量可信度较高,可行性评价可行度低。

(6)推断的内蕴经济资源量(333)是指在勘查工作程度只达到普查阶段要求的地段,地质可靠程度为推断的,资源量只根据有限的数据计算的,其可信度低。可行性评价仅做了概略研究,经济意义介于经济的-次边际经济范围内,可行性评价可信度低。

(7)预测的资源量(334)依据区域地质研究成果、航空、遥感、地球物理测量,地球化学测量等异常或极少量工程资料,确定具有矿化潜力的地区,并和已知矿床类比而估计的资源量,属于潜在矿产资源,有无经济意义尚不确定。

12. 矿产资源储量是如何套改的?

为适应《固体矿产资源/储量分类》国家标准(GB/T 17766—1999)的要求,准确摸清我国资产资源家底,国土资源部发文(国土资发〔1999〕175 号),在全国开展矿产资源储量套改工作,套改后资源/分类与以前的 A、B、C 和 D 级储量的对应关系见表 1-2。

表 1-2　矿产资源储量套改表

序号	储 量 种 类	地质工程程度		套改编码	归类编码
		储量级别	勘察阶段		
1	正在开采、基建矿区的单一、主要矿产储量及其已(能)综合回收利用的共、伴生矿产储量及因国家宏观经济政策调整而停采的矿产储量	A + B	勘探	111	111
				111b	111b
		C	勘探	(112)	111
				(112b)	111b
			详查	(112)	122
				(112b)	122b
		D	勘探、详查、普查	(113)	122
				(113b)	122b
2	计划近期利用、推荐近期利用、可供边探边采矿区单一、主要矿产储量及其综合回收利用的共、伴生矿产储量及 1993 年 10 月 1 日以后提交的勘探报告中属能利用(表内)a 亚类矿产储量	A + B	勘探、详查	121	121
				121b	121b
		C		122	122
				122b	122b
		D	普查	(123)	122
				(123b)	122b
				(123)	333

序号	储量种类	地质工程程度		套改编码	归类编码
		储量级别	勘察阶段		
3	因经济效益差、矿产品无销路、污染环境等而停建、停采，将来技术、经济及污染等条件改善后再建再采的矿区单一、主要矿产储量及其已(能)综合回收的共、伴生矿产储量	A+B	勘探、详查	2M11	2M11
		C		(2M12)	2M22
		D		(2M13)	2M22
			普查	(2M13)	333
4	因交通或供水或供电等矿山建设的外部经济条件差确定为近期难以利用、近期不宜进一步工作但改善经济后即能利用的矿区的单一、主要矿产储量及其可综合回收的共、伴生矿产储量	A+B	勘探、详查	2M21	2M21
		C		2M22	2M22
		D		(2M23)	2M22
			普查	(2M23)	333
5	由于有用组分含量低、或有害组分含量高、或矿层(煤层)薄、或矿体埋藏深、或矿床水文地质条件复杂等而停建、停采的矿区的单一、主要矿产储量及其已(能)综合回收的共、伴生矿产储量，以及闭坑矿区储量	A+B	勘探、详查、普查	2S11	2S11
		C		(2S12)	2S22
		D		(2S13)	2S22
6	由于有用组分含量低、或有害组分含量高、或矿层(煤层)薄、或矿体埋藏深、或矿床水文地质条件复杂等确定为近期难以利用和近期不宜工作矿区的单一、主要矿产储量及其可综合回收的共、伴生矿产储量，及不能综合回收共、伴生矿产的储量，及表外矿	A+B	勘探、详查、普查	2S21	2S21
		C		2S22	2S22
		D		(2S23)	2S22
7	未能按上述要求确定编码的矿产储量	A+B	勘探、详查、普查	331	331
		C		332	332
		D		333	333

13. 何谓三级储量?

将矿石储量按开采准备程度划分为开拓储量、采准储量和备采储量三级，称为三级储量。

(1)开拓储量：凡涉及所包括的开拓巷道，均已开掘完毕，构成主要运输和通风系统并可掘进采准巷道者，则在此开拓巷道水平以上的设计储量，称为开拓储量。

(2)采准储量：在已开拓的矿体范围内，按设计规定的采矿方法所需掘进的采准巷道均已完毕，则此矿块的储量，称为采准储量。

(3)备采储量：已做好采矿准备的矿块，完成了拉底空间或切割槽、辟漏等切割工程，可以立即进行采矿时，则此矿块内的储量，称为备采储量。

14. 岩石如何分类?

岩石是各种不同的地质作用下，由造岩矿物形成的集合体。岩石可以由一种矿物形成，但多数岩石是由两种以上的矿物组成，有的岩石组分很复杂，可含几十种矿物。

岩石是地壳的主要组成部分，在地壳中各种各样的岩石可根据其形成作用分为三大类，即沉积岩、岩浆岩及变质岩。

（1）沉积岩是在地表形成的一种地质体，是在常温常压下由风化作用、生物作用和火山作用形成的物质经过沉积、风化等作用而形成的岩石。

（2）岩浆岩是由岩浆冷凝结晶而成的岩石。

（3）变质岩是地壳发展过程中，原先已存在的各种岩石在特定的地质和物理化学条件下所形成的具有新的矿物组合和结构构造的岩石。

15. 何谓岩石的结构?

岩石的结构是指岩石在生成时和生成后受动力地质作用所形成的一种宏观状态，主要指层理、片理和裂隙。层理表现在垂直方向上岩石的成分发生变化。片理则是岩石沿平行的平面分裂成薄片的能力。在层理比较发育的岩石中钻孔时，钻孔方向要尽量垂直于层理面以防卡钎降低凿岩效率。一般而言层理发育对爆破有利，但如果太发育则影响爆破效果，甚至凿钻不出成形的炮孔。

16. 常用矿岩物理力学性质有哪些?

常用矿岩物理力学性质主要有硬度、坚固性、稳固性、结块性、氧化性、自燃性、含水性与碎胀性等。

（1）硬度。矿岩抵抗工具入侵的性能称为硬度。硬度对凿岩有很大影响，硬度越大，凿岩越困难。

（2）坚固性也是一种抵抗外力的性能。这种外力不是一种简单的外力，而是一种综合的外力，即锹、镐、机械破碎、炸药爆炸等作用下的力。坚固性用 f 来表示，称为普氏系数。它表示矿岩极限抗压强度、凿岩速度、炸药消耗量等值的平均值。用矿、岩的极限抗压强度的百分之一表示：

$$f = \frac{R}{100} \tag{1-1}$$

式中 R——矿、岩极限抗压强度。

（3）稳固性是指矿石或岩石允许暴露面积的大小及暴露时间长短的性能。

按暴露面积的大小，矿岩稳固性可分为五类：

1）极不稳固。在掘进和采矿中，不允许有不支护的暴露面积。

2）不稳固。此类矿岩的顶板或两帮暴露时需要立即支护，允许暴露面积小于 $50 m^2$。

3）中等稳固。这种矿岩的暴露面积一般为 $50 \sim 200 m^2$，不支护可以安全地进行生产。

4）稳固。允许不支护的暴露面积为 $200 \sim 800 m^2$。

5）极稳固。允许不支护的保留面积大于 $800 m^2$。

（4）结块性。采下的矿石和围岩，受压受湿后经过一段时间能结块的性质称为结块性。如黏土、滑石等均具有结块性。

（5）氧化性。硫化矿石在水和空气的作用下，因时间过久而发生氧化的性质称为氧化性。硫化矿石氧化后降低选矿回收率，还可能导致矿石的结块和自燃。

（6）自燃性。矿岩具有自燃的性质称为自燃性。含硫在 $18\% \sim 20\%$ 以上的硫化矿石就有可能自燃，引起火灾。

(7)碎胀性。矿岩在破碎后其体积比原岩状态下要增大,这种性质称为碎胀性。矿石的碎胀性通常用碎胀系数来表示,它表示碎胀后的体积与原矿岩体积之比。一般来说,硬岩和极硬岩为1.45~1.8,中硬岩石为1.4~1.6,砂质黏土为1.2~1.25。

17. 何谓矿石回收率?

开采后所得到的矿石量 Q' 与矿石工业储量 Q 的百分比称为回收率。

$$P = \frac{Q'}{Q} \times 100\% \qquad (1-2)$$

如果 Q' 代表开采所得的净矿石量,P 就称为实际回收率,如果 Q' 代表有废石混入的采出矿石量,则 P 称为视在回收率。

18. 如何计算矿石贫化率?

在采出的矿石中,有用矿物含量比在矿体中的含量低,叫做贫化。由于废石混入或高品位矿石损失,使采出矿石品位低于开采前工业储量中矿石品位的现象称为矿石贫化。工业矿石品位与采出矿石品位之差与工业品位的比值称为贫化率,用百分数表示。

贫化的程度通常用贫化率 ρ 来表示。

贫化率也有视在贫化率和实际贫化率之分。

视在贫化率是指采下后的矿石品位降低的百分数,也称为矿石贫化率,用 ρ' 表示。

$$\rho' = \frac{\alpha - \alpha'}{\alpha} \times 100\% \qquad (1-3)$$

式中 α——原生工业矿石品位;

$\quad\quad \alpha'$——采下后矿石的品位。

实际贫化率是指混采下来的废石与采下的矿石(包括混入的废石在内)的百分比,也称为废石混入率。

$$\rho = \frac{R}{Q'} \times 100\% \qquad (1-4)$$

式中 Q'——采下的矿石量(包括混入的废石);

$\quad\quad R$——采下的矿石中所包含的废石量。

如果用质量指标来表示,则式(1-4)写成:

$$\rho = \frac{\alpha - \alpha'}{\alpha - \alpha''} \times 100\% \qquad (1-5)$$

式中 α''——废石的品位。

19. 如何降低矿石的损失与贫化?

针对矿石损失与贫化的原因,降低矿石损失和贫化的措施主要有:

(1)加强地质测量工作,及时为采矿设计和生产提供可靠的地质资料,以便正确确定采掘范围,减少废石混入量和矿石贫化量。

(2)选择合理的开拓方法,尽可能避免留设保安矿柱。

(3)选择合理的开采顺序,及时回采矿柱和处理采空区。

(4)选择合理的采矿方法及其结构参数,改进采矿工艺,以减少回采的损失和贫化。

（5）改革底部出矿结构,推广无轨装运卸设备和振动放矿设备,加强放矿管理,以提高矿石回采率,降低矿石贫化率。

（6）选择适宜的提升、运输方式和盛器,避免多次转运矿石,减少粉矿损失。

20. 何谓矿山总服务年限?

矿山总服务年限 T_c 是指矿山从投产到最终结束生产的全部时间。矿山投产后,需经一段时间才能达到设计产量,称为达产期;有的矿山投产时已达到设计生产能力,就不存在这段时期;矿山结尾期间,由于工作线逐渐缩短,年产量逐渐下降。

$$T_c = T_o + T_Z + T_m \qquad\qquad (1-6)$$

式中　T_o——矿山从投产到达产的时间,a;

　　　T_Z——矿山按设计产量正常生产的时间,a;

　　　T_m——矿山结尾时间,a。

一般情况下,矿山按设计产量生产的时间不应少于总服务年限的 2/3,从投产到达产时间,大型矿山不应大于 3~5a,小型矿山不应大于 1~3a。

21. 矿床地质工作可分为哪几个阶段?

矿床地质工作大致分以下三个阶段:

（1）普查找矿阶段。此阶段是在较大范围内进行的区域地质调查,测绘地质图,利用各种地质学、地球物理(物探)方法、地球化学(化探)方法及航空地质调查法(航测)和少量的探矿工程(探槽与钻探)等来寻找矿产资源,查明其远景,并评价其有无工业价值,为进一步工作提供依据。

（2）地质勘探阶段。此阶段是在普查找矿的基础上,对已找到的矿床运用槽探、钻探、坑探等手段,对矿体进行全面勘探,进一步调查研究矿床的变化规律、矿床中矿体规模、产状及空间分布、矿石储量、质量、矿床开采技术条件、选治条件等,对矿床作业确切地进行工业评价,以提供矿山建设的必需的地质资料。

（3）矿山地质工作阶段。矿山地质工作是矿山从基建、开采至开采完毕全过程中所进行的一系列地质工作,它是找矿的勘探工作的延续和深化,也是对地质勘探的验证和补充。

22. 矿山地质工作有哪些?

矿山地质工作包括经常性生产地质工作、专门性生产地质工作、矿山地质技术管理和监督工作、矿区深部边部及外围的矿产勘查工作。

经常性生产地质工作是指在矿山开采工程中,为了保证矿山生产的正常进行,每个矿山都要进行的经常性工作。

专门性生产地质工作是指在地质勘探基础上结合采掘工程的进行,对矿床做进一步的调查和研究,它包括生产勘探(基建期为基建勘探),探采过程中的地质调查、取样及原始编录,综合地质编录以及储量计算等工作。

矿山地质技术管理和监督工作是指矿山从生产至结束期间,从地质角度参加矿山生产管理的各项工作。包括:矿产储量管理、统计、上报以及保有程度的分析和检查;储备矿量(三级或二级)的管理及保有情况检查;矿石质量均衡管理、损失贫化管理、采掘(剥)计划编制、现场施工管理以及采掘单元停采或报废的管理等工作。

矿区深部边部及外围的矿产勘查工作,是为了扩大矿产储量以延长矿山服务年限而投入的工作。

23. 原始地质矿产取样常用方法有哪些?

由于样品是在探矿工程中采取的,根据探矿工程的种类不同,样品的采集方法可分为坑探采样和钻探采样两大类,具体又分为以下几种:

(1)刻槽法。在矿体上按一定的规格刻凿长槽、从中凿下的全部矿石作为样品的采样方法。

(2)剥离法。垂直于矿层面的断面上,按一定规格刻凿下一层矿石作为样品。

(3)全巷法。将坑道掘进一定范围内采出的全部或部分矿石作为样品的一种采样方法。

(4)方格法。在矿体出露部位按一定的网格,在其交叉点上大区矿石碎块,合并为一个样品。

(5)捡块法。在矿石堆上或矿车上按一定网格捡取矿石作为样品的方法。

(6)钻孔法。在坑道掘进过程中,采集炮孔钻进所产生的矿泥或矿粉作为样品的方法。

24. 矿产取样有哪几类?

矿产取样是指从矿体或近矿围岩中采集部分矿石或岩石样品,并应用各种现代测试手段进行加工、鉴定、测试、分析、试验及结果的分析整理研究。

不同矿产其质量研究内容不同,取样目的各异。按取样目的可将矿石取样分为化学取样、矿物取样、物理取样、工艺取样。

(1)化学取样:通过对样品进行化学分析,确定矿石中化学成分及其含量,了解矿石质量,进而用来圈定矿体,核算主要伴生有用组分的平均含量,估算矿产储量,划分矿石类型和工业品级,检验矿山生产活动中矿石的损失、贫化及质量变化等,为研究矿床成因、评定矿床工业价值及解决矿山开采加工方面问题提供依据。

(2)矿物取样:通过矿石及岩石进行矿物学、矿相学及岩石学的研究,以查明矿石及围岩的矿物成分及含量,共生组合、结构构造特点、矿物粒级的嵌布特征,矿物化学成分及次生变化等,用来确定矿石种类、矿石自然类型、有用元素赋存状态、矿石加工技术性能、综合利用可能性,以及解决矿床成因、概算估计矿产质量及其他一些地质问题。

(3)物理取样:是指为了研究矿岩物理技术性质而进行的取样工作。对一般矿产,主要是测定矿石及围岩的物理力学性质,如体重、容重、湿度、孔隙度、松散系数、块度、强度等技术参数,作为储量计算、矿山设计或生产等所需必要的参数。对于某些特殊矿种,技术取样是确定矿产质量的主要方法,如宝石要测定颜色、透明度、晶体大小、包裹体分布及晶体内裂纹瑕疵等,以确定宝石的价值。

(4)工艺取样:通过矿石工艺性质及选冶试验研究,确定矿石的选别、冶炼性能和加工技术条件,为制定矿石加工方法、选冶生产工艺流程最佳生产技术经济指标,以及为矿床技术经济评价、建矿可行性研究和矿山企业设计提供可靠资料。

25. 矿山常用的地质图件有哪些?

地质图件是指导矿山设计和生产的重要依据,是综合地质编录的重要成果之一。矿山常用的地质图件有:

(1)矿区地形地质图。矿区地形地质图是反映矿区地形及地质情况的图件,它是在地形图上,用不同的颜色、花纹、符号,把地表上各种地质体按比例尺缩小并垂直投影到水平面上的一种图件。地形地质图是研究矿床赋存条件、成矿规律、合理布置生产勘探工程、进行矿山设计建设或技术改造、开拓延伸设计、编制矿山远景规划必需的图件。

(2)矿床地质横剖面图。矿床地质横剖面图是垂直矿体或主要构造走向切割,并反映其沿倾向方向的变化情况及地质特征的图件。矿山最常用的横剖面图是勘探线横剖面图,它是反映矿区地质全貌、矿床地质构造特征、矿体出露及埋藏情况、矿体厚度和品位沿倾向变化规律的重要图件,是绘制水平地质断面图和投影图、矿层底板等高线图的重要依据,是储量计算、矿山设计与生产的必用图件。

(3)矿床地质纵剖面图。矿床地质纵剖面图是沿矿体平均走向切割,用以了解矿床沿走向延长及延深变化情况及其成矿地质条件的图件。

(4)矿体投影图。矿体投影图是在一个投影面上,表示矿体总的分布轮廓及各级储量范围的图件。当矿体总倾角大于 60°时,一般采用垂直纵投影图;小于 60°则采用水平投影图。45°~60°之间,为某种需要也可采用倾斜投影图。它是进行储量计算、编制采掘计划和远景规划的基础图件。矿山设计时,各种开拓系统要投影在此图上,矿山生产中,常用该图编制采掘计划。

(5)开采阶段地质平面图。开采阶段地质平面图是表示矿体、围岩、构造、矿石质量等在某一标高水平面上地质特征及变化的图件,是地下开采编制生产勘探设计、采掘技术计划、确定开采顺序、布置开采块段的重要依据。

(6)开采平盘地质平面图。开采平盘地质平面图是表现露天开采平盘的矿床矿化情况、分布规律、产状构造、围岩条件及岩石类型等地质现象的平面图件。它是编制采掘计划、计算地质储量的重要依据。

(7)等值线图。等值线图是指用一系列的等值曲线分别表明矿体各种地质特征的图件,可分为:矿体顶(底)板等高线图、矿石品位等值线图、矿体等厚线图等。

(8)矿块三面图。矿块三面图是比较完整反映一个或几个开采矿块内地质构造特征和矿体空间位置形态的一组图件,包括块段地质平面图、地质横剖面图、纵投影图等,是研究回采矿块矿体赋存条件、开采技术条件、采场设计施工、计算损失贫化的必备图件。

第二章 凿岩爆破

26. 常用凿岩方式有哪些？

用凿岩机具在矿岩中钻凿炮孔的工序称为凿岩。目前主要采用机械凿岩法，根据钻具动作方式分冲击式、旋转式和旋转冲击式。此外，还有火力凿岩法，利用火焰喷射器在矿岩中钻炮孔（仅适于在含石英高的特硬岩石）。

（1）冲击式凿岩法。特点是钻具以冲凿方式破岩，包括冲凿、回转和清渣三个主要过程。用凿岩机钻浅孔和小直径深炮孔，用潜孔钻机钻大直径深炮孔。

1）凿岩机（风钻）。凿岩机适于在中硬以上岩石中凿岩，炮孔直径通常为 35～65mm，深度一般不超过 15m。按动力分气动、液压、电动和内燃四种。目前以气动凿岩机（图 2－1）应用最广，后两者应用很少。液压凿岩机钻速快、动力消耗少、噪声低，正在一些国家推广应用。凿岩机的钻具由钎头、钎杆和钎尾组成。钻浅孔时通常钎尾与钎杆为一整体，钎杆上安活动钎头。钎头、钎杆和钎尾成一整体的钎子已很少应用。钻深孔时，钎尾、钎杆、钎头分开制作，随炮孔加深将钎杆逐根接长。凿岩机装在气腿上、钻架上或凿岩台车上钻孔。

目前广泛应用镶片状或柱状硬质合金的钎头（图 2－2）。钻浅孔多用一字形片状合金钎头，钻深孔或在裂隙发育的岩石中钻浅孔，多用十字形或丁字形钎头。柱状合金钎头适用于大冲击功、低转速的凿岩机，钻直径大于 40mm 的炮孔。钎杆用以传递冲击能量和转矩，由六角形或圆形中空合金钢制成。钎尾直接承受活塞冲击作用，形状与尺寸随凿岩机型号而定。钎尾、钎杆和钎头都需根据使用条件和材质进行热处理，提高使用寿命。

图 2－1 气动凿岩机

图 2－2 钎头

凿岩形成的岩粉通过从钎杆中心孔射出的压力水自孔底不断排出孔外。及时清除岩粉，可提高凿岩速度，减少粉尘量，改善环境卫生。

2）潜孔钻机。特点是冲击器随钻头潜入孔底凿岩。优点是无钻杆传递冲击功的能量损失，炮孔深度对钻孔速度的影响小，凿岩噪声低。在中硬以上矿岩中，钻凿直径为 80～250mm 的深孔时是经济有效的设备。在井下深孔崩矿和中小型非煤露天矿中应用较广。

潜孔钻机的钻孔机构包括冲击器、钻头和钻杆。冲击器产生冲击作用,钻头直接安在冲击器上,钻杆将冲击器送入孔内并由孔外的回转机构带动旋转。从钻杆射出的压气或高压水将岩粉排出孔外。钻孔时随炮孔加深将钻杆接长。潜孔钻机常用柱状合金钻头。目前潜孔钻机有采用高风压、大冲击功和低冲击频率冲击器的趋向。

(2)旋转式凿岩法。钻头在推压和旋转作用下压入,并连续切削岩石,适用于煤层、黏土、软和中硬以下的岩石。19世纪80年代开始使用手持式电钻,以后相继出现带推进机构的架式电钻和露天矿用旋转钻机。旋转凿岩的钻具包括钻头、钻杆和钻尾三部分。钻头切削矿岩,螺旋形钻杆传递转矩和排除岩粉。

(3)旋转冲击式凿岩。露天矿使用的牙轮钻机利用牙轮钻头的旋转冲击对岩石产生碾压、冲凿和切削作用破碎岩石,并用压气排出岩粉。牙轮钻机的钻具包括钻头和钻杆。三牙轮钻头(图2-3)应用最广。

图2-3　三牙轮钻头

27. 整体钎子有哪些特点,有哪些类型?

整体钎子一般用于轻型凿岩机,如手持式、气腿式以及轻型导轨式。主要用于回采和开拓工作中钻凿直径较小的炮孔,在竖井掘进中尤宜采用整体钎子。

整体钎子常用对边尺寸为19mm、22mm、25mm的六角中空钢制造,一端锻出钎尾,另一端锻出钎头,其顶镶有硬合金片(柱)。整体钎子凿岩速度稍高,拔钎阻力较小,没有连接钎头的麻烦;但钎杆寿命必须和钎头寿命相适应,才能做到同步报废。

整体钎子的钎头形式有一字形、Y字形、十字形和柱齿形等多种(图2-4)。

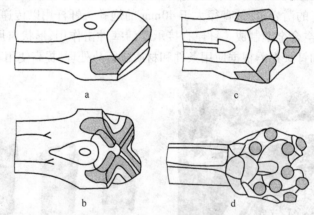

图2-4　整体钎子的钎头形式
a——字形;b—十字形;c—Y字形;d—柱齿形

28. 何谓岩石的可钻性,确定岩石可钻性的意义是什么?

所谓岩石的可钻性,是指在钻具的作用下岩石破碎的难易程度。它主要取决于岩石的物理力学特性,如硬度、强度、韧性、塑性和磨蚀性等。

确定岩石的可钻性,是为了合理选择穿孔设备、制定穿孔作业计划及拟定穿孔定额指标提供科学依据;同时还可作为选择和使用钻头,确定钻孔参数,为预测钻头寿命的参考。

29. 火钻的工作原理是什么？

火钻是非机械式穿孔技术中获得突出发展的一种钻孔设备(图2-5)。其穿孔机理是建立在岩石受热产生不均匀变化的基础上。工作时,由煤油(或柴油)和氧气在燃烧器中燃烧,产生高温高速火焰气流喷向岩石表面,使岩石骤热形成热应力,从而引起膨胀、碎裂和剥落而形成炮孔。由于火焰温度高达2800℃,速度达1800m/s,所以具有很高的钻孔速度。

30. 火钻的优缺点有哪些？

火钻的主要优点是:在某些极硬而又磨蚀性强的岩石中,其钻孔速度比牙轮钻机高,而费用又比牙轮钻机低。另外,它还可以进行扩孔作业,以形成多种形状的炮孔内腔(药壶),从而可把炸药集中装在最适当的部位,以改善爆破效果。在石英含量高的极坚硬岩石中,火钻的热应力作用发挥得最好。火钻的主要缺点是,钻孔费用高,适用岩性不广。

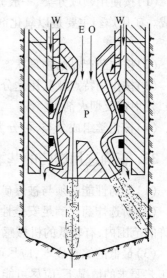

图2-5　火钻燃烧器原理示意图
W—水管；E—煤油管；
O—压气管；P—燃烧管

31. 提高火钻效率的途径有哪些？

(1)高温热气流和机械机构的联合钻岩。
(2)难于进行火力钻进的岩石实行机械钻进,火力方法扩孔。
(3)利用正负温度差(热气流和压气水雾交替作用)破坏难于火力钻进的岩石。

32. 何谓爆炸,如何分类？

爆炸是某一系统内非常迅速的物理、化学变化过程。在这个过程中,系统的内能转变为机械能及其他形式的能,从而对周围介质做功。爆炸的重要特点是:大量能量在有限体积内迅速释放并急骤转化,形成高温高压状态,使周围介质形成急剧的压力突跃和随后的复杂运动,显示出机械破坏效应,并发出一定的声响。按照爆炸变化过程的性质,可以将爆炸现象归纳为物理爆炸、化学爆炸和核爆炸三类。

33. 炸药爆炸的条件是什么？

炸药的爆炸属于化学爆炸,它在矿山爆破工程中应用最广泛。炸药爆炸必须具备三要素,即反应的放热性、反应的高速性及生成大量的气态产物。放热性为爆炸过程提供了能源,高速性是产生大功率的条件,生成的气态产物则是膨胀做功的工质,这三个要素相互配合,缺一不可。

34. 炸药如何分类？

炸药是在适当外界能量作用下,能够发生快速的化学反应并生成大量热能和气态产物的物质。炸药的分类常采用以下几种方法：

（1）按使用领域分类，一般分为军用炸药和民用炸药两类，矿用炸药是民用炸药的主要构成。矿用炸药主要是以氧化剂（如硝酸铵）与可燃剂按照近零氧平衡原则构成的混合炸药。

（2）按炸药产品的物理状态分类，可分为固体炸药、液体炸药、气体炸药及多相炸药。

（3）按作用特点及其用途分类，可分为起爆药（初级炸药）、猛炸药（高级炸药或次级炸药）、发射药及烟火剂。

（4）按化学组成分类，可分为单质炸药（爆炸化合物）、混合炸药（爆炸混合物）。

35. 正确选用炸药的基本原则是什么?

（1）炸药性能必须与被爆矿岩的特性相匹配，并能满足爆破工艺的要求。

（2）所选炸药应满足安全性的要求。如能可靠地起爆传播，产生的有毒气体量必须在允许的范围内，有较低的机械感度。

（3）最低的综合成本，应尽可能选用价廉质优的炸药品种。对于矿山爆破，在能满足爆破工艺要求的情况下，应尽可能多用最便宜的铵油炸药。

（4）所选用的炸药应与合理的起爆系统相匹配，使之能充分释放炸药的潜能。

36. 何谓炸药敏感度,如何分类?

炸药敏感度（又称为感度），是指在外界能量的作用下，炸药发生爆炸反应的难易程度。

感度分为危险感度和实用感度。前者表示在制造、运输、储存及使用中的危险程度，主要包括撞击感度、摩擦感度、热感度、火焰感度、枪击感度及静电火花感度等；后者表示使用时爆轰的难易，主要包括起爆感度及殉爆距离等。

从矿山爆破作业出发，一方面应降低其危险感度，从而保证炸药处理、使用时的安全性；另一方面要求保持一定的实用感度，以便可靠地起爆、传爆。

37. 影响炸药敏感度的因素有哪些?

各类炸药化学结构的不同，其敏感度也有所不同。即使同一种炸药中，由于下列因素的影响，其敏感度也是不一样的。

（1）物理状态。通常压制的硝化棉比胶化的较为敏感，胶化的硝化棉对火焰及对雷管的爆炸也不起反应。

（2）温度。温度对炸药的敏感度影响是很大的。例如，硝化甘油接近爆发点（182℃）时，很小的振动也能引起爆炸；而在零度以下冻结的胶质炸药，稍加挤压即引起爆炸。

（3）密度。通常炸药的敏感度随密度的增高而降低，硝铵炸药更为显著。

（4）结晶形状和晶粒大小。炸药的晶体微小，对爆炸的敏感度比较大而对冲击的敏感度则较小。但炸药的结晶形状对炸药的敏感度却不显著。

（5）附加物质。炸药内掺入附加物质，对起爆敏感度的影响很大，掺入物质的性质不同，炸药的敏感度也不同。当附加物质比炸药具有坚硬的棱角时（如金属屑、碎玻璃等）炸药的敏感度增高，这种附加物质称为敏化剂；反之，能降低炸药敏感度的附加物质的（如水、油脂及石蜡等），称为钝化剂。在炸药中掺和附加物质而改变炸药的敏感度的现象都称为敏感化。

38. 影响炸药安定性的因素有哪些?

炸药在长期储存中,保持其原有物理化学性质不变的能力,称为炸药的安定性。这可分为物理安定性和化学安定性两方面。

(1)物理安定性。炸药物理安定性主要取决于炸药的物理性质,对炸药其主要影响的因素有:吸湿、结块、挥发、渗油、老化、冻结及耐水性能等。

(2)化学安定性。炸药的化学安定性主要取决于炸药的化学性质。硝基化合物炸药是属于化学安定性高的炸药种类,没有杂质的硝基化合物炸药可以储存多年而不改变其原有成分和炸药性能。例如,硝化甘油的残酸未洗净而储存的温度过高时,就会发生分解;无烟火药在长期储存中能分解。由于炸药在化学分解反应时能放出热量,这样容易导致炸药仓库的自燃和爆炸。因此,对于硝酸酯类炸药及无烟火药等,在储存保管时,必须避免堆放过高及防止受阳光照射,并使仓库经常通风良好,以避免爆炸事故。

39. 影响炸药稳定性的因素有哪些?

凡经起爆的炸药,若能以恒定不变的速度自始至终保持完整的爆炸反应,并使爆炸完全,称为稳定的爆炸。爆炸不稳定,会降低效果,或发生不完全爆炸,甚至拒爆。但是在钻孔爆破的实际工作中,容易影响爆炸的稳定性,主要有以下两个因素:

(1)药包直径的大小。试验资料表明,随着炸药药包直径的增大,在某一限度内,爆速、猛度显著增加,但再增加直径,爆速及猛度增加甚为缓慢。药包直径减小时,爆速、猛度又随之减少,而直径小于某一临界数值时,即容易产生不稳定的爆炸。常用药卷的标准直径为32mm。

(2)炸药的密度。单位体积内炸药的重量称为炸药密度。随着炸药密度的提高,会使爆炸的速度及猛度增大。但当密度增大到某一限度时,爆炸的速度及猛度又开始下降。因此炸药有其最优密度。一般炸药的密度为 $0.9 \sim 1.6 g/cm^3$。硝铵炸药密度一般为 $0.9 \sim 1.1 g/cm^3$,但压缩后密度较大的硝铵炸药,在爆力、爆速、猛度方面,都有显著的提高。

40. 导爆索有哪些类型,各有什么特点?

导爆索也称为导爆线,药芯为猛性药,外皮一般为红色或红白、红绿白线间绕,是用来传递爆轰波,并直接引爆炸药的爆破器材,它本身需要雷管引爆。其结构如图 2-6 所示。

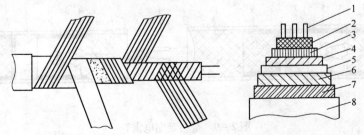

图 2-6 导爆索结构示意图

1—芯线;2—药芯;3—内线层;4—中线层;5—防潮层;6—纸条层;7—外线层;8—涂料层

非煤矿用的品种有普通、抗水、高能和低能四种,国产导爆索有粉状和胶状药芯两种。粉状药芯以黑索今为主,普通导爆索装药 12~14g/m,高能导爆索 35~40g/m,低能导爆索 6g/m,每米装药量的多少直接影响导爆索的爆速和起爆能力。胶状药芯由猛炸药与橡胶、树脂等混合而成,装药量 1~2g/m 的导爆索药芯以太安为主,其爆速和起爆能力高于粉状药芯导爆索。

41. 导爆索起爆法有何优缺点?

优点:安全,不受各种电的干扰,起爆可靠,操作简单,使用方便;同时可增大对炸药的起爆力。

缺点:价格高,网络不能用仪器检查,导爆索多用作辅助起爆网络。

42. 电雷管有哪些类型,电雷管起爆法有何优缺点?

电雷管是由电引火与火雷管装配而成。常用的有:瞬发雷管(图 2-7)、延期雷管及特殊电雷管。延期雷管又分秒延期电雷管(图 2-8)和毫秒延期电雷管(图 2-9)。

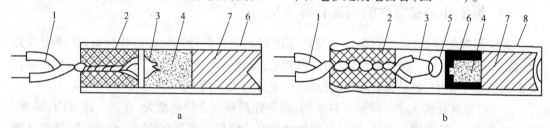

图 2-7　瞬发电雷管

a—直插式;b—药头式

1—脚线;2—密封塞;3—桥丝;4—起爆药;5—引火药头;6—加强帽;7—加强药;8—管壳

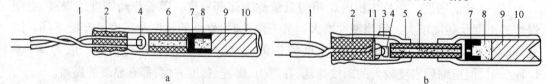

图 2-8　秒延期电雷管

a—整体管壳式;b—两段管壳式

1—脚线;2—密封剂;3—排气孔;4—引火药头;5—点火部分管壳;6—精制导火索;
7—加强帽;8—起爆药;9—加强药;10—普通雷管部分管壳;11—纸垫

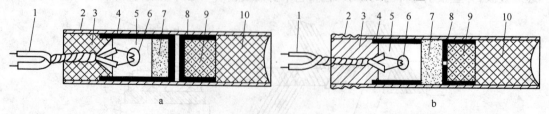

图 2-9　毫秒延期电雷管

a—装配式;b—直填式

1—脚线;2—管壳;3—塑料塞;4—长内管;5—气室;6—引火药头;7—压装延期药;8—加强帽;9—起爆药;10—加强药

电雷管起爆法优点:可以远距离控制起爆,比用火雷管导火索点火起爆安全;可以预先用仪表检查起爆网络,排除故障,保证可靠起爆;可以精确控制起爆时间,实现多段顺序延期或微差延期大爆破;爆破规模大,效率高。

电雷管起爆法缺点:易受各种电的干扰而发生早爆,因此在杂散电流达 50mA 的地点禁止使用,雷雨天不能用,电爆网络敷设要求技术高,操作比较复杂。

43. 如何对电雷管进行检验?

根据电雷管的特点,在野外检验电雷管的内容,除进行火雷管的检验项目外,还有如下几个方面。

(1)检查电雷管的密封胶和防潮涂料的牢固情况,如果密封胶和防潮涂料没有松弛和变形,则比较牢固,如何要求;反之,如果发生了松弛和变形现象,甚至轻轻拉一拉脚线就把电气点火装置也拉出来,那么使用这种电雷管,极可能发生拒爆。

(2)对于非耐水的电雷管也要进行防水检验。

1)用试验的电雷管和脚线一起用水喷湿,然后放到盒子中密封起来,经过 24h 后取出被喷湿的电雷管,用 205 型线路电桥测量其电阻与试验前测量电阻的变化情况。如果电雷管在喷水前后的电阻没有变化,那么说明电雷管的防潮性能良好;反之,电阻变化较大,则说明电雷管的防潮性能较差。

2)将试验的电雷管和脚线一起浸入水下 0.5m 深处,经过 5h 后取出被浸水的电雷管,立即进行爆炸。如果电雷管爆炸效果良好,说明实验的电雷管防水性能良好;反之,试验的电雷管发生拒爆,则说明其防水性能较差。因而在潮湿或水中使用这类电雷管时,必须采取防水措施。

(3)电阻检验。通常取 20 发电雷管进行电阻检验,不允许有断路、短路、电阻不稳或超出产品说明书规定的标准范围。

(4)安全电流检验。通常取 20 发电雷管通以 0.05A 恒定直流电流,持续 5min,不能发生爆炸。

(5)延期秒量试验。应根据需要进行该试验。在试验时一般取 10 发延期雷管,逐个用精度不小于 0.1s 的测时仪器测试,应符合产品说明书的规定。

(6)电雷管串联试验。通常取 20 发电雷管串联起爆,必须一次全部爆炸,如有一发拒爆,则加倍复试;复试再有拒爆者,则该批电雷管应报废。

44. 导爆管有哪些特点?

导爆管起爆系统是瑞典诺贝尔公司最先发展的新技术。导爆管是该系统的主要元件,管体为外径 3mm ±0.1mm,内径 1.4mm ±0.1mm 的塑料管,管内壁涂以薄层炸药,炸药是奥克托今或黑索今外加铝粉和少量添加剂混匀而成。装药量 15 ~ 21mg/m,爆速 1600 ~ 2000m/s,由于药量很少,不能直接起爆炸药,不会损坏管体,仅用于起爆传爆雷管和非电毫秒雷管。塑料导爆管如图 2 – 10 所示。

45. 导爆管非电起爆法的优缺点是什么?

优点:不受外界电源的干扰,较安全,操作简单,使用方便;成本较低,导爆管噪声小,可

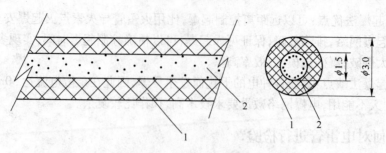

图 2-10 塑料导爆管示意图

1—塑料管；2—内壁炸药涂层

用于多段微差爆破。

缺点：爆破网络不能用仪器检查，导爆管本身强度有限，在高寒地区使用导爆管起爆，传爆感度较差。

46. 何谓继爆管？

继爆管是与导爆索配合使用实现微差爆破的一种起爆器材。有双向继爆管和单向继爆管两个品种，如图 2-11 所示。

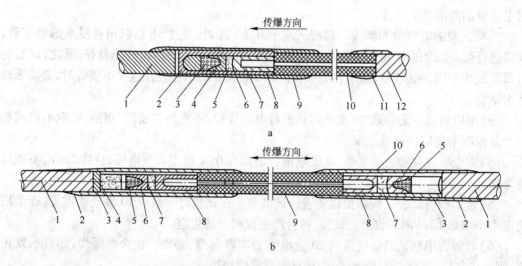

图 2-11 继爆管的结构示意图

a—单向继爆管；b—双向继爆管

a：1—从动导爆索；2—黑索今；3—DDNP（二硝基重氮酚）；4—加强帽；5—延期药；6—纸垫；7—雷管壳；8—长内管；9—外套管；10—消爆管；11—连接管；12—主动导爆索

b：1—导爆索；2—外套管；3—雷管壳；4—加强帽；5—黑索今；6—DDNP；7—延期药；8—长内管；9—消爆管；10—纸垫

单向继爆管是不对称结构，只能从主动端（如与连接管连接的导爆索）起爆时，才能起到预期的延期和起爆作用，因此使用时切不可接反方向。

双向继爆管是一个对称的结构，从任一端起爆导爆索时，均可起到预定的延期和起爆作用。

国产继爆管的延时规格：单向：10ms±7ms、30ms±10ms、50ms±10ms、75ms±10ms。双

向:10ms、20ms、30ms、40ms、50ms,爆炸可靠性大于99.7%,使用温度 - 40 ~ 55℃,耐拉力150N,3min。

47. 在工业爆破中共有哪几种起爆方法?

在工业爆破中,起爆技术对于爆破作业的安全和爆破效果的保证,有着特别重要的意义。要良好地掌握起爆技术,就应当正确地选择起爆方法。常用的起爆方法有:电力起爆法、导爆索起爆法、导爆管起爆法、电磁波起爆法。

48. 电力起爆网络有哪些组成部分,各部分如何选择?

电力起爆网络是由电雷管、导线和电源三部分组成的。网络各部分的选择和要求如下:

(1)电雷管的选择。由于电雷管电热性能的差异,有时会引起串联电雷管组的拒爆。因此,在一条网络中,特别是大爆破时,应尽量选用同厂、同型号和同批生产的产品,并在使用前用专门爆破电桥进行雷管电阻的检查。目前,大多数工程爆破在选配雷管时,康铜桥丝电雷管间的电阻差值不大于0.3Ω,镍铬桥丝电雷管电阻值差不大于0.8Ω。

(2)导线的选择。在电力起爆网络中,应采用绝缘良好,导电性能好的铜芯线或铝芯线做导线。铝芯线抗折断能力不如铜芯线,但价格便宜,故应用较多。铝芯线线头包皮剥开后极易氧化,所以接线时必须用砂纸擦去氧化物,露出金属光泽,才能连接。不然电阻会增大,接触不良。大量爆破时,网络导线用量较大,有时还分区域(或支路)。为了便于计算和敷设,通常将网络的电线按其位置不同分为脚线、端线、连接线、区域线(支线)和主线。

1)脚线,雷管出厂就带有长2m、直径为0.4 ~ 0.5mm的铜芯或铁芯塑料包皮绝缘脚线。

2)端线,是指用来接长或替换原雷管脚线,使之能引出炮孔口的导线,或用来连接同一串组内相邻炮孔内雷管脚线引出孔外的部分;其长度根据炮孔深度与孔间距来定,截面一般为0.2 ~ 0.4mm²,常用多股铜芯塑料皮软线。

3)连接线,是指连接各串联组或并联组的导线,常用截面2.5 ~ 16mm²的铜芯或铝芯塑料线。

4)区域线,是连接线至主线之间的连接导线,常用截面6 ~ 35mm²的铜芯或铝芯塑料线。

5)主线(又称母线),是指连接电源与区域线的导线,因为它不在爆落范围内使用,一般用动力电缆或专设的爆破用电缆、爆破线,可多次重复使用。爆破规模较小时,也可选用16 ~ 150mm²的铜芯或铝芯塑料线或橡皮包皮线。主线电阻对网络总电阻影响很大,应选用合适的断面规格。

(3)电源的选择。电力起爆网络可采用交流供电,也可采用直流供电。常用的起爆电源有照明电源、动力电源和起爆器。

1)交流电源。照明和动力线路均属交流电源,其输出电压一般为380V和220V,具有足够容量,是电力起爆中常用的可靠电源,尤其在起爆线路长、雷管多、药量大、网络复杂、准爆电流要求高的地下中深孔大量爆破中,是比较理想的电源。

2)直流电源。电容式起爆器是一种很好的直流电源。我国生产的电容起爆器品种较多,可根据爆破现场、规模和一次爆破雷管数量等合理选用不同容量的起爆器。电容式起爆器体积小,重量轻,便于携带,瞬间起爆电流大,适用于中、小规模工程爆破串联网络起爆。

49. 电力起爆网络的连接形式有哪些,如何计算?

电力起爆网络的连接形式可分为串联、并联和混联三类,可根据药包数量、导线种类和电源能量选择。

(1)串联电力起爆网络(图 2 - 12)。串联是把各个药包的电雷管依次连接起来,因而所需耗用的导线最少,要求电源供给的电流最小,便于施工作业。缺点是网络中若有一个电雷管断路,会使整条网络断路而发生拒爆现象。

1)电力起爆网络总电阻 $R(\Omega)$。

$$R = R_x + nr \qquad (2-1)$$

式中　R_x——导线电阻,Ω;

　　　n——串联电雷管数;

　　　r——单个电雷管电阻,Ω。

2)网络总电流 $I(A)$。

$$I = \frac{U}{R_x + nr} \qquad (2-2)$$

式中　U——电源电压,V。

(2)并联电力起爆网络(图 2 - 13)。并联是将各药包的电雷管脚线并簇连接到主线的端线上,来自主线的电流分成若干支流分别同时流向各药包内的电雷管。并联网络的优点是不会因其中一个雷管断路而引起其他雷管的拒爆,电源电压可以保持不变,并且随着并联到主线上电雷管数目的增加而使网络电阻减小,流通的总电流增大,但是所耗用的导线数量则不断增多经济上不合理,施工上也比较复杂。

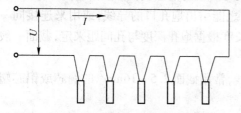

图 2 - 12　串联电力起爆网络

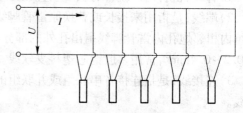

图 2 - 13　并联电力起爆网络

1)电力起爆网络总电阻 $R(\Omega)$。

$$R = R_x + \frac{r}{m} \qquad (2-3)$$

式中　m——并联电雷管个数。

2)网络总电流 $I(A)$。

$$I = \frac{U}{R} = \frac{U}{R_x + \frac{r}{m}} \qquad (2-4)$$

3)每个电雷管所获得的电流 i。

$$i = \frac{I}{m} = \frac{U}{mR_x + r} \qquad (2-5)$$

(3)混联。混联是在一条电力起爆网络中,既有串联又有并联的混合连接方法。此种连接方法具有串联和并联的优点,可分为串并联(图 2 - 14)和并串联(图 2 - 15)两类。

串并联是先将各个药包的电雷管串联成组,然后将各个串联组并联在两根主线上,再与电源连接,并串联一般是每个炮孔内两个雷管并联,将所有并联组串联。

1)电力起爆网络总电阻 $R(\Omega)$。

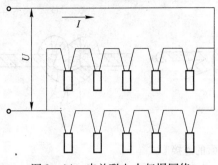

图 2-14 串并联电力起爆网络

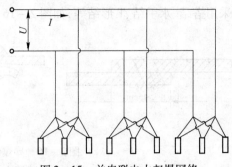

图 2-15 并串联电力起爆网络

$$R = R_x + \frac{nr}{m} \tag{2-6}$$

2)网络总电流 $I(A)$。

$$I = \frac{U}{R_x + \frac{nr}{m}} \tag{2-7}$$

3)每个雷管所获电流 $i(A)$。

$$i = \frac{I}{m} = \frac{U}{mR_x + nr} \tag{2-8}$$

式中　m——串并联时,并联组组数;并串联时,一组内并联雷管个数;

　　　n——串并联时,一组内串联雷管个数;并串联时,串联组组数。

50. 电力起爆网络的正确施工必须注意哪些问题?

(1)电线连接是电力起爆网络施工首要注意之点。如果没有引起足够重视,就会导致爆破前现场混乱,不能准时起爆,甚至漏接药包或局部拒爆等严重事故,给善后处理带来极大困难。电力起爆网络的每个接头处,在连接完毕后应及时用绝缘胶布缠绕、绝缘,接头放置地面时,要注意避开水和潮湿处,以免接头的绝缘胶布受潮漏电。从药室导硐内引出的导线,在导硐药室堵塞前,应用竹片、木槽等夹住所有导线,捆扎牢实,避免在回填堵塞过程中,不慎砸断导线使网络失去作用。

(2)防止杂散电流进入电力起爆网络是施工中必须注意的另一重要问题。敷设电力起爆网络时,只要起爆体或起爆雷管放入药室或炮孔后,就标志着工程施工进入危险阶段,危险的主要原因来自杂散电流。产生杂散电流的原因有:工地附近有发电机、蓄电瓶等电源,雷击,工地附近有电力输电网络或强力的无线电发射台,静电。

51. 对电力起爆网络设计的基本要求是什么?

(1)电源可靠,电压稳定,容量足够。

(2)网络简单、可靠,便于计算、连线和导通。

(3)要求每个雷管都能获得足够的准爆电流,尽量使网络中各雷管电流强度比较均匀;雷管串联使用时,必须满足串组雷管准爆电流的要求。

52. 导爆索的连接方法有哪些,各有什么特点?

导爆索传递爆轰波的能力有一定的方向性,顺传播方向最强,也最可靠。因此在连接网络时,必须使每一支路的接头迎着传爆方向,夹角大于 90°。导爆索与导爆索之间的连接,应采用搭结、水手结、T 形结等,如图 2 – 16 所示。

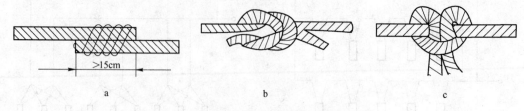

图 2 – 16　导爆索与导爆索的连接形式
a—搭结;b—水手结;c—T 形结

因搭结的方法最简单,所以被广泛使用。搭结长度一般不小于 15cm,搭结部分用胶布捆扎。有时为了防止线头芯药散失或受潮引起拒爆,可在搭结处增加一根短导爆索。在复杂的网络中,导爆索连接头较多的情况下,为了防止弄错传爆方向,可以采用三角形连接法。这种方法不论主导爆索的传爆方向如何,都能保证可靠地传爆(图2 – 17)。

导爆索与雷管的连接方法比较简单,可直接将雷管捆绑在导爆索的起爆端,不过要注意使雷管的聚能穴与导爆索的传爆方向一致。导爆索与药包连接时,将导爆索的端部折叠起来,防止装药时将导爆索扯出,如图 2 – 18 所示。

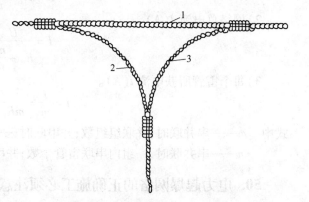

图 2 – 17　导爆索的三角形连接
1—主导爆索;2—支索导爆;3—附加支导爆索

53. 导爆索起爆网络的连接形式有哪些,各有什么特点?

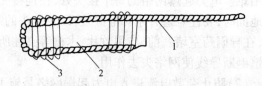

图 2 – 18　导爆索与药包连接
1—导爆索;2—药包;3—胶布

通常采用的导爆索网络形式有:

(1)串联网络。将导爆索依次从各个炮孔引出串联成一网络。串联网络操作十分简单,但如果有一个炮孔中导爆索发生故障,就会造成后面的炮孔产生拒爆。所以除非小规模爆破,并要求各炮孔顺序起爆,一般很少使用这种串联网络,如图 2 – 19 所示。

(2)并簇联网络。把从各个炮孔引出的导爆索集中在一起,捆扎成簇,再与主导爆索连接,如图 2 – 20 所示。

(3)分段并联网络。将各炮孔中的导爆索引出,分别与事先敷设在地面上的主导爆索连接。主导爆索起爆后,可将爆炸能量分别传递给各个炮孔,引爆孔内的炸药。为了确保导爆索网络中的各炮孔内炸药可靠起爆,可使用双向分段并联网络。这是一种在大量爆破中常用的网络,分段起爆是利用继爆管的延期实现的,如图 2 – 21、图 2 – 22 所示。

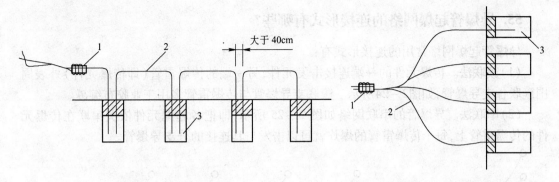

图 2-19 导爆索串联网络
1—雷管;2—导爆索;3—药包

图 2-20 导爆索并簇联网络
1—雷管;2—导爆索;3—药包

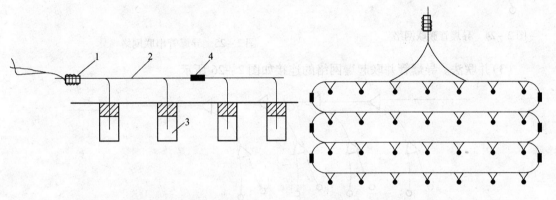

图 2-21 导爆索分段并联网络
1—雷管;2—导爆索;3—药包;4—继爆管

图 2-22 导爆索双向分段并联网络

54. 导爆管起爆法网络组成、起爆原理如何?

(1)网络组成。网络中的击发元件是用来击发导爆管的,有击发枪、电容击发器、普通雷管和导爆索等。现场爆破多用后两种。

传爆元件由导爆管与非电雷管装配而成。在网络中,传爆元件爆炸后可再击发更多的支导爆管,传入炮孔实现成组起爆,如图 2-23 所示。起爆元件多用 8 号雷管与导爆管组装而成。根据需要可用瞬发或延发非电雷管,它装入药卷置于炮孔中,起爆炮孔内的所有装药。

连接元件有塑料连接块,用来连接传爆元件与起爆元件。在爆破现场塑料连接块很少使用,多用工业胶布,既方便经济,又简单可靠。

(2)导爆管起爆法起爆原理。主导爆管被击发产生冲击波,引爆传爆雷管,再击发支导爆管产生冲击波,最后引爆起爆雷管,起爆炮孔内的装药。

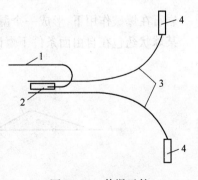

图 2-23 传爆元件
1—主导爆管;2—非电传爆雷管;
3—支导爆管;4—非电起爆雷管

55. 导爆管起爆网络的连接形式有哪些?

导爆管起爆网络常用的连接形式有:

(1)簇联法。传爆元件的一端连接击发元件,另一端的传爆雷管(即传爆元件)外表周围簇联各支导爆管,如图2-24所示。簇联支导爆管与传爆雷管多用工业胶布缠裹。

(2)串联法。导爆管的串联网络如图2-25所示,即把各起爆元件依次串联在传爆元件的传爆雷管上,每个传爆雷管的爆炸就可以击发与其连接的分支导爆管。

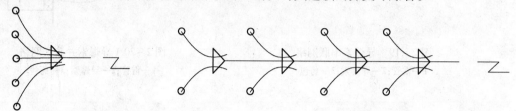

图2-24　导爆管簇联网络　　　　　　　　图2-25　导爆管串联网络

(3)并联法。导爆管并联起爆网络的连接如图2-26所示。

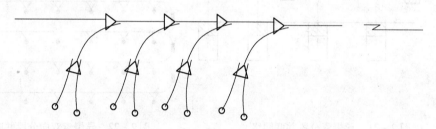

图2-26　导爆管并联网络

56. 何谓爆破漏斗,其几何参数有哪些?

岩石在爆破作用下,形成一个漏斗似的倒立圆锥体,称作爆破漏斗。

某球状药包在自由面条件下爆破形成爆破漏斗如图2-27所示。

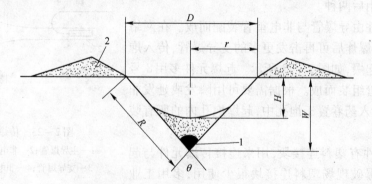

图2-27　爆破漏斗实验

D—爆破漏斗直径;H—爆破漏斗可见深度;r—爆破漏斗半径;

W—最小抵抗线;R—漏斗作用半径;θ—漏斗展开角;

1—药包;2—爆堆

爆破漏斗的三要素是指最小抵抗线 W、爆破漏斗半径 r 和漏斗作用半径 R。最小抵抗线 W 表示,表示药包埋置深度,是岩石爆破阻力最小的方向,也是爆破作用和岩块抛掷的主导方向,爆破时部分岩块被抛出漏斗外,形成爆堆;另一部分岩块抛出后又回落到爆破漏斗内。

在工程爆破中,经常应用爆破作用指数(n),这是一个重要的参数,它是爆破漏斗半径 r 和最小抵抗线 W 的比值,即:

$$n = r/W \tag{2-9}$$

57. 爆破漏斗的基本形式有哪些?

爆破漏斗是一般工程爆破最普遍、最基本的形式。根据爆破作用指数 n 的大小,爆破漏斗有如下四种基本形式:

(1)标准抛掷爆破漏斗(图2-28c)。$r = W$,即爆破作用指数 $n = 1$,此时漏斗展开角 $\theta = 90°$,形成标准抛掷漏斗。在确定不同种类岩石的单位炸药消耗量时,或者确定和比较不同炸药的爆炸性能时,往往用标准爆破漏斗的体积作为检查的依据。

(2)加强抛掷爆破漏斗(图2-28d)。$r > W$,即爆破作用指数 $n > 1$,漏斗展开角 $\theta > 90°$。当 $n > 3$ 时,爆破漏斗的有效破坏范围并不随炸药量的增加而明显增大,实际上,这时炸药的能量主要消耗在岩块的抛掷上。在工程爆破中加强抛掷漏斗的作用指数为 $1 < n < 3$。根据爆破具体要求,一般情况下取 $n = 1.2 \sim 2.5$。这是露天抛掷大爆破或定向抛掷爆破常用的形式。

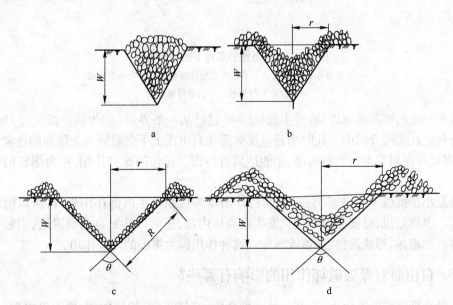

图 2-28　爆破漏斗的四种基本形式
a—松动爆破漏斗;b—减弱抛掷爆破漏斗(加强松动);
c—标准抛掷爆破漏斗;d—加强抛掷爆破漏斗

(3)减弱抛掷爆破漏斗(图2-28b)。$r < W$,即爆破作用指数 $0.75 \leqslant n < 1$,称为减弱抛掷爆破漏斗(又称加强松动漏斗),它是井巷掘进常用的爆破漏斗形式。

（4）松动爆破漏斗（图2-28a）。爆破漏斗内的岩石被破坏、松动，但并不抛出坑外，不形成可见的爆破漏斗坑，此时 $n \approx 0.75$。它是控制爆破常用的形式。$n < 0.75$，不形成从药包中心到地表面的连续破坏，即不形成爆破漏斗。例如工程爆破中采用的扩孔（扩药壶）爆破形成的爆破漏斗就是松动爆破漏斗。

58. 何谓最小抵抗线，爆破的内部作用和外部作用指的是什么？

在工程爆破中，岩石内药包中心（或重心）至最近自由面的垂直距离，称为最小抵抗线，通常用 W 表示，如图2-29所示。

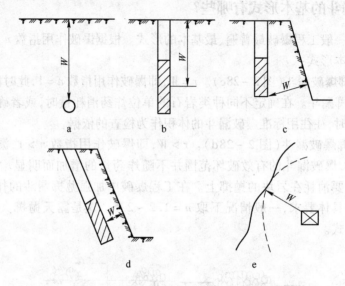

图2-29　各类爆破条件下的最小抵抗线
a—平地球形药包爆破；b—平地垂直炮孔爆破；c—台阶垂直爆破；
d—台阶平行爆破；e—山坡药室爆破

对于一定的装药量来说，若最小抵抗线 W 超过某一临界值（称为临界抵抗线）时，可以认为药包处在无限介质中。此时当药包爆炸后在自由面上不会看到地表隆起的迹象。也就是说，爆破作用只发生在岩石内部，未能达到自由面。药包的这种作用，称为爆破的内部作用。

当最小抵抗线 W 小于临界抵抗线时，炸药爆炸后除发生内部作用外，自由面附近也发生破坏。也就是说，爆破作用不仅只发生在岩体内部，还可以达到自由面附近，引起自由面附近岩石的破坏，形成鼓包、片落或漏斗。这种作用称为爆破的外部作用。

59. 自由面对爆破破坏作用的影响有哪些？

在最小抵抗线的方向上，岩石与另一种介质（空气或水）的接触面，称为自由面，又称为临空面。

自由面在爆破破坏工程中起着重要作用，它是形成爆破漏斗的重要因素之一。自由面既可以形成片落漏斗，又可以促进径向裂隙的延伸，并且还可以大大减少岩石的夹制性，有了自由面，爆破后岩石才能从自由面方向破碎、移动和抛掷。

（1）自由面数目的影响。自由面数目越多，爆破破岩越容易，爆破效果也越好。当岩石性质、炸药情况相同时,随着自由面个数的增多,炸药单耗将明显降低,其近似关系见表2-1。

表2-1 自由面个数与炸药单耗的关系

自由面个数	1	2	3	4	5	6
炸药单耗/kg·m⁻³	1	0.7~0.8	0.5~0.6	0.4~0.5	0.3~0.4	0.2~0.3

(2)炮孔方向与自由面夹角。当其他条件不变时,炮孔与自由面的夹角越小,爆破效果越好,如图2-30所示。

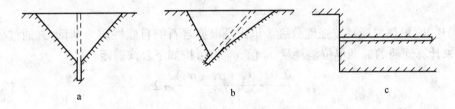

图2-30 炮孔与自由面之间的夹角关系
a—垂直于自由面;b—与自由面成较小夹角;c—平行于自由面

(3)炮孔与自由面的相对位置。当其他条件不变时,炮孔位于自由面的上方时,爆破效果较好(但此时可能大块产出率高);炮孔位于自由面的下方时,爆破效果较差,如图2-31所示。

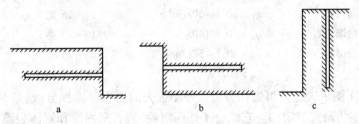

图2-31 炮孔与自由面之间的位置关系
a—位于自由面下方;b—位于自由面上方;c—位于自由面一侧

60. 何谓炸药单耗,影响炸药单耗的因素有哪些?

常以爆下$1m^3$岩石所需炸药量为指标,称为炸药单耗,用 q 表示,单位为 kg/m³。q 值取决于岩性、巷道断面大小、孔深与孔径、药性、掘进方向等因素。当岩性坚硬、断面窄小、炸药爆力小时,q 值增大;向上掘天井时,因岩石自重向下,可使 q 值减小;孔深及孔径对 q 的影响则较复杂,应具体分析。掘进爆破的单耗比起有两个以上自由面的采矿单耗要大3~4倍。

61. 露天矿山大块产出率高的原因是什么?

(1)最小抵抗线或孔距过大,炸药量不足。
(2)装药重心过低,台阶上部矿岩未能充分破碎。

(3)深孔偏斜,偏离设计的爆破的参数位置。

(4)炮孔严重变形、错位、弯曲以及落渣堵孔等,导致装药量严重不足。

(5)在节理裂隙发育的矿体中,用微差雷管起爆时可能使临近炮孔的药包脱落,发生拒爆。

62. 岩石的可爆性如何分级?

岩石的可爆性,即岩石介质对爆破作用的抵抗程度。

自 20 世纪 70 年代以来,国内外对岩石可爆性分级的研究有了很大进展,前苏联学者在这方面的研究尤为突出,其中较系统、较有实际应用参考价值的研究方法有以下两种:

(1)B. B. 里热夫斯基按强度分级。里氏是根据岩石的自然性质为基础,并通过标准爆破试验来计算炸药的标准单位消耗量 q_B 值,q_B 值可按如下公式确定:

$$q_B = \frac{0.02(\sigma_Y + \sigma_L + \sigma_\tau)}{10^5} + 2\gamma \qquad (2-10)$$

式中 q_B——炸药的标准单位消耗量,g/m^3;

σ_Y,σ_L,σ_τ——分别为岩石的抗压、抗拉和抗剪切强度,Pa;

γ——岩石容重,kg/dm^3。

里氏按炸药的标准单位消耗量,把岩石可爆性划分为 5 级,25 个类别,即

Ⅰ级——易爆岩石 $q_B \leqslant 10g/m^3$ 1 ~ 5 类

Ⅱ级——中等难爆岩石 $q_B = 10.1 \sim 20g/m^3$ 6 ~ 10 类

Ⅲ级——难爆岩石 $q_B = 20.1 \sim 30g/m^3$ 11 ~ 15 类

Ⅳ级——很难爆岩石 $q_B = 30.1 \sim 40g/m^3$ 16 ~ 20 类

Ⅴ级——极难爆岩石 $q_B = 40.1 \sim 50g/m^3$ 21 ~ 25 类

级外岩石 $q_B > 50g/m^3$

(2)B. H. 库图佐夫综合可爆性分级。库图佐夫的岩石可爆性分级,是在前苏联金属露天矿纪念馆多年的研究制定的。它综合了炸药单耗、岩石坚固性和岩体裂隙等多方面因素,并以炸药单耗为主。炸药单耗的标准条件是:台阶高度 10 ~ 15m,钻孔直径 243mm,铵梯炸药(粒状硝酸铵 79%,梯恩梯 21%)。

经过大量数据统计结果,得出了炸药单耗的均方差和炸药单耗的 2/3 次方成正比的关系,即

$$\sigma_n = 0.172q^{\frac{2}{3}} \qquad (2-11)$$

式中 σ_n——炸药单耗统计值的离差,kg/m^3;

q——炸药单位消耗量,kg/m^3。

63. 工程爆破如何分类?

根据爆破的性质和用途,主要有:

(1)基建工程爆破。基本建设往往需要完成大量的土石方开挖任务,如矿山的开拓剥离、井巷掘进、堆筑坝体,厂房基础开挖,公路、铁路路堑开挖,地下工程的掘进以及平整场地等均可采用工程爆破方法来完成。

（2）矿山及采石场生产爆破,包括各类矿石和石材开采等,其特点是崩落的岩矿必须满足一定的尺寸规格或级配要求,以符合装运、使用及选冶方面的需要。

（3）拆除爆破,多用于工程改建、扩建及拆除。它的基本方法是用小量炸药布置在建筑物基础及梁柱连接处,在爆破作用下,造成结构失稳并控制其倒塌的方位和范围。

（4）爆炸加工,是以炸药为能源代替传统机械加工的一种加工方法。

（5）特殊工程爆破,如钻井的压裂爆破、原地浸溶采矿用到的核爆破等。

64. 露天矿山爆破设计的任务及过程是什么?

（1）露天矿山爆破设计的任务是:确定爆破区的平面图和断面图;爆破区的体积、高度、宽度和长度;允许的爆破宽度和高度;岩石的最大块度和平均块度;台阶安全坡面角;台阶底盘必要的平整;爆堆的理想形状和采掘带爆破顺序等。

（2）露天矿山爆破设计的过程是:从标准设计开始,根据原始已知数据,并考虑到炸药性质、爆破顺序、炮孔布置和装药结构,对主要爆破参数进行计算,包括:炸药设计单耗量,孔距、排距,底盘抵抗线,炮孔超深、填充长度,炮孔装药量,以及其他指标。

65. 微差爆破的起爆方式有哪些,各有什么特点?

爆区多排孔布置时,孔间多呈三角形、方形和矩形。但利用不同的起爆顺序对这些炮孔进行组合,就可获得多种多样的起爆形式。

（1）排间顺序起爆（图2-32）。这是最简单、应用最广泛的一种起爆形式,一般呈三角形布孔。在大区爆破时,由于同排（同段）药量过大、容易造成爆破地震危害。

（2）横向起爆（图2-33）。这种起爆方式没有向外抛掷作用,多用于掘沟爆破和挤压爆破。

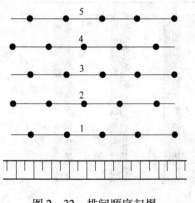

图2-32　排间顺序起爆
1~5—起爆顺序

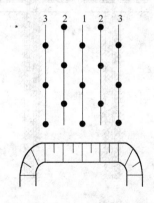

图2-33　横向起爆
1~3—起爆顺序

（3）斜线起爆。分段炮孔的连线与台阶坡顶线呈斜交的起爆方式称为斜线起爆。图2-34a为对角线起爆,常在台阶有侧向自由面的条件下采用。利用这种起爆形式时,前段爆破能为后段爆破创造较宽的自由面,如图中的连线。图2-34 b为楔形或V形起爆方式,多用于掘沟工作面。图2-34c为台阶工作面采用V形或梯形起爆方式。

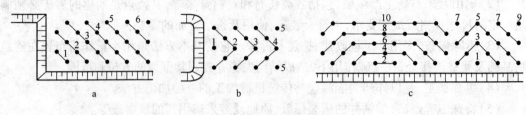

图 2 - 34　斜线起爆

1~10—起爆顺序

（4）孔间微差起爆。孔间微差起爆是指同一排孔按奇、偶数分组顺序起爆的方式。图 2 - 35a 为波浪形方式，它与排间顺序起爆比较，前段爆破为后段爆破创造了较大的自由面，因而可改善爆破效果。图 2 - 35b 为阶梯形方式，爆破过程中岩体不仅受到来自多方面的爆破作用，而且作用时间也较长，可大大提高爆破效果。

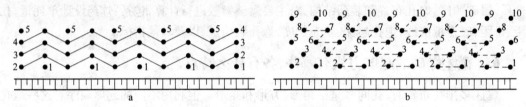

图 2 - 35　孔间微差起爆

a—波浪形；b—阶梯形

（5）孔内微差起爆。孔内微差起爆是指同一炮孔内进行分段装药，并在各分段装药间实行微差间隔起爆的方法，如图 2 - 36 所示。

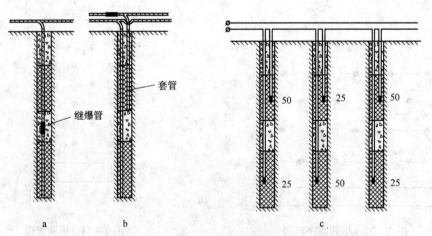

图 2 - 36　孔内微差起爆结构

a—导爆索孔内自上而下；b—导爆索孔内自下而上；c—电雷管孔内微差

25,50—微差间隔的毫秒数

66. 在微差爆破的起爆方式中，斜线起爆有何优缺点？

斜线起爆的优点：

（1）可正方形、矩形布孔,便于穿孔、装药、填塞机械的作业;斜线起爆又可加大炮孔的密集系数。

（2）由于分段多,每段药量少且分散,可降低爆破地震的破坏作用,后、侧冲小,可减轻对岩体的直接破坏。

（3）由于炮孔的密集系数加大,岩块在爆破过程中相互碰撞和挤压的作用大,有利于改善爆破效果,而且爆堆集中,可减少清道工作量,提高采装效率。

（4）起爆网络的变异形式较多,机动灵活,可按各种条件进行变化,能满足各种爆破的要求。

斜线起爆的缺点:由于分段较多,后排孔爆破时的夹制性较大,崩落线不明显,影响爆破效果;分段网络施工及检查均较复杂,容易出错;要求微差起爆器材段数较多,起爆材料的消耗量也大。

67. 多排孔微差爆破的优点是什么?

（1）一次爆破量大,可减少爆破次数和避炮时间,提高设备利用率。

（2）改善爆破质量,大块率比单排孔爆破降低 30% ~50% 。

（3）提高穿孔设备利用率约 10% ~15% ,这是工作时间利用率增加和穿孔设备在爆破后冲作用区作业次数减少之故。

（4）提高采装、运输设备效率约 10% ~15% 。

68. 微差挤压爆破与微差爆破相比,其优缺点是什么?

微差挤压爆破的优点:

（1）矿岩破碎效果更好。这是由于前面渣堆的存在,因而爆炸能量得到充分利用,并在渣堆挤压作用下,产生附加破碎作用。

（2）爆堆更集中。由于渣堆的作用,故爆破前冲距离小。根据国内外经验,当渣堆厚度为 10~20m 时,爆堆前冲距离一般不大于 20m。这对于采用铁路运输的露天矿,可在爆破前不拆道,从而可提高采装和运输设备的效率。

微差挤压爆破的缺点:

（1）炸药消耗量大,比一般多排孔微差爆破要多 20% ~30% 。

（2）爆堆高度大,特别是预留渣堆厚度大而妨碍爆堆向前发展时,有可能影响采装设备的作业安全。

69. 何谓挤压爆破,挤压爆破工艺中应注意哪些特殊技术问题?

挤压爆破又称为压渣爆破,它要求在工作面上留有一定厚度的爆落松散岩石,即在不留足够补偿空间的条件下爆破。由于此时的爆破自由面是原岩体与爆落松散岩石间的界面,所以可以将挤压爆破理解为特殊自由面条件下的爆破。

挤压爆破工艺中应注意的技术问题:

（1）留渣厚度要适当。一般为 2~6m,但也有的露天矿达到 10~25m,需用实验确定。

（2）适宜的一次爆破排数为 3~7 排,不宜用单排,更多的排数会增大药耗,效果难以保证。

(3)第一排孔十分关键,应适当增大其药量,减小最小抵抗线值,增加超深值。

(4)药量要适当。通常应比非挤压爆破时增加约 10% ~15%,药量过多效果反而适得其反。

(5)微差时间间隔应比常规爆破时增大 30% ~60% 为宜,当岩石坚硬且渣堆(挤压材料)较密时应取上限数值。

(6)补偿系数(即补偿空间体积与崩岩体的原体积之比)应取 10% ~30% 为宜。

(7)压渣密度过大时爆破效果不好,可通过先出部分渣的办法人为地使渣堆密度降至合适程度,然后再进行挤压爆破。

70. 何谓预裂爆破,有何优点?

所谓预裂爆破,就是沿露天矿设计边坡境界线,钻凿一排比较密集的钻孔,每孔装入少量炸药,在采掘带主爆孔未爆之前先行起爆,从而炸出一条有一定宽度(一般大于 1 ~2cm)并贯穿各个钻孔的预裂缝。由于有这条预裂缝将采掘带和边坡分隔开来,因而后续采掘带爆破的地震波在预裂带被吸收并产生较强的反射,使得透过它的地震波强度大为减弱,从而降低地震效应,减少对边坡岩体的破坏,提高边坡面的平整度,保护边坡的稳定性。

预裂爆破的优点有:

(1)预裂面把开挖区与保留区预先分开,开挖区爆破时,爆炸应力波在预裂面产生反射,使透到保留区的应力波强度大为减弱。

(2)开挖区爆破时伸向保留区的裂缝到达预裂缝时被切断,从而起到保护保留区的作用。

(3)可以得到整齐光滑的岩石壁面,大大减少超挖,减少整修工作量,有利于边坡的稳定。

71. 预裂爆破施工要点有哪些?

(1)严格按设计孔位施工,在露天开挖工程中,炮孔前后移位偏差不应大于 20 ~30cm。

(2)采用不耦合装药结构时,药包应尽可能放置在炮孔中心,炮孔底部药量应增加 1 ~3 倍。

(3)炮孔一般不超深,孔口未装药部分是孔深的 15% ~30%。

(4)预裂孔应预先起爆或超前临近主炮孔 50 ~100ms 起爆。

(5)预裂孔一般应同时起爆,但为了降低预裂孔爆破的地震波效应,亦可分段起爆。

72. 评价预裂爆破效果的指标有哪些?

一般根据预裂缝的宽度、新壁面的平整程度、孔痕率以及减震效果等项指标来衡量预裂爆破的效果。具体是:

(1)岩体在预裂面上形成贯通裂缝,其地表裂缝宽度不应小于 1cm。

(2)预裂面保持平整,孔壁不平度小于 1.5cm。

(3)孔痕率在硬岩中不少于 80%,在软岩中不少于 50%。

(4)减震效果应达到设计要求的百分率。

73. 何谓光面爆破?

光面爆破是在开挖线上钻较密的炮孔,多用不耦合装药,在主炮孔爆破后起爆光面炮孔,使裂隙沿炮孔中心线发展,形成光面,减少爆破对保留围岩的破坏。

光面爆破孔距比预裂爆破可稍大些,因此光面爆破较为经济些。露天矿可以在削坡中采用光面爆破,也可将光面爆破与缓冲爆破配合使用。在岩石整体性差,节理裂隙多且岩石风化程度不一致难以形成预裂面的地段,只有一两排炮孔的情况下,可以使用光面爆破获得较为平整的坡面。

74. 使用哪些技术措施可以产生较好的光面爆破效果?

(1)采用小直径药卷。通常用稍大于临界直径的药卷,及不耦合系数(炮孔直径与药卷直径的比值)要大于1;此值大,表明药包与炮孔周壁有较大间隙,爆破时有一定的缓冲作用,动压大为降低,可减弱作用在炮孔壁的初始冲量。药卷直径小也能降低炸药的爆速。

(2)采用缓冲装药结构,其中包括不耦合药包连续装药结构,也可采用耦合药包间隔装药结构,即药卷之间留有轴向空气间隙,动压传播过程中经过空气间隙的缓冲作用而大为减弱。

(3)控制每米炮孔长度的装药量,并均匀分布于柱状炮孔内。

(4)采用爆速低、猛度小、低密度的炸药。

75. 光面爆破的技术要点有哪些?

(1)合理布置周边炮孔,提高钻孔精确度。周边炮孔是指开挖断面上沿边缘轮廓线布设的炮孔。周边炮孔的钻孔参数包括炮孔直径、炮孔间距、最小抵抗线(又称光面层厚度)、炮孔深度和炮孔角度等。正确处理各参数之间的相互关系以及达到要求的钻孔精度,是实现光面爆破的重要条件。

(2)严格控制装药,采用空气装药结构。要实现光面爆破,不仅必须选择适当的周边炮孔间距和抵抗线,而且一定要采用足够小的装药量和空气间隔装药结构。

(3)合理安排开挖程序和起爆顺序。露天矿山台阶爆破,其开挖程序很简单,由外向内,依次起爆,前一排炮孔爆破后为后一排炮孔创造自由面,最后一排炮孔就是光面爆破周边炮孔,按光面爆破的要求布置,最后起爆。光面爆破要求周边炮孔同时起爆。同时起爆的时差越小,效果越好,这体现在平整程度上。一般要求时差小于100ms。

76. 如何评价露天深孔爆破的效果?

露天深孔爆破的效果,应当从以下几个方面来加以评价:

(1)矿岩破碎后的块度应当适合于采装运机械设备工作的要求,要求大块率应低于5%,以保证提高采装效率。

(2)爆下岩堆的高度和爆堆宽度应当适应采装机械的回转性能,使穿爆工作与采装工作协调,防止产生铲装死角和降低效率。

(3)台阶规整,不留根底和伞檐,铁路运输时不埋道,爆破后冲小。

(4)人员、设备和建筑物的安全不受威胁。

(5)节省炸药及其他材料,爆破成本低,延米炮孔崩岩量高。

77. 评价矿山爆破的技术经济指标有哪些?

(1)炸药单耗,是指爆破 $1m^3$ 或 $1t$ 矿岩所消耗的炸药重量,单位为 kg/m^3 或 kg/t。

(2)延米爆破量,是指 $1m$ 炮孔所能崩落的岩石(或矿石)的平均体积或重量,单位为 m^3/m 或 t/m。

(3)炮孔利用率,一般用于井巷掘进爆破,指一次爆破循环的进尺与炮孔平均深度之比,单位为% 。

(4)爆破成本,是指爆破 $1m^3$ (或 $1t$)矿岩所消耗的与爆破作业有关的材料、人工、设备及管理等方面的费用,许多矿山常采用包括穿孔作业在内的穿爆成本。

78. 影响爆破作用的因素有哪些?

影响爆破作用的因素很多,有些则是不可控的,归纳起来有三方面因素:

(1)岩石的特性,包括岩石的物理力学性质以及构造特性。

(2)炸药性能,包括炸药的威力、猛度、爆热、爆容、爆速、爆压及密度等,其中对爆破作用影响最大的是爆速、密度、爆热和爆容。

(3)爆破参数,包括孔网几何参数、装填参数、起爆参数等。

79. 选择爆破参数的方法有哪些?

在选定炸药品种后,应根据爆破工程的类型及综合要求选择及确定合理的爆破参数。以达到最佳爆破效果,选择爆破参数的方法有:

(1)借鉴类似工程的先进经验数据。

(2)采用经验公式或半理论半经验公式计算。

(3)根据模拟试验或半工业试验资料。

(4)建立数学模型进行优化计算取得各项爆破参数。

对重复性爆破也可以采用统计分析的方法逐步调整参数。对于一次性重大爆破工程,应进行专门的试验和必要的观测,来研究各项参数的合理性。

80. 确定炮孔直径应考虑哪些因素?

(1)炮孔直径对不同可爆性岩石的破碎程度的影响。

(2)合理的岩石破碎程度与运输和采装设备的类型和方法相适应。

(3)通过改变炸药单耗量来调整破碎度的可能性。

(4)炮孔直径对药量和孔网参数的影响。

(5)开采工程的规模和组织。

81. 爆破辅助作业包括哪些?

(1)爆破材料库的装卸工作。从铁路车辆中卸下袋装和箱装的爆破材料,放到货架上或者码成垛;取下药袋,从药库中运送到拆包点或装运到露天矿。这些工作用自行式电瓶车和铲车完成。

（2）硝酸铵的拆包。可用拆包机完成。粉碎结块的硝酸铵炸药使用在工作机构上镶上经摩擦、冲击不产生火花的材料、带防爆型传动设备的颚式破碎机，还可以使用结块肥料破碎机。

（3）机械化加工炸药，用固定式混合器（炸药消耗量为 20t/d）或者混合运输 - 装药车完成。爆破作业的固定设施还包括炸药原料库和运输装药车。

（4）炮孔机械装药，用装药车完成。对于粒状炸药可使用单罐装药车和双罐装药车。单罐车用来运送炸药到装药地点；双罐车用来准备不同成分的粒状炸药。炸药靠自重装入炮孔或者使用压气装置、螺旋输送机、胶带输送机进行装药。炮孔的装药量用计量器检查。

82. 提高露天矿山爆破质量的措施有哪些？

为了提高露天矿山爆破质量，行之有效的方法有以下几种：

（1）采用多排孔毫秒爆破。它具有显著的优点：岩石破碎均匀，大块率低，爆堆集中，后冲作用小。它能充分利用爆破后岩块所具有的动能而使之转化为相互间碰撞的机械功，从而产生补充破碎作用。

（2）合理的装药结构。采用间隔装药或混合装药结构，都可以改变炸药的分布，有利于减少大块的产生。

（3）斜孔爆破。采用斜孔爆破，使台阶各处的抵抗线大小均匀，从而有利于提高爆破质量。

（4）利用残余爆堆控制抛掷。

（5）高台阶爆破。使用高台阶爆破有以下优点：成倍地增大一次爆破量，有利于穿爆、采装和运输工作的平行作业，炮孔装药的有效长度相对增加，爆炸能集中，改善矿岩破碎质量，减少了后冲作用和超钻对未爆岩体的破坏范围，减少超钻、开孔的数量，有利于提高钻孔效率。

83. 何谓逐孔起爆技术，有什么技术特点？

逐孔爆破技术在国内外已经有多年成功使用经验，其技术核心是单孔延时起爆，即依靠高强度、高精度毫秒导爆管雷管，使爆区内任何一个炮孔爆破时，在空间和时间上均是按照一定的起爆顺序单独起爆，从而人为地为每个炮孔准备最充足的自由面，达到减小爆破震动和改善爆破效果的目的。

其技术特点如下：

（1）先爆炮孔为后爆炮孔多创造一个自由面。

（2）爆炸应力波靠自由面充分反射，岩石加强破碎。

（3）相邻炮孔爆破岩块相互碰撞，挤压，增强岩石二次破碎。

（4）同段起爆药量小，控制爆破震动。

第三章 露天开采工艺

84. 何谓露天开采?

为了开采各种矿产资源,建立各种沟道和揭露矿体的各种矿山工程,将覆盖在矿体上部及上下盘部分表土和围岩剥离,直接把有用矿物开采出来,采掘后所形成的开采场地是敞露于地表的,称为露天开采。当矿床埋藏较浅,且规模较大,剥离上覆岩层及部分围岩就可以直接从地表采出有用矿物,且通过比较在经济上合理,这时适合用露天开采。

85. 露天开采与地下开采相比有何优缺点?

露天开采和地下开采相比,有以下优点:

(1)受开采空间限制较小,可采用大型机械设备,从而可大大提高开采强度和矿石产量。

(2)劳动生产率高,一般为地下开采的5~10倍。

(3)开采成本低,一般为地下开采的1/4~1/3。

(4)矿石损失贫化小,损失率和贫化率不超过3%~5%。

(5)对于高温易燃的矿体,露天开采比地下开采更为安全可靠。

(6)基建时间短,约为地下开采的一半,开采1t矿石的基建投资也比地下开采低。

(7)劳动条件好,作业比较安全。

露天开采的主要缺点:

(1)在开采过程中,穿爆、采装、汽车运输、卸载以及排岩等作业粉尘较大,汽车运输排出的一氧化碳逸散到大气中,废石场的有害成分在雨水的作用下流入江河湖泊和农田等,污染大气、水域和土壤,将危及人民身体健康,影响农作物及植物的生长,使生态环境遭受不同程度的破坏。

(2)露天开采需要把大量的剥离物运往废石场排弃,因此废石场占地较多。

(3)气候条件如严寒和冰雪、酷热和暴雨等,对露天开采作业有一定的影响。

露天开采虽然在经济上和技术上的优越性很大,但它还不能完全取代地下开采。当开采技术条件一定时,随着露天开采深度的增加,剥岩量不断增大,达到某一深度后继续用露天开采,在经济上不再有利,在这种情况下就应转入地下开采。

86. 露天开采方法有哪些?

在露天开采中主要有水力开采和机械开采两种。

水力开采是用水枪射出高速高压的水流冲采矿岩,并用水力冲运矿岩,此法多用于开采松软的砂矿床。

机械法则是采用各种采、装、运机械设备进行开采的。这是最常用的露天采矿方法。

87. 如何区分山坡露天矿和凹陷露天矿？

根据矿床埋藏条件和露天开采境界封闭圈，露天矿可分为山坡露天矿和凹陷露天矿。封闭圈为露天采场地表最终境界最上面一个等高线闭合曲线。露天开采境界封闭圈以上为山坡露天矿，封闭圈以下为凹陷露天矿。

88. 何谓露天矿台阶，其构成要素有哪些？

露天开采时，通常把矿岩划分成具有一定厚度的水平分层，用独立的采掘、运输设备进行开采。在开采过程中各分层保持一定的超前关系，从而形成了阶梯状，每一个阶梯就是一个台阶（或阶段）。

台阶由以下要素组成（图3-1）：

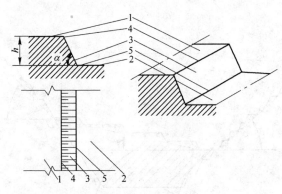

图3-1　台阶构成基本要素
1—台阶上部平盘；2—台阶下部平盘；3—台阶坡面；4—台阶坡顶线；5—台阶坡底线
α—台阶坡面角；h—台阶高度

台阶上部平盘，即台阶上部水平面。

台阶下部平盘，即台阶下部水平面。

台阶坡面，即台阶已采掘部分暴露于空间的倾斜面。

台阶坡顶线，即台阶坡面与上部平盘的交线。

台阶坡底线，即台阶坡面与下部平盘的交线。

台阶高度（h），即台阶上部平盘和下部平盘之间的垂直距离。

台阶坡面角（α），即台阶坡面与下部平盘的夹角。

台阶的上部平盘和下部平盘是相对的，一个台阶的上部平盘同时又是其上方相邻台阶的下部平盘。台阶的命名，通常以下部平盘的标高表示，故常将台阶称为某某水平。

89. 在露天开采中，采掘带和采区指的是什么？

在进行露天开采时，将工作台阶划分成若干个条带逐条顺次开采，挖掘机一次挖掘的宽度称为采掘带宽度。如果采掘带足够长，可将其划分为若干区段，在每个区段内配置设备进行独立的采运工作，这样的区段称为采区，如图3-2所示。

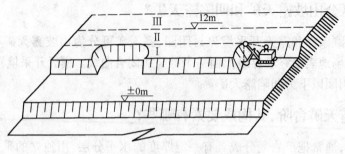

图 3 - 2　采掘带、采区示意图

90. 露天采场包括哪些构成要素?

露天采场是指露天开采所形成的采坑、台阶和运输沟道的总和,其构成要素(图 3 - 3)包括:

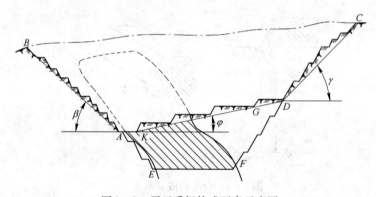

图 3 - 3　露天采场构成要素示意图

(1)露天采场的边帮。由若干台阶的坡面和平台、运输线路等构成的露天采场倾斜表面,称为露天采场边帮。

(2)露天采场的工作帮(AD)。由正在进行开采和将要进行开采的台阶所组成的边帮称为工作帮。工作帮的位置是不固定的,它随开采工作的进行而不断地改变。

(3)工作帮坡面(KG)。通过工作帮最上一台阶的坡底线和最下一台阶坡底线所作的假想斜面称为工作帮坡面。

(4)工作帮坡角(φ)。工作帮坡面与水平面的夹角称为工作帮坡角。

(5)露天采场非工作帮(CD 及 AB)。由结束开采工作的台阶平台、坡面和出入沟底组成的露天采场的四周表面称作非工作帮,当非工作帮位于最终境界时,称为最终边帮或最终边坡。

(6)非工作帮坡面(CD 及 AB)。通过非工作帮最上一台阶的坡顶线和最下一台阶的坡底线所作的假想斜面称为非工作帮坡面,非工作帮坡面位于最终境界时称为最终帮坡面或最终边坡面。

(7)露天采场最终边坡角(β 及 γ)。最终帮坡面与水平面的夹角称为最终帮坡角或最终边坡角。

（8）上部最终境界线（B 及 C）。最终帮坡面与地面的交线为露天采场的上部最终境界线。

（9）下部最终境界线（E 及 F）。最终帮坡面与露天采场底平面的交线为下部最终境界线或称底部周界。

91. 何谓露天矿工作台阶,露天矿的平台分哪几种类型?

正在进行开采工作的台阶称为工作台阶,其上的平盘称为工作平盘;反之,则称为非工作台阶,其上的平盘称为平台,视其用途而称为保安平台、清扫平台或运输平台。

保安平台是用作缓冲和阻截滑落的岩石以及减缓最终边坡角,保证最终边帮的稳定性和下部水平的工作安全。其宽度较窄,一般在阶段高度的 1/3 以内。

清扫平台是用于阻截滑落的岩石并用清扫设备进行清理,它又起安全平台的作用。一般每隔 2~3 个台阶在四周边帮上设一清扫平台,其宽度依所用的清扫设备而定。

运输平台是作为工作台阶与出入沟之间的运输联系的通道,它设在出入沟同侧的非工作帮和端帮上,其宽度依所采用的运输方式和线路数目决定。

92. 露天矿开采主要分为哪些步骤?

露天矿的开采步骤有地面场地的准备、矿床疏干和防排水、矿山基建、矿山生产和矿山开采结束时地表的恢复利用等。

（1）地面场地的准备。地面场地的准备就是排除开采范围内的各种障碍物,如砍伐森林、河流改道、疏干湖泊、迁移房屋和道路等。

（2）矿体疏干排水。在开采地下水很大的矿体时,为保证正常生产,必须预先排除开采范围内的地下水,并采用修筑挡水坝和截水沟的办法隔绝地表水的流入。矿床的疏干排水不是一次完成的,而是要在露天矿整个存在期间持续进行。

（3）矿山基建。矿山基建是指露天矿投产前为保证正常生产所完成的全部工程,包括供配电建筑（变电所、供配电线路）、工业场地建筑（机修、电修、车库、器材库等）、破碎筛分场地建筑（破碎厂、运矿栈桥、贮矿槽等）、建设排土场、建立地面运输系统及自地表至露天采场的运输通道、修建路基和铺设线路、完成投入生产前的掘沟工程和基建剥离量。

（4）矿山生产。露天矿基建工程完成以后,按一定的生产制度进行剥岩和采矿。

（5）地表恢复利用。把露天开采时所占用的土地,在生产结束时或在生产期间进行复垦工作。

93. 露天矿山工程包括哪些内容,露天矿在整个开采期间的生产规律是什么?

掘沟、剥离和采矿是露天矿生产过程中的三个重要矿山工程。

在凹陷露天矿,自上而下进行掘沟、剥离和采矿工作,上部水平顺次推进到境界,下部水平顺次开拓和准备出来,旧的工作水平相继结束生产,新的工作水平陆续投产。掘沟、剥离和采矿三者之间是相互依存和相互制约的,为了保证露天矿正常持续生产,它们在空间和时间上必须保持一定的超前关系,使各种矿山工程有计划地进行。这就是露天矿在整个开采期间的生产规律。

94. 露天开采工艺包括哪些内容?

露天开采工艺由生产工艺环节和工艺系统组成。

生产工艺环节包括主要和辅助生产环节。主要生产环节包括穿孔爆破、采装、运输、排卸(排土及卸矿),辅助生产环节包括设备维修、动力供应、防排水等。每一生产环节,一般由数个生产工序组成,如采掘环节中的矿岩准备、采装、工作面线路移设等。生产工艺环节主要研究各环节内各种设备的作业方法、工作规格与工作面参数的确定、生产能力计算与提高生产能力的途径、环节内部工序间的联系、环节内诸设备比选等问题。

露天开采工艺系统则是完成穿孔爆破、采装、运输、排卸(排土及卸矿)这四个环节的机械设备和作业方法的总称。工艺系统是从总体和宏观角度考察系统,讨论环节间的联系和配合,如设备类型和规格的选择及匹配、各环节设备能力和数量匹配、系统参数确定、系统的调配与管理、工艺系统选择等。

95. 露天开采常用的穿孔方法及凿岩设备有哪些?

露天矿目前使用的穿孔方法,按钻进或能量利用方式,分为机械穿孔和热力穿孔两大类。除火力钻机为热力穿孔外,其他钻机均属于机械穿孔。机械穿孔是当前国内外露天矿穿孔使用最普遍的方法,适应于各种硬度的矿岩的穿孔作业。热力穿孔法在十分坚硬的铁燧石中穿孔使用,成本较高,适应性不广。此外,化学穿孔、超声波穿孔以及高压水力等新型钻机尚在研究之中。

露天矿主要使用的机械穿孔设备有牙轮钻机、潜孔钻机以及凿岩钻车。

96. 露天矿潜孔钻机有哪些特点,如何分类?

与普通凿岩机相比,潜孔钻的主要特点是冲击器和钻头一起潜入孔底,由活塞运动所产生的冲击功直接传至钻头破碎岩石,使冲击功不至于过多的消耗在钻杆的变形上。回转电机经减速器减速后传至钻杆,带动冲击器和钻头回转。因此,潜孔钻机是通过冲击破碎、回转切削形成钻孔,用压缩空气或气水混合将岩石碎屑吹出孔外。向下推进的轴压力,是借助于回转机构及钻具自重,再经链条或钢绳传动加压。所以穿孔作业是连续的。

潜孔钻机按其重量和钻孔直径可分为轻型潜孔钻机,重量较轻,钻孔直径一般小于110mm;中型潜孔钻机,重量约为 10 ~ 15t,孔径为 150 ~ 170mm;重型潜孔钻机,重量在 30t 以上,孔径一般大于 200mm。

按钻机钻具使用的空气压力又可分为普通型潜孔钻机和高气压型潜孔钻机。前者使用空气压力一般小于 0.7MPa,后者使用的空气压力一般大于 1.0MPa。

97. KQ - 250 型潜孔钻机有哪些特点?

KQ - 250 型潜孔钻机外观如图 3 - 4 所示。其具有以下一些特点:

(1)KQ - 250 型潜孔钻机有三种驱动力:冲击器、主传动系统中的气室离合器采用压气传动;钻架起落、稳车千斤顶、送杆器及托杆器采用液压传动;其他机构直接以电为动力,例如回转、提升钻具以及行走传动机构。

(2)钻架起落借助两个液压油缸来完成。由于钻架轴与提升主轴同心,起落时可不拆去链条、油管等零件。

（3）提升推进机构、行走机构及辅助卷扬共用一台电动机。

（4）KQ－250型潜孔钻机采用抱闸式调压装置。它是在驱动提升机构的传动主轴上安装一个用汽缸操作抱闸的制动轮。调节汽缸的进气压力，就能够改变抱闸与制动轮之间的摩擦间隙，从而改变制动力矩的大小。

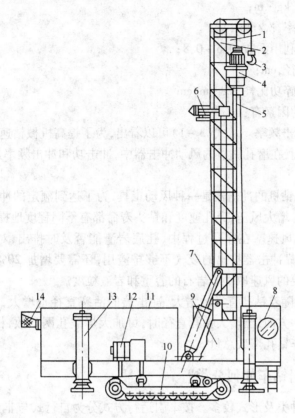

图 3－4　KQ－250 型潜孔钻机

1—钻架；2—推进提升链条；3—辅助卷扬机构；4—回转供风机构；5—钻具；6—接送杆机构；7—起落钻架油缸；8—司机室；9—除尘装置；10—行走机构；11—机棚；12—空压机散热器；13—稳车千斤顶；14—机棚净化装置

98. 潜孔钻机的除尘方式可分为哪几类？

钻机凿岩时，从岩孔中排出大量粉尘，造成环境污染，严重地威胁人体健康，降低机器使用寿命，必须采取有效的除尘与防尘设施。就除尘而言可分为三类：

（1）干式除尘。从钻孔中排出的粉尘，利用捕尘罩、沉降箱旋风除尘器以及脉冲布袋等设备进行干式分离和粉尘捕集。这种方法对低温和缺水地区比较适用。

（2）湿式除尘。向压缩空气中加入一定量的水，利用气水的混合物进行湿式凿岩，岩粉在孔内被湿润。湿式除尘效果比较理想，但对凿岩效率有不利的影响，且冬季在低温地区应用时，要采取专门的防冻措施。

（3）混合式除尘。混合式除尘是指孔底干法凿岩，孔口湿式扑尘。

从提高除尘效率角度出发，以采用大捕尘罩、脉冲布袋除尘装置为好。

99. 如何计算潜孔钻机钻速,其影响因素主要有哪些?

潜孔钻机的钻速 v(cm/min)可用式(3-1)表示:

$$v = \frac{4ank}{\pi D^2 E} \tag{3-1}$$

式中　a——冲击功,kg·m;

　　　　n——冲击频率,次/min;

　　　　k——冲击能利用系数,0.6~0.8;

　　　　D——钻孔直径,cm;

　　　　E——岩石凿碎功比耗,kg·m/cm³。

影响钻进速度的因素有:

(1)冲击功和冲击频率。从式(3-1)可以看出,为了提高机械钻速,希望同时增加冲击功和冲击频率。然而,在潜孔钻机的风动冲击器中,冲击功和冲击频率是两个相互制约的工作参数。

(2)风压。潜孔钻机的冲击器是一种风动工具,为了达到额定的冲击功和冲击频率,风压是一个重要因素。增大风压,穿孔速度和钻头寿命都有不同程度地提高。

(3)排渣风量和风速。在穿孔过程中,孔底岩渣能否及时排出,对穿孔速度有很大影响。一般情况下,单靠冲击器排出的废气不够排渣用,还需要增加20%~40%的压缩空气用来排渣。排渣需要的风速取决于岩石的容重和岩渣粒度。

(4)钻孔直径。随着钻孔直径的增大,冲击器的活塞直径也增大,相应的冲击功、冲击频率也可提高。另一方面,当增大钻孔直径时,可加大爆破孔网参数,相应提高钻孔的延米爆破量和钻机的台车钻孔爆破总量。

100. 露天凿岩钻车如何分类?

露天凿岩钻车种类及形式较多。按牵引运行方式分为自行式与非自行式两种。自行式以履带运行为多轮胎为少,非自行式多以轮胎为行走轮。按钻孔直径分,孔径小于80mm者为小型露天凿岩钻车,大于100mm者为大型露天凿岩钻车。以钻具类型分为气动钻车和液压钻车。国外多数为液压钻车,即液压钻臂配备重型液压凿岩机。

101. 露天凿岩钻车有哪些特点?

(1)适用于多用途,设备的机动性高于其他设备。

(2)能够钻凿多种方位的炮孔,调整钻孔位置迅速而准确。

(3)钻孔自动化程度高,一般能够实现自动防止卡钻,自动实现反钻,上卸钻杆自动化,开孔自动化,停车自动化等。

(4)钻速快,在岩石坚固性系数 $f=10~14$ 条件下,钻进孔径100mm,钻深2m时,纯钻速达到900~1200mm/min,这是同级潜孔钻机无法比拟的。

(5)钻具寿命高,钻头寿命一般超过1000m,钻杆寿命高达300~1000m。

(6)钻孔成本明显降低。

(7)动力消耗低,折算到每立方米矿岩的能耗只是潜孔钻机的1/3和牙轮钻机的1/2。

102. 牙轮钻机的凿岩原理是什么?

牙轮钻机钻孔时,依靠加压机构和回转机构给钻头施加的轴压力和回转力矩,岩石在轴压静载荷和纵向振动载荷及滑动剪切力的联合作用下,被牙轮上的牙齿压碎、凿碎和剪碎。牙轮钻机钻孔时(图3-5),着地齿在轴压力的作用下,牙齿会吃入岩石的某一个深度,减小了牙轮纵向振动的振幅。试验研究表明,对于硬岩,牙齿吃入深度较浅,纵向振幅大,冲击破碎岩石的效果好;而对于软岩和中硬岩,牙齿吃入深度较深,纵向振幅小,冲击破碎的效果较差。

103. 牙轮钻机主要由哪些部分组成?

KY-250型牙轮钻机(图3-6)主要由以下部分组成:

(1)钻具。钻具由上钻杆、下钻杆及牙轮钻头组成。

(2)钻架和机架。钻架为型钢焊接的空间桁架,前后立柱断面均为方形。机架是钻机各种机构和装置的安装基础。它是以工字钢为主梁的焊接结构,主要由A型架、托架及平台组成。

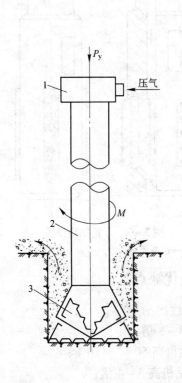

图3-5　牙轮钻机钻孔工作原理
1—回转供风机构;2—钻杆;3—牙轮钻头;
P_y—轴压力;M—回转力矩

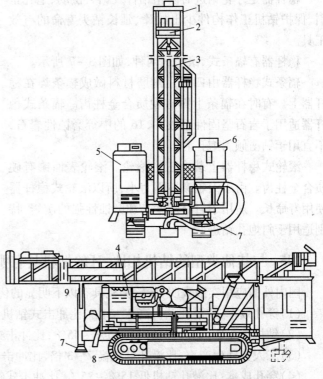

图3-6　KY-250型牙轮钻机外形示意图
1—钻架;2—回转机构;3—钻杆架;4—机棚;5—司机室;
6—除尘装置;7—油压千斤顶;8—履带行走机构;9—托架

（3）回转供风机构。回转供风机构的作用是驱动钻具回转，并将压气输送给中空钻杆。

（4）加压提升机构。该机构的作用是推进钻具并给钻具以足够大的轴压力，以及实现回转小车连同钻具的快速提升和下放。

（5）行走机构。KY－250 型牙轮钻机采用履带自行式行走机构，由底盘和行走传动机构组成。

（6）接卸及存放钻杆机构。在使钻架落下或检修回转小车时，都要把回转小车放下来。因此要把钻杆拆开，并将上、下钻杆分别存放起来。接卸及存放钻杆机构，主要由液压卡头和钻杆架组成。

（7）除尘系统。钻机凿岩时，破碎下来的岩渣不断地被压力排出孔外。除尘系统的作用就是将排出的尘气混合物进行尘气分离，以保证作业带空气中的粉尘浓度达到国家规定的标准。

（8）司机室和机棚的净化装置。在露天开采过程中，钻机穿孔、矿岩爆破、挖掘机铲装矿石以及汽车运载矿石等作业，都会产生大量的粉尘。特别是在干燥和有风的气候条件下，更为严重。为了保证作业人员的身体健康，司机室和机棚都有空气净化装置。

104. 什么是牙轮钻稳杆器，有哪几种形式？

稳杆器是牙轮钻进时防止钻杆及钻头摆动、炮孔歪斜、保护钻机工作构件少出故障、延长钻头寿命的有效工具。

稳杆器有辐条式、滚轮式两种，如图 3－7 所示。

辐条式稳杆器由四根用耐磨材料做成辐条焊在稳杆器上。有时在辐条上镶有硬质合金柱齿。辐条式稳杆器适用于岩石坚固性系数 $f < 16$ 的中等磨蚀性岩石，不宜用于钻凿倾斜炮孔。

滚轮式稳杆器上装有三个滚轮。滚轮表面镶有硬质合金柱齿。由于滚轮摩擦阻力小，所以滚轮式稳杆器使用寿命长。适用于岩石硬度高和磨蚀性强的矿岩，特别适用于斜炮孔钻进。

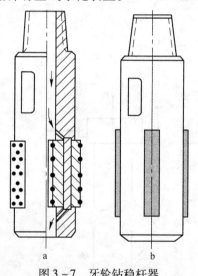

图 3－7　牙轮钻稳杆器
a—辐条式稳杆器；b—滚动式稳杆器

105. 与其他类型的钻机相比，牙轮钻机具有哪些优缺点？

国内外的应用实践表明，牙轮钻机具有以下明显的优越性：

（1）穿孔效率：比潜孔钻机高 2～3 倍，比冲击式钻机高 3～5 倍；

（2）钻机作业率：比潜孔钻机高 15%～45%，比冲击式钻机高 50%～110%；

（3）工人劳动生产率：比潜孔钻机高 2～3 倍，比冲击式钻机高 3～4 倍；

（4）穿孔成本：比潜孔钻机低 15%～25%，比冲击式钻机低 10%～30%。

牙轮钻机的主要缺点是：机身重，设备昂贵。

106. 如何计算牙轮钻机的钻孔速度?

计算牙轮钻机的钻孔速度 $v(\text{cm/min})$ 的经验公式:

$$v = 0.375 \frac{Pn_{\text{T}}}{Df} \tag{3-2}$$

式中　P——钻具的轴压力,kN;

　　　n_{T}——钻头转速,r/min;

　　　D——钻头直径,cm;

　　　f——岩石坚固性系数。

107. 牙轮钻机在穿孔中主要有哪几种工作制度?

牙轮钻机的钻孔速度受轴压及转速两者的综合影响,需要统筹兼顾。因此国内外在穿孔作业中共有两种工作制度:

(1)强制钻进,采用高轴压(30~60t)和低转速(150r/min 以内)。

(2)高速钻进,采用低轴压(10~20t)和高转速(300r/min)。

不难看出,不论从提高钻头、钻机的使用寿命还是从合理利用能量来衡量,高速钻进的工作制度有很多缺点,尤其在硬岩中更是如此。

108. 影响牙轮钻机钻孔的主要因素有哪些?

影响牙轮钻机钻孔的主要因素有四个,即钻压、钻杆钻速、钻头直径和岩石的坚固性。后者可用岩石的各种可钻性指标来描述。

诸影响牙轮钻穿孔速度因素间的关系,可用式(3-3)表示:

$$v = K_{\text{C}} D^{-2} n^x F^y \tag{3-3}$$

式中　K_{C}——与岩石坚固性有关的系数;

　　　D——钻头直径;

　　　n——转速;

　　　F——钻压;

　　　x,y——指数。

牙轮钻常用的钻杆转速因岩石的硬度而异,硬岩中钻杆的转速为 40~70r/min,中等岩中钻速为 60~100r/min,软岩中转速为 70~120r/min。

牙轮钻头常用的钻头直径为 200~380mm,因钻孔速度和钻孔的截面积成反比,故式(3-3)中钻头直径 D 的指数为 -2。

式(3-3)中指数 x 常是一个稍小于 1 的数值,一般 $x = 0.7~0.95$,排粉越彻底,x 越接近于 1。指数 y 一般在 1~1.8 之间,它和牙齿形状,磨钝程度及岩石的性质有关。

钻压 F 可近似由式(3-4)算出:

$$F = (0.6~0.7)fD \tag{3-4}$$

109. 牙轮钻机的发展趋势是什么?

当前国内外牙轮钻机的发展趋势是:

（1）加大钻孔直径。国内外大型金属露天矿已开始广泛使用 300～400mm 直径钻孔。矿山应用的最大钻孔直径已达到 445mm。

（2）加大轴压力、回转功率和钻机重量，实行强化钻进。

（3）采用高钻架长钻杆，减少钻机的辅助作业时间。

（4）发展钻机一机多用，既能钻垂直孔，又能钻倾斜炮孔，以满足采矿工艺方面的要求。

（5）采取措施，提高牙轮钻头的使用寿命。

（6）发展电力传动，采用静态控制驱动交直流电机。

（7）改善司机的劳动条件，增加司机室的舒适程度。

（8）提高钻机的自动化水平，全面提高钻机经济效益。

110. 牙轮钻机的钻孔故障有哪些，如何排除？

在钻孔过程中，应尽最大努力防止发生钻孔事故。若一旦发生事故，必须做出正确的判断，然后采取适当的措施进行处理和打捞。

（1）夹钻具。钻具在孔内被夹住，是由于炮孔片帮、掉块、岩粉过多以及突然停止供气等原因造成的。排除夹钻事故首先判明是属于旋转夹钻还是提升夹钻。

钻具能在炮孔中转动，而不能提起来的提升夹钻，一般是由于片帮、掉块引起的，此时不能强行拔出钻具，更不应停止供气，要上下缓慢串动，反复回转钻具，将卡钻的岩块研碎，即可提起钻具。钻具在炮孔中不能转动，多半是孔底岩粉过多原因造成的。此时，一定要停止供气，采取边回转边提升的办法慢慢串动钻具。采用上述方法后，夹钻事故仍不能排除时，可在钻杆两侧焊两个扳手，用液压千斤顶将钻具提起。

（2）掉钻具。处理钻具掉入孔内，可采用打捞锥捞取。

（3）片帮。出现孔壁片帮现象时，首先要减小轴压，降低转速，然后再投入黏土维护好炮孔。

111. 露天矿穿孔设备的数量如何选择和计算？

露天矿需要穿孔设备的数量，取决于矿山的剥采总量、钻机效率及其工作制度。

$$N = \frac{K_2 Q}{mnABK_1} \tag{3-5}$$

$$N' = \frac{N}{K_3} \tag{3-6}$$

式中　N, N'——分别为钻机的工作台数和在册台数，台；

　　　K_2——产量不均衡系数，一般为 1.10～1.15；

　　　Q——矿山每年需要钻孔爆破的矿岩总量，t/a；

　　　m——钻机年工作天数；

　　　n——每天工作班数；

　　　A——钻机实际台班生产能力，m/(台·班)；

　　　B——每米钻孔爆破量，t/m；

　　　K_1——成孔率，一般为 0.9～0.95；

　　　K_3——钻机作业率，牙轮钻机为 0.65～0.75；潜孔钻机为 0.45～0.65。

112. 露天矿用炸药主要有哪些类型,各有什么特点?

(1)铵油炸药。铵油炸药是一种浅黄色和灰白色的粉末,易溶于水,含水超过3%时则可能拒爆,摩擦和火焰难以引爆,撞击敏感度也比较低,主要成分为硝酸铵和柴油。为减少炸药的结块硬化现象,可加适量的木粉作疏松剂。

(2)浆状炸药。浆状炸药是一种浅黄色的黏胶体,由过饱和的硝酸盐水溶液与适量的敏化剂、可燃剂等组成,具有良好的柔软性、弹性和塑性,具有防水和抗冻性能,枪击和燃烧也难以引起爆炸,撞击敏感度十分低。

(3)水胶炸药。水胶炸药是含有水溶性硝酸钾胺盐为敏化剂、以硝酸盐(硝酸铵和硝酸钠等)为氧化剂与其他添加剂(胶凝剂、交联剂、膨胀珍珠岩等)制成的多组分凝胶混合炸药。具有抗水性强、爆破性能好、使用安全等特点。

(4)乳化炸药。乳化炸药是指用乳化技术制备的油包水型矿用抗水炸药。具有抗水性强,爆轰感度和爆炸性能好,原料来源广,制造工艺简单,生产、使用安全等优点。

113. 露天矿混装炸药车具有哪些优点?

使用混装炸药车主要有以下几个优点:

(1)生产工艺简单,现场使用方便,装药效率高。

(2)同一台混装炸药车可以生产几种类型的炸药,其密度又可以随意调节,以满足不同矿岩、不同爆破的要求。

(3)生产安全可靠,炸药性能稳定;不论是地面设施还是在混装车内,炸药的各组分均分装在各自的料仓内,且均为非爆炸性材料,进入炮孔内才形成炸药。

(4)生产成本低。

(5)大区爆破可以预装药。

(6)由于可以在车上混制炸药,可以大大节省加工厂和库房的占地面积。

114. 露天开采对爆破工作有哪些要求?

(1)对爆破矿岩数量的要求。在露天采矿中,一般是以采装工作为中心组织生产的,为了保证挖掘设备能连续作业,要求工作面每次爆破的矿岩量,至少能保证挖掘设备5～10昼夜的采装要求。

(2)对爆破质量的要求。爆破后的矿岩块度要适合采装、运输设备的要求。爆堆的高度、宽度和松散度,都要适合采装的要求。爆破后台阶工作面也要规整,不允许出现根底、伞檐等凸凹不平现象。

(3)对爆破安全的要求。在爆破工作中,应当采取有效措施,尽可能地减少这些危害,以达到安全生产的目的,必要时,还要进行爆破安全距离的计算。

(4)对爆破经济上的要求。一方面,应根据爆破矿岩的不同性质,确定相应的孔网参数,采用不同的炸药和装药结构,并根据矿山的要求,采用不同的爆破方法和起爆方式,以提高爆破效果、降低爆破成本;另一方面,还要从爆破对以后的采装、运输和粗碎工作的影响等总的经济效果,进行综合分析和评价,降低露天矿总的生产成本。

总之,露天矿对爆破工作的要求是:既要满足爆破数量和质量上的要求,又要符合矿山生产的安全性和经济上的合理性。

115. 露天矿常用的爆破方法有哪些?

(1)浅孔爆破法。浅孔爆破法主要用于部分小型露天矿的生产爆破、露天矿的二次破碎及处理根底的爆破、大爆破中的硐室开挖及其他辅助爆破等。

(2)深孔爆破法。它主要用于露天矿正常剥采过程中的台阶爆破(生产爆破)以及临近边坡的控制爆破。

(3)硐室爆破(大爆破)法。这种爆破方法,大多用于露天矿基建或扩建时期,以及用其他方法难以处理的孤立山头。

至于其他爆破方法,如药壶爆破法,外覆爆破法等,在金属露天矿一般应用较少。在露天矿生产过程中,大量使用的是生产台阶的深孔爆破。在最常用的台阶深孔爆破中,根据起爆顺序和起爆时间的不同,又分为齐发爆破、秒差迟发爆破和微差爆破等,其中以微差爆破使用最广,特别是逐孔微差爆破法在露天矿山普遍取得较显著效果。

116. 露天矿深孔爆破的炮孔布置方式有哪些,各有哪些优缺点?

露天矿深孔的布置方式有垂直深孔与倾斜深孔两种,如图 3-8 所示。

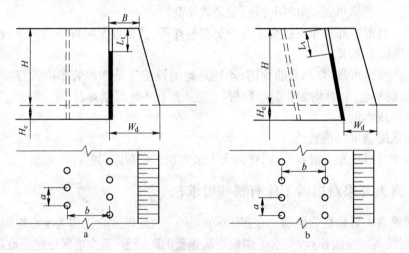

图 3-8　露天矿深孔的布置方式

a—垂直深孔(交错布置);b—倾斜深孔(平行布置)

H—台阶高度;H_c—超深;W_d—底盘抵抗线;L_t—填塞长度;b—排距;B—安全距离;a—孔距

垂直深孔的优点:

(1)适用于各种地质条件(包括坚硬岩石)深孔爆破。

(2)钻凿垂直深孔的操作技术比倾斜孔容易。

(3)钻孔速度比较快。

垂直深孔的缺点:

(1)爆破岩石大块率比较多,常常留有根底。

(2)梯段顶部经常发生裂缝,梯段坡面稳固性差。

倾斜深孔的优点:

(1)布置的抵抗线比较均匀,爆破破碎的岩石不易产生大块和残留根底。

(2)梯段比较稳固,梯段坡面容易保持。

(3)爆破软质岩石时,能取得很高效率。

(4)爆破堆积岩块的形状比较好,而爆破质量并不降低。

倾斜深孔的缺点:

(1)钻凿倾斜钻孔的技术操作比较复杂,容易发生钻凿事故。

(2)在坚硬岩石中不宜采用。

(3)钻凿倾斜深孔的速度比垂直深孔慢。

117. 露天深孔爆破与浅孔爆破相比有哪些优越性?

(1)实现施工综合机械化。由于矿山开发年限长,数量大,施工场地平整,一般使用大型高效率的钻孔机械,减少钻凿岩石的穿孔工作量,提高单位长度钻孔的出岩率。爆破后的岩堆可以采用挖掘、装载、运输机械施工。

(2)加快施工速度。深孔爆破施工用人少、工效高。

(3)提高工程质量。深孔爆破对岩基和边坡的破坏影响比较少,如果配合预裂爆破或光面爆破技术还可以减少超挖,使边坡平整稳定。

(4)减少炸药用量,降低工程成本。在边界条件相似的情况下爆破等量的岩块,深孔爆破所需要的炸药量约为一般爆破的 $1/3 \sim 1/2$,从而降低了工程成本。

(5)安全技术好。深孔爆破完全是露天作业的,能减少岩石粉碎的岩尘量,改善作业的不良卫生条件。

118. 避免露天矿台阶爆破后冲的措施有哪些?

(1)加强爆破前的清底(又叫拉底)工作,减少第一排孔的底部阻力,使底盘抵抗线不超过台阶高度。

(2)合理布孔,控制装药结构和后排孔装药高度,保证足够的填塞高度和良好的填塞质量。

(3)采用微差爆破时,针对不同岩石,选择最优孔间微差间隔时间。

(4)采用倾斜深孔爆破。

119. 露天矿生产爆破产生根底的原因是什么,如何克服?

产生根底的主要原因是:底盘抵抗线过大,超深不足,台阶坡面角太小(如仅为 $50° \sim 60°$ 以下),工作线沿岩层倾斜方向推进等。

为了克服爆破后留根底的不良现象,主要可采取以下措施:

(1)适当增加钻孔的超深值或深孔底部装入威力较高的炸药。

(2)控制台阶坡面角,使其保持 $60° \sim 75°$。若边坡角小于 $50° \sim 55°$ 时,台阶底部可用浅孔法或药壶法进行拉根底处理,以加大坡面角,减小前排孔底盘抵抗线。

120. 露天深孔爆破产生爆破大块的原因是什么,如何减少大块的产生?

大块增加使二次破碎的用药量增大,也增大了二次破碎的工作量,降低了装运效率。产生大块的主要原因是:由于炸药在岩体内分布不均匀,炸药集中在台阶底部,爆破后往往使台阶上部矿岩破碎不良,块度较大。尤其是当炮孔穿过不同岩层而上部岩层较坚硬时,更易出现大块或伞檐现象。

为了减少大块和防止伞檐,通常采用分段装药的方法,使炸药在炮孔内分布较均匀,充分利用每一分段炸药的能量。分段装药的施工、操作都比较复杂,需要分段计算炸药量和充填量。根据台阶高度和岩层赋存情况的不同,通常分为两段或三段装药,每分段的装药中心应位于该分段最小抵抗线水平上。最上部分段的装药不能距孔口太近,以保证有足够的堵塞长度。各分段之间可用砂、碎石等充填,或采用空气间隔装药。各分段均应装有起爆药包,并尽量采用微差间隔起爆。

121. 在露天矿深孔爆破中,如何确定底盘抵抗线?

底盘抵抗线是炮孔中心至台阶坡底线的水平距离,它与最小抵抗线不同。用底盘抵抗线而不用最小抵抗线作为爆破参数的目的,一是计算方便,二是为了避免或减少根底。它选择的合理与否,将会影响爆破质量和经济效果。底盘抵抗线的值过大,则残留根底将会增多,也将增加后冲;过小,则不仅增加了穿孔工作量、浪费炸药,而且还会使穿孔设备距台阶坡顶线过近,作业不安全。底盘抵抗线 W_d(m)可按以下方法确定:

(1)根据穿孔机安全作业条件计算。

$$W_d \geqslant H\cot\alpha + B \qquad\qquad (3-7)$$

式中　H——台阶高度,m;

　　　α——台阶坡面角,(°);

　　　B——从炮孔中心至坡顶线的安全距离,$B \geqslant 2.5$m。

(2)按每个炮孔的装药条件计算。

$$W_d = d\sqrt{\frac{7.85\Delta\psi}{mq}} \qquad\qquad (3-8)$$

式中　d——孔径,m;

　　　Δ——装药密度,g/cm^3;

　　　ψ——装药系数;

　　　m——炮孔密集系数;

　　　q——炸药单耗,kg/m^3。

(3)按经验公式计算。

$$W_d = (0.6 \sim 0.9)H \qquad\qquad (3-9)$$

式中　H——台阶高度,m。

在坚硬难爆的矿岩中或台阶高度较高时取较小的系数,反之取较大的系数。

122. 在露天矿穿孔作业中,超深的作用是什么,如何计算?

超深是指炮孔超出台阶的高度。超深的作用一是多装药,二是可以降低装药高度或降低装药中心,以便克服台阶底部阻力,减少和避免根底。超深值 H_c 一般由经验确定。

$$H_c = (0.15 \sim 0.30)W_d \qquad\qquad (3-10)$$

$$H_c = (10 \sim 15)d \qquad\qquad (3-11)$$

式中　d——孔径,mm;

W_d——底盘抵抗线,m。

矿岩坚固时取大值,矿岩松软、节理发育时取小值。矿岩特别松软或底部裂隙发育时,可不用超深,甚至取负值。

123. 露天矿穿孔时,如何确定孔距和排距?

孔距是指同排炮孔中相邻炮孔间的距离。根据不同矿岩的机械物理性质、不同的起爆方法来确定,有时可按钻孔直径的15~30倍计算。一般情况下按底盘抵抗线与邻近系数的关系来计算。

$$a = mW_d \qquad\qquad (3-12)$$

式中　a——孔距,m;

m——炮孔邻近系数,一般取0.8~2。

临近系数 m 值的大小是根据矿岩性质、起爆方法、对爆破块度的要求等来确定。矿岩较坚硬难爆,应取小值,反之取大值。在不影响爆破质量和其他要求的条件下,应在许可范围内尽量增大 a 值。在大区微差爆破时,在炮孔负担爆破面积不变的情况下,适当增大炮孔邻近系数,一般会改善爆破效果,降低大块率。但 a 过大可能出现根底、隔墙。

排距 b 是指多排孔爆破时,平行于台阶坡顶线相邻两炮孔之间的距离。在按排顺序起爆的情况下,排距就是后排孔的抵抗线。浅孔爆破时排距计算公式为:

$$b = (0.95 \sim 0.98)W_d \qquad\qquad (3-13)$$

深孔爆破时排距计算公式为:

$$b = (0.8 \sim 0.9)W_d \qquad\qquad (3-14)$$

124. 露天矿深孔爆破装药量如何计算?

(1)每孔装药量按每孔爆破矿岩的体积计算:

$$Q = qaHW_d \text{ 或 } Q = qmHW_d^2 \qquad\qquad (3-15)$$

当台阶坡面角 $\alpha < 55°$ 时,应将式(3-15)中的底盘抵抗线换成最小抵抗线,以免因装药量过大造成爆堆分散、炸药浪费、产生强烈空气冲击波及飞石过远等危害。

(2)每孔装药量按其所能容纳的药量:

$$Q = L_B P = (L - L_t)P \qquad\qquad (3-16)$$

式中　L_B——炮孔装药长度,m;

L_t——炮孔填塞长度,m;

P——每米炮孔装药量,kg/m。

(3)多排孔逐排爆破时,由于后排受夹制作用,在计算时,通常从第二排起,各排装药量应有所增加。倾斜深孔每孔装药量为

$$Q = qWaL \qquad\qquad (3-17)$$

式中　q——炸药单耗,kg/m³;

W——最小抵抗线,m;

a——孔距,m;

L——倾斜深孔的长度,不包括超深,m。

125. 对大块进行二次爆破的方法有哪些,各有何特点?

在露天开采中,不论使用浅孔爆破还是深孔爆破,都会产生不合格大块,这些大块需要二次爆破或二次破碎。二次爆破有外覆爆破法和浅孔爆破法两种。

(1)外覆爆破法。外覆爆破法包括以下三种方式:

1)裸露爆破法。裸露爆破法是将药包放置在大块上进行爆破的一种方法。裸露爆破的实质是利用爆轰波的冲击作用对被爆矿岩体的局部(炸药包所接触的表面附近)产生粉碎和击穿。这种爆破法不要钻孔机械及其辅助设施,工作具有很大的灵活性;不需要钻孔及其他准备工作,速度快,耗劳动力少;操作简单,工人易于掌握和应用;炸药单耗大,产生的空气冲击波及噪声均较大。

2)聚能药包爆破大块。聚能药包是将普通药包改制成一端带有圆锥形空穴的圆柱形药包,药包一端的空穴称为聚能穴。聚能爆破破碎大块在用药量方面较裸露爆破大为减少,可减少空气冲击波和噪声;在安全方面飞石距离减小,一般不超过100m,比较安全。

3)水封压缩聚能药包爆破大块。该法是利用铵梯类炸药经压缩制成带聚能穴的药包,将其置于大块的表面,以聚氯乙烯塑料袋装水封壶,用雷管起爆。此法大大地减少了粉尘危害、水封爆破不需钻孔,水袋爆碎后工作面形成水雾,起到了捕尘降尘的作用;飞石距离减小,炮孔法安全距离为300m,而水封爆破为100m;工人劳动强度低,操作简便;费用略高于炮孔法。

(2)大块浅孔爆破法。即在大块的中心穿凿一个炮孔,然后在炮孔内装一定量的炸药进行爆破的一种方法。在大块尺寸较大时可钻凿两个炮孔。炮孔的堵塞材料用泥沙混合物制成,药包可用导爆索、导爆管或电力起爆。炮孔如不用泥沙充填,而采用水为耦合介质,则称水介质不耦合浅孔爆破法,用这种方法爆破大块,能量传递效率高,能量利用率高,同时,爆破噪声也很小,效果好。

126. 邻近露天帮坡的爆破应采取哪些措施?

邻近露天帮坡的爆破,应能保证帮坡的稳定性和每个台阶坡面在最终境界位置的稳定性。故需要采取下列措施:

(1)距每个台阶的边界位置的距离不小于30~40m时,应采用纵向掏槽的微差爆破和对角线的起爆顺序。

(2)邻近帮坡的爆破带应采用斜孔爆破(倾角与台阶坡面角相同)。对于裂隙不发育和中等发育的岩石,炮孔直径为100~110mm;对于裂隙非常发育的岩石,炮孔直径为60~80mm,而炮孔间距不应大于3m。这样可以使岩石沿炮孔中心线裂开,大大减轻对邻近帮坡岩体的破坏。

(3)密集深孔预裂爆破。炮孔的装药密度,因使用药卷和导爆索,可以达到从0.4~0.6kg/m到1.5~3kg/m。炮孔间距1~3m,炮孔的上部(1~1.5m)不装药。炮孔同时爆破时,岩体中沿炮孔线形成预裂缝,宽度达到十几毫米,它可在继而进行的爆破中保护帮坡不受冲击作用。

尽管帮坡爆破费用比一般爆破费用要高2~4倍,但由于在以后的剥离量和辅助作业量大大减少,所以,应用邻近帮坡爆破法在经济上还是合理的。

127. 何谓露天矿采装工艺?

采装工艺,是指在露天采场中用某种设备和方法把处于原始状态或经爆破破碎后的矿岩挖掘出来,并装入运输设备或直接倒卸至一定地点的作业。

在金属露天矿开采中采用各种类型的采掘设备,按功能特征区分为采装设备和采运设备。各种单斗挖掘机属于采装设备,铲运机和推土机属于采运设备,前装机既是采装设备又是采运设备。在目前的国内外金属露天矿中,单斗挖掘机采装占有主导地位。

128. 露天采场装运工艺有哪些,各有何特点?

露天采场装运工艺有挖掘机－汽车运输工艺、挖掘机－铁路运输工艺、挖掘机－破碎站－带式输送机运输工艺、铲运机及前装机生产工艺、轮斗挖掘机－带式输送机装运工艺、索斗铲挖掘工艺。

(1)挖掘机－汽车运输工艺的特点。

1)由于具有高度机动性的汽车与挖掘机配合装运矿岩,能较充分发挥挖掘机的效率。

2)挖掘机在工作面的自由度比较大,有利于选别回采和分运。

3)能适用各种开采程序的要求。

4)属于间断作业的开采工艺,整个工艺系统效率的发挥,受各生产环节的制约。

(2)挖掘机－铁路运输工艺的特点。

1)挖掘机在工作面上的自由度极小,受铁路的严格限制。

2)台阶以采掘带的形式开采,采掘带是与铁路平行,在多数情况下是纵向布置的。

3)划归一台挖掘机开采的工作线,最小长度不能小于两倍列车长,通常为一个台阶工作线的长度。当工作线较长,要求强化开采时,一个台阶可配置多台电铲作业,但最多不超过3台。

4)属于多层次的循环作业工艺,表现为采装的循环、空重列车的驶入驶出循环及采掘移道的循环。

(3)挖掘机－破碎站－带式输送机运输工艺的特点。

1)破碎工序(粗碎)设置在露天采场,有利于带式输送机在采场内的应用,但却存在固定式破碎站的设置及半固定式、移动式破碎机的移设问题。

2)能充分利用汽车运输的灵活性,缩短汽车运输距离,并能发挥带式输送机连续运输的优越性,从而能有效地提高采装运输效率。

3)工艺系统的环节较多,容易因各工艺环节配合不当而影响整个系统的正常作业。

4)该工艺属半连续工艺系统,采掘为间断工艺,而转载后的运输为连续工艺。

(4)铲运机是一种多功能的机械设备。露天矿用铲运机进行作业的工艺过程包括:预松岩土、铲装、运输及卸载。在松软岩土下作业,不需疏松可直接用铲运机铲装。其生产工艺特点如下:

1)生产工艺简单,设备机动灵活,劳动生产率高。

2)在水平和缓倾斜矿层顶板上作业时,在铲运机的铲装力不超过其牵引力的条件下,调节挖取厚度可有效地进行矿层清顶工作,以降低矿石开采的损失和贫化。

3)铲运机进行排土作业时,可分层铺卸,有利于复土垦殖工作。

4）采用松土机－铲运机作业投资少，经营费低。

（5）前装机也是一种多功能的机械设备，可进行铲装、运输、排卸及其他辅助作业。其生产工艺特点如下：

1）前装机可直接向汽车装载。在中小型露天矿采剥工作中，当岩石破碎程度适宜，用前装机进行采装是很有前途的。

2）当运输距离不大时，可独立完成采装和运输工作。

3）在大型露天矿，用前装机与挖掘机配合作业，可缩短装载时间，提高装载效率，降低生产成本。

4）前装机作业机动灵活，可用于辅助作业，如代替推土机集拢爆破后飞散的矿岩，用于填塞钻孔，修筑和养护道路，平整排土场，清理边坡崖道上的滚石，运送重型机器零件，在寒冷季节用于清扫积雪等。

（6）轮斗挖掘机－带式输送机装运工艺的特点。

1）生产过程全盘连续化，劳动生产率高，生产费用低，动力消耗少，负荷均匀，能有效地进行选别开采。

2）矿山的生产能力很大，可以实现生产过程自动化。

3）设备的初期投资很大。

4）适合开采软的不含大块夹石的土岩和致密的土岩。

（7）索斗铲挖掘工艺的特点。

1）工作机构柔性联结，靠铲斗自重切入土岩，借牵引钢绳的拖拉，以装满铲斗来实现挖掘功能。

2）索斗铲主要是挖掘它自身站立水平以下的工作面，即下挖，挖掘的深度很大，能减少挖掘物的提升工作量；也可用于上挖。

3）索斗铲适应挖掘松软土岩和向下挖掘为主的需要，其悬臂尺寸很长，不怕土岩含水，适合对挖掘物倒堆。

4）索斗铲铲斗大于 $10m^3$ 的时候，可用于挖掘爆破良好的致密的硬岩，但比相同的机械生产能力要降低 20% 左右。

5）索斗铲铲斗小于 $10m^3$ 的可用来向运输设备装载，但主要用来倒堆。

129. 小型露天矿常用的采装方式有哪些，各有何特点？

（1）电耙装车。电耙是一种小型采运设备，这种设备制造容易、投资少而且容易操作。在开采倾角为 20°～30°以下、厚度不大（3～5m）、矿岩松软的缓倾斜矿床中最为适用。一般宜向溜井直接装矿，但也可利用装车台进行装车。

（2）装岩机采装。这种方法比电耙装车或人工装车劳动强度低、生产率高。但由于装车线路之间留有一条条岩脊，处理比较困难，而且铁路道岔多，调车作业复杂，这是主要的缺点。

（3）重力装车。这是一种不需任何装载设备而以利用重力为主的简易装车法。具体的装车方式很多，如漏斗、平台、溜槽等，都在不同程度上减轻了工人的劳动强度并提高了劳动效率。

130. 单斗挖掘机可分为哪几类,各有何特点?

单斗挖掘机分为采矿和剥离两种类型,如图 3 - 9 所示。

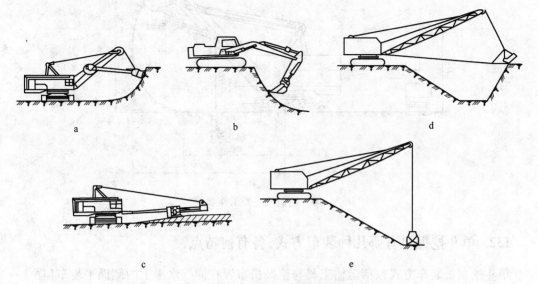

图 3 - 9　各种单斗挖掘机示意图
a—正铲;b—反铲;c—刨土铲;d—拉铲;e—抓斗铲

多电机传动、履带行走的采矿型挖掘机对采掘软岩和任何破碎块度的硬岩均适宜。铲斗容积为 2 ~ 23m³、台阶高度为 6 ~ 20m,任何生产能力的露天矿均可使用,通常适用于平装车。

剥离型挖掘机的铲斗在 100m³ 以上的,主要用于向采空区倒推剥离,铲斗容积小于 15m³ 时,也可用于上装车。新型液压单斗挖掘机具有重量轻、易控制、行走快、灵活性大、抗冲击性能好等优点,但液压系统要求精度高、维修复杂,斗容一般为 6.5 ~ 8m³,最大为 30m³,可直接挖掘硬页岩、砂岩等岩石。索斗铲依靠挠性吊挂的工作机构可远距离装运岩石。大功率的索斗铲能有效地挖掘软的、破碎后的岩石,并移运至采空区,也可用于修筑路堤和掘沟等。

131. 单斗挖掘机主要工作参数有哪些?

单斗挖掘机主要工作参数是指挖掘半径、挖掘高度、卸载半径、卸载高度和下挖深度,如图 3 - 10 所示。

(1)挖掘半径(R_W)。挖掘时由挖掘机回转中心至铲斗齿间的水平距离。

最大挖掘半径($R_{W·Z}$):斗柄最大水平伸出时的挖掘半径。

站立水平挖掘半径:铲斗平放在站立水平面的挖掘半径。

(2)挖掘高度(H_W)。挖掘时铲斗齿尖距站立水平的垂直高度。

最大挖掘高度:挖掘时铲斗提升到最高位置时的挖掘高度。

(3)卸载半径(R_X)。卸载时由挖掘机回转中心至铲斗中心的水平距离。

最大卸载半径:斗柄最大水平伸出时的卸载半径。

(4)卸载高度(H_X)。铲斗斗门打开后,斗门的下缘距站立水平的垂直距离。

最大卸载高度:斗柄提到最高位置时的卸载高度。

(5)下挖深度($H_{X \cdot W}$)。铲斗下挖时由站立水平至铲斗齿尖的垂直距离。

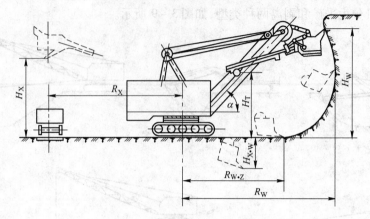

图 3 – 10　挖掘机主要工作参数

132. 单斗挖掘机有哪几种装车方式,各有何特点?

单斗挖掘机装车方式包括运输工具与挖掘机布置在同一水平上的侧面平装车(图 3 – 11a ~ 图 3 – 11c)、挖掘机向布置在上水平的运输工具侧面上装车(图 3 – 11d)及端工作面尽头式装车(图 3 – 11e)。除此之外,挖掘机还可以进行倒堆作业。挖掘机装车方式如图 3 – 11所示。

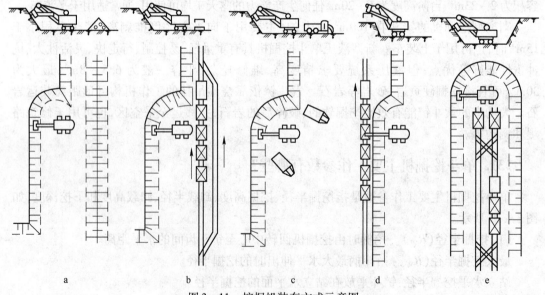

图 3 – 11　挖掘机装车方式示意图

平装车是露天矿最常用的采装方法。这种方法采装条件较好,调车方便,挖掘机生产能力较高。上装车与平装车比较,司机操作较困难,挖掘循环时间长,挖掘机生产能力低。然而铁路运输条件下,用上装车掘沟可以简化运输组织,加速列车周转,对加强新水平准备具有重要意义。尽头式装车时,装载条件恶化,循环时间加长,挖掘机生产能力低于平装车,主要用于掘沟、复杂成分矿床的选择开采、不规则形状矿体及露天矿最后一个水平的开采。

133. 用单斗挖掘机采掘时，如何确定采掘带宽度？

采掘带就是把台阶划分成若干个具有一定宽度的条带进行采掘。挖掘松软土岩时，采掘带宽度与挖掘机的工作参数有直接关系。为了保证挖掘机的满斗率，采掘带应保证使挖掘机向内侧回转角度不大于90°，向外侧回转角度不大于30°，其变化范围为：

$$A = (1 \sim 1.5) R_{Wf} \tag{3-18}$$

式中 A——采掘带宽度，m；

R_{Wf}——挖掘机的挖掘半径，m。

如果采掘带过宽，挖掘机不作横向移动时会使采掘带边缘满斗程度降低，残留矿（岩）增多，增加了清理工作面的辅助作业时间。如果采掘带过窄，挖掘机在作业过程中就会频繁移动，作业时间减少，履带磨损增加，从而大大降低了挖掘机的工作效率。当采用铁道运输时，还应考虑到具体的装载条件，因此合理的采掘带宽度为：

$$A = f(R_{Wf} + R_{XM}) - c \tag{3-19}$$

式中 R_{XM}——挖掘机最大卸载半径，m；

f——铲杆规格利用系数，$f = 0.8 \sim 0.9$；

c——外侧台阶坡底线至线路中心距离，一般 $c = 2 \sim 3m$。

当挖掘需要爆破的土岩时每次挖掘的爆堆宽度也应满足式(3-19)的要求。

134. 挖掘机生产能力主要取决于哪些参数，这些参数受哪些因素的影响？

当铲斗容积一定时，在某种矿岩条件下，挖掘机生产能力主要取决于工作时间利用系数、满斗系数、工作循环时间、挖掘机出勤率等参数的大小。而这些参数却受多方面因素的影响，可归纳为：

（1）组织因素：包括司机的积极性、创造性和技术熟练程度，露天矿工作组织，特别是运输工作组织、设备检修工作组织等。

（2）技术因素：包括挖掘机的类型、结构和完好状况、运输方式、工作面状况等。

（3）自然因素：包括挖掘矿岩的物理机械性质、气候条件等。

135. 提高单斗挖掘机生产能力的主要措施有哪些？

（1）缩短挖掘机工作循环时间，提高满斗程度。从挖掘机采装工作本身来说，为缩短工作循环时间，提高满斗程度，可采取下列措施：1）充分发挥挖掘机司机的积极性和创造性，不断提高操作技能，使每项操作工序迅速而准确。2）加强设备的维护保养，保证机器各部分性能良好，使之运转快速而稳定。3）采用合理的采装方式和工作面尺寸，使挖掘机和车辆的位置配置适当，保证小角度回转装车。4）充分利用等车间隙时间，做好装车前的准备工作，包括松动、倒堆和清理工作面的矿岩、挑选不合适的大块等。

（2）改善爆破质量，保证穿爆储备量。改善爆破质量，大体上可采用以下措施：1）正确确定爆破参数。2）采用高威力的新型炸药。3）采用小直径钻孔加密孔网、微差爆破、挤压爆破等技术措施。4）及时处理大块进行二次破碎，以创造良好的工作面。足够的采装所需爆破量，是保证挖掘机发挥最大效率的另一个重要方面。在可能的情况下，采用高效率的穿孔设备,使用逐孔微差爆破技术。

(3)及时供应空车,提高挖掘机工时利用率。保证较高的空车供应率,提高挖掘机工时利用系数应采取以下重要措施:1)合理地确定车铲比。2)加强运输工作的组织和调度。3)加快列(汽)车在工作平盘上的入换。

(4)加强设备维修,提高设备完好率。

136. 多斗挖掘机可以分为哪几类,其结构特点和技术参数有哪些?

多斗挖掘机按工作装置不同,可以分为链斗式挖掘机(简称链斗铲)和轮斗式挖掘机(简称轮斗铲)两大类。

(1)链斗式挖掘机(图3-12)是在两条封闭链条上均匀地装有多个铲斗,封闭链沿着具有一定形状的斗架移动,铲斗在封闭链的带动下挖掘岩土,然后运送到卸载地点卸载。

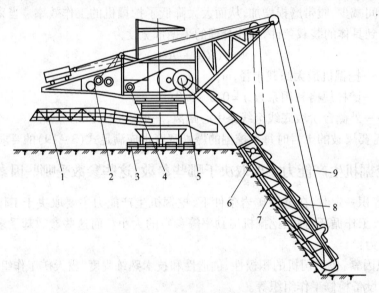

图3-12　链斗式挖掘机结构

1—卸载带式输送机;2—提升机;3—履带装置;4—电动机;5—斗链驱动滚筒;

6—铲斗;7—斗架;8—斗链;9—提升钢丝绳

(2)轮斗式挖掘机(图3-13)用装在一个圆形斗轮上的6~12个等距铲斗挖掘,斗轮装在一个可回转和可升降的悬臂顶端,悬臂上有排料带式输送机。挖掘下来的矿岩连续地经过一个转载点卸到带式输送机上。一般可以调节斗轮转速。轮斗式挖掘机都装有可作360°回转的平台和上部结构。轮斗式挖掘机可在轨道上移动或用履带自行,履带式在矿山中应用较普遍。履带分单梁式或转向架式两种,而大型轮斗式挖掘机均采用三支点履带支撑系统。

137. 与单斗挖掘机相比较,多斗挖掘机有何优缺点?

多斗挖掘机的优点:

(1)生产效率高,在同样功率的动力设备条件下,多斗挖掘机的生产率比单斗挖掘机高1.5~2.5倍。

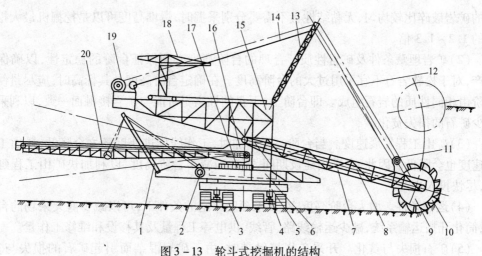

图 3-13 轮斗式挖掘机的结构

1—支架;2,19—提升机;3—履带装置;4—立柱;5—底架;6—平台;7—斗轮臂;8—受料带式输送机;

9—斗轮体;10—铲斗;11—滑轮;12—钢丝绳;13—支架;14—悬绳;15—钢架;16—料斗;

17—回转装置;18—起重机;20—卸载带式输送机

（2）在同样生产率条件下，多斗挖掘机的机重是单斗挖掘机的 50% ~60%。

（3）动力消耗少，挖掘 $1m^3$ 岩土消耗的功率:单斗挖掘机为 0.5 ~0.7kW/m^3,链斗式挖掘机为 0.4 ~0.6kW/m^3,轮斗式挖掘机为 0.3 ~0.5kW/m^3。

（4）机器使用寿命长，操作比较简单，司机劳动强度低。

（5）多斗挖掘机挖掘深度较大，挖掘的台阶较宽，边坡较稳定，工作面比较整齐，还可以进行分层及选别开采。

（6）场地较宽敞，便于自行式设备的运行。

（7）较宽的台阶可获得更多的储备矿量。

（8）堆排剥离物较易，成本也较低。

（9）能装运工作水平上下的岩土，可以向高处或深部挖掘。

多斗挖掘机的缺点是:

（1）挖掘能力小，当前只能用于没有夹石和大块的松散和软质矿岩，对于有夹石或需要预先松动的岩石及冻土或较湿的黏土等不适用。

（2）多斗挖掘机是专用性很强的设备，不能更换工作装置，对于工作条件比较复杂的情况，适应性较差。

（3）对于小规模开采，初期设备投资较高。

138. 影响露天矿台阶高度的因素有哪些?

台阶高度主要取决于挖掘机各种参数、矿岩埋藏条件及矿岩性质、运输条件等。

（1）挖掘机各种参数对台阶高度的影响。挖掘机－汽车运输工艺的采装方式一般均为平装车。

对于不需要爆破直接挖掘的软岩工作面，为了保证满斗，台阶高度不应小于挖掘机推压轴高度的 2/3;为了保证安全，台阶高度不应大于挖掘机最大挖掘高度。

在采掘坚硬矿岩的爆堆时，爆堆的高度一般不应大于挖掘机最大挖掘高度。但当爆破后的矿岩破碎比较均匀、无黏结性且不需要分别采掘时,爆堆高度可以是挖掘机最大挖掘高度的 1.2 ~ 1.3 倍。

(2)矿岩埋藏条件及矿岩性质。合理的台阶高度必须保证台阶的稳定性,以确保安全生产,对于松软岩石不宜采用过大的台阶高度。在确定台阶高度及其标高时,应尽量使每个台阶由相同性质的岩石组成。即台阶上、下盘的标高尽可能与矿岩接触面一致,以利采掘和减少矿石的损失贫化。

(3)矿山工程发展速度。当台阶高度增加时,工作线推进速度随之会降低,矿山工程延伸速度也会降低。因此,在矿山建设期间,可适当减小台阶高度,以利加快矿山工程延伸速度,尽快投入生产。

(4)运输条件。增大台阶高度,在开采深度一定的条件下,可以减少露天采场的台阶总数,简化开拓运输系统,减少运输线路、管线、供电等工程量及其移设和维修工作量。

(5)矿石损失与贫化。开采矿岩接触带时,由于矿岩混杂而引起矿石的损失与贫化。在矿体倾角与工作线推进方向一致时,矿岩混采的宽度随台阶高度的增大而增加,矿石的损失与贫化也将随之而增大,这对于赋存条件复杂的有色金属矿床尤为突出。

139. 采区长度的确定受哪些因素影响?

划归一台挖掘机采掘的台阶工作线长度称为采区长度。采区长度的具体值视需要与可能,根据穿爆与采装的配合、各水平工作线的长度、矿岩分布和矿石品级变化、台阶计划开采强度及运输方式等条件确定。采区的最小长度应满足挖掘机正常作业。

运输方式对采区长度有重大影响。当采用汽车运输时,由于各生产工艺之间配合灵活,采区长度可以缩短,一般不小于 150 ~ 200m。采用铁路运输时,采区过短,则尽头采区采掘的比重相应增加,设备效率降低,因此,采区长度一般不得小于列车长度的 2 ~ 3 倍,即不小于 400m。对于需要分采和工作面配矿的露天矿,采区长度适当增加。对于中小型露天矿,开采条件困难并需要加大开采强度时,采区长度可适当缩短。当工作水平上采用尽头式铁路运输时,为保证及时供车,同一个开采水平上工作的挖掘机数不宜超过两台。当采用环形铁路运输时,由于列车入换条件得到改善,当台阶工作线长度足够时,可增加采区长度,但同时工作的挖掘机数不宜超过 3 台。

140. 何谓最小工作平盘宽度,如何确定?

台阶工作平盘是进行采装运输作业的场地。保持必要的工作平盘宽度,是保证上下台阶之间正常进行开采工作的必要条件。工作平盘宽度取决于爆堆宽度、运输设备规格和调车方式以及动力管线的配置方式等。

最小工作平盘宽度,是指布置采掘运输设备和正常作业的最小宽度。

(1)直进运输最小工作平盘宽度按式(3-20)计算(图 3-14)。

$$B_{min} = b + c + T + d + e + f \tag{3-20}$$

式中　B_{min}——最小工作平盘宽度,m;

　　　b——爆堆宽度,m;

　　　c——爆堆坡底线至道路内侧边缘距离,一般取 $c = 1 ~ 2$m;

　　　d——道路外侧边缘至动力电杆的距离,取 $d = 4 ~ 5$m;

e——动力电杆至台阶稳定边界线的距离,一般取 $e = 3 \sim 4\text{m}$;

f——安全宽度,m;

$$f = g = h(\cot\gamma - \cot\alpha);$$

α——台阶坡面角,(°);

γ——台阶稳定坡面角,(°);

T——车辆运行的道路宽度,m;

$$T = 2b_c + 2$$

b_c——汽车车体宽度,m。

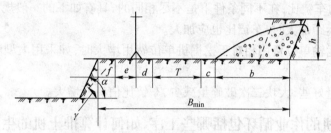

图 3 – 14　直进运输最小工作平盘宽度

(2)在挖掘机后部环形调车工作平盘最小宽度按式(3 – 21)计算(图 3 – 15)。

$$B_{\min} = 2R_a + b_c + z + d + e \tag{3 – 21}$$

式中　R_a——汽车最小转弯半径,m;

b_c——汽车宽度,m;

z——动力电杆至台阶坡顶线距离,m;

d——道路外侧至动力电杆距离,m;

e——台阶坡底线至内侧道路边缘距离,m。

(3)在挖掘机后部折返调车,工作平盘最小宽度按式(3 – 22)计算(图 3 – 16)。

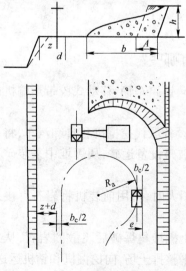

图 3 – 15　汽车在挖掘机后部环形调车
的最小工作平盘宽度

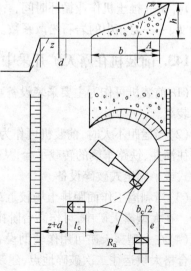

图 3 – 16　汽车在挖掘机后部折返调车
的最小工作平盘宽度

$$B_{\min} = R_a + l_c + z + d + b_c/2 + e \qquad (3-22)$$

式中　　l_c——汽车长度,m。

141. 在汽车运输条件下如何确定合理的车铲比?

车铲比即作业车辆数与电铲数之比。电铲采掘工作面的欠车时间和汽车等待装车时间与车铲比关系不是线性的,影响车铲比的主要因素有:汽车运距、汽车容积与挖掘机斗容的比值、采掘工作面配车方式、矿岩的穿爆质量、道路布置系统及其质量、排卸地点的调配情况。

因此,合理的车铲比,在不同条件下是不尽相同的,具有如下的一般规律:

(1)当汽车运距加大时,车铲比也应加大。

(2)当汽车运输单位费用相对于挖掘机单位费用增大时,如采用大型的汽车,车铲比有所减小。

(3)爆破质量好些,大块二次破碎量减少,车铲比值有所增大。

142. 推土机的作业循环包括哪些工序,如何计算推土机的生产能力?

推土机是装有犁板的履带式或轮胎式走行的设备,与铲运机一样,可以进行采掘、移运和堆排岩石。推土机的作业循环包括切削岩层、集垄、拖曳岩垄、移运和卸载等工序。

理论生产能力是在下列条件下确定的:推土机在平台上作业;岩石用推土机的可挖性等于岩石的可挖性;拖曳岩垄的移运距离为 10m,推土机空载运行的距离与此相同;卸载时无任何阻碍。

推土机的技术生产能力 Q_j 按式(3-23)确定:

$$Q_j = 3600 V K_B / (t_{WC} K_S) \qquad (3-23)$$

式中　　V——岩垄的实际体积,m^3;

$\quad\quad K_B$——推土机生产能力按岩石运距和坡度的变化系数;

$\quad\quad t_{WC}$——推土机作业循环时间,s;

$\quad\quad K_S$——岩垄中的岩石松散系数。

143. 前装机在露天矿开采中的使用情况有哪些?

(1)前装机可作为主要采装设备直接向自卸汽车、铁路车辆、移动式胶带运输机的受矿漏斗装载。

(2)当运距不大时,前装机可作为主要采装运输设备取代挖掘机和自卸汽车,将矿石直接运往溜井、铁路车辆的转载平台,从储矿场向固定破碎设备运矿,从爆堆中采装矿石运至移动式或半固定式破碎设备。

(3)当剥离工作面距排土场较近或剥离工作量不大时,可用前装机将岩石直接运到排土场。在大型露天矿中,可作高台阶排土场的倒运设备。

(4)在大型露天矿可用作辅助设备。如代替推土机堆集爆破后飞散的岩石,从工作面将不合格大块运往二次破碎地点,建筑和维护道路,平整排土场,向挖掘机和钻机运送燃料、润滑材料和重型零件,清除积雪等。

(5)在大型露天矿和多金属矿体、多工作面开采时,可用前装机和挖掘机配合工作,以减少装载时间和降低采装成本。例如,用前装机采装爆堆高度小的部分;用前装机将爆破后飞散的矿岩集起来并装入汽车,为大型挖掘机创造良好的工作条件。

(6)用前装机代替挖掘机和自卸汽车掘进露天堑沟,可减少堑沟宽度和掘沟工程量,提高掘沟速度。

144. 轮胎式前装机采装有何优缺点?

与普通电铲相比,轮胎式前装机有下列优点:

(1)轮胎式前装机自重仅为同斗容电铲的 1/6 ~ 1/7。

(2)轮胎式前装机行走速度快,一般为电铲的 30 ~ 90 倍,机动、灵活,可作露天矿的装载设备,还可以在一定的距离内作为运输设备。其合理运距随前装机载重量和年运输量而变。斗容越大,年运输量越小,则合理运距越大。如斗容 5m³ 前装机在年运输量 100 万吨以上的露天矿使用时,其合理运距为 350 ~ 400m。

(3)因机动灵活,有利于开采多品种矿石,进行分别开采。

(4)轮胎式前装机爬坡能力强,一般可爬 20° ~ 25°左右的坡度,因此可在较大坡度的工作面进行铲装或铲装运作业。

轮胎式前装机有以下缺点:

(1)轮胎式前装机工作结构的尺寸比电铲要小,因此,在台阶高度较小的露天矿用它作为主要铲装设备时,才比电铲效率高。

(2)对爆堆质量要求比较严格。轮胎式前装机工作结构和其他部件的结构都要比电铲单薄得多,加之铲斗较宽,故挖掘能力不如电铲,因此,必须提高爆破质量,使矿石破碎充分,大块少,从而有利于充分发挥设备的效率。

(3)轮胎磨损较快,特别在挖掘较硬的岩石时,轮胎使用寿命不长,使生产费用增加。可在轮胎上加装保护链环或履带板等,以减少磨损,降低生产费用。

145. 露天矿采用汽车运输时,运输线路必须具备哪些基本条件?

汽车运输线路必须具备以下条件:

(1)道路坚固,能承受较大载荷。

(2)路面平坦而不滑,以保证与轮胎有足够的黏着力。

(3)不因降雨、冰冻等而改变质量。

(4)有合理的坡度和曲线半径,以保证行车安全。

146. 采用汽车运输时,对运输线路的路面基本要求是什么?

路面是路基上用坚硬材料铺成的结构层,用以加固行车部分,为汽车通行提供坚固而平整的表面。路面条件的好坏直接影响轮胎的磨损、燃料和润滑材料的消耗、行车安全以及汽车的寿命。因此对路面要有以下基本要求:

(1)要有足够的强度和稳定性。

(2)具有一定的平整性和粗糙度,能保证在一定行车速度下,不发生冲击和车辆振动,并保证车轮与路面之间具有必要的黏着系数。

(3)行车过程中产生的灰尘尽量少。

147. 露天矿矿用汽车类型有哪些?

露天矿用汽车类型有自卸汽车、半拖车、拖车和无轨电车等。目前广泛应用的是自卸汽车,大型露天矿广泛采用电动轮自卸汽车。

148. 与普通自卸汽车相比,电动轮汽车有哪些优点?

(1)电动轮汽车采用电传动,结构比较简单,没有机械传动的离合器、液力变扭器、变速箱、传动轴、差速器等机械零部件,所以维修量少。

(2)牵引性能好,能充分利用柴油发动机的最大功率,因而爬坡能力强、速度快、运输效率较高。

(3)实现了无级调速,操作比较简单而且平稳,可以减少发动机、电力传动系统和底盘的振动,从而延长部件的寿命,减少维修费用,提高汽车的完好率。

(4)电动轮汽车还可利用电力回馈的方法进行制动,通过控制发电机转速达到限制发动机超速的目的(而机械传动的汽车在制动时容易使发动机过热、损坏)。这样,既保护了发动机,延长了大修间隔期,又使行车比较安全可靠,特别是在长大坡道上行驶时,可减少制动器的负荷,延长制动器的寿命。

149. 汽车运输有何优缺点?

汽车运输是目前露天矿广泛运用的运输方式,其优点如下:

(1)汽车转弯半径小,因而所需通过的曲线半径小,最小可达 10 ~ 15m;爬坡能力大,局部最大可达 10% ~ 15%。因此,运距可大大缩短,减少基建工程量,加快建设速度。

(2)机动灵活,有利于开采分散的和不规则的矿体,特别是多品种矿石的分采;能与挖掘机密切配合,使挖掘机效率提高,若用于掘沟可提高掘沟速度,加大矿床开采强度;简化排土工艺。

(3)生产组织工作及公路修筑、维修简单。

(4)线路工程和设备投资一般比铁路运输低。

汽车运输的缺点:

(1)运输成本较高。

(2)合理的经济运距较小,且与车辆的载重关系甚大,随着运距的增大经营效果显著变化。

(3)受气候条件影响较大,在风雨、冰雪天行车困难。

(4)道路和汽车的维修、保养工作量大,所需工人数多、费用高,汽车出勤率较低。

150. 露天矿公路有哪几种类型?

露天矿公路按生产性质可分为运输干线、运输支线和联络线,按服务年限又分为固定公路、半固定公路、临时公路,按行车密度、年运输量、行车速度分为Ⅰ、Ⅱ、Ⅲ级,Ⅰ级线路要求最高。

运输干线是指采矿场出入沟和通往卸矿点及废石场的道路,通常都是服务年限在 3 年以上的固定公路。运输支线是指与开采阶段或排土场相连的道路,以及一个开采阶段到卸矿点或排土场的道路。联络线是指通往矿区范围内的附属厂（车间）和辅助设施的各类道路。

固定公路是指设在深凹露天矿最终边帮上的运输线路以及总出入车沟口至粗碎站或至排土场的道路。半固定线路是指设在露天矿范围内外的,作为山坡露天矿各开采水平分支线与粗碎站、排土场等联系的道路。临时公路是指设在各开采水平工作面上的联络运输线路,排土场的工作面线路,以及设在露天矿内的,联系各开采水平的分支线。它随着开采水平的下降和工作面的推进而消失。

151. 露天矿用公路的通过能力与汽车的运输能力如何计算?

道路通过能力取决于单位时间内通过线路一定地点的最大汽车数量,它与行车线数量、路面质量与状态、汽车运行速度及安全行车间距有关:

$$N = 1000 v n K_2 / S \qquad (3-24)$$

式中　N——道路通过能力,辆/h;

　　　v——汽车行车速度,km/h;

　　　n——线路数目(单车道时 $n=0.5$,双车道时 $n=1$);

　　　K_2——车辆行驶的不均衡系数,一般 $K_2 = 0.5 \sim 0.7$;

　　　S——同一方向上汽车之间安全距离,即停车视距。

汽车行车速度直接影响道路的通过能力。

自卸汽车匀速能力取决于汽车的载重量、运输周期和班工作时间的利用程度等。自卸汽车的台班运输能力:

$$A = \frac{60qT}{t} K_1 \eta \qquad (3-25)$$

式中　A——自卸汽车运输能力,t/(台·班);

　　　q——自卸汽车载重量,t;

　　　T——班工作时间,h;

　　　K_1——自卸汽车工作时间利用系数;

　　　η——自卸汽车时间利用系数;

　　　t——自卸汽车运输周期,min。

152. 露天矿铁路运输有何优缺点?

铁路运输的优点是:可以利用任何种类的能源及机车类型;由于铁路车辆沿铁道线路的单位阻力小,故能源消耗不大;由于线路可通过大量列车,列车重量可增大到1500t或更大,所以在任何运距条件下,实际上可能达到任意大的生产能力;可以实现运输设备运行和运输作业控制的自动化;在任何气候和矿山地质条件下的工作可靠性高;采用大载重的车辆时,列车乘务组的人员较少;由于铁路车辆强度大、可靠性高、服务年限长(20~25年),故修理、维护及折旧费较低;吨公里运费低(比汽车和输送机运低3~5倍)。

铁路运输的缺点:铁路运输对线路的平面及断面的要求很高。为采用铁路运输,台阶必须具有较长的工作线(不小于300~500m),半径较大的曲线。线路坡度不大,加大了倾斜沟道的长度和土方量,增大了矿山工程总量和露天矿的建设期限;运输投资大;去工作面的通路、运输组织复杂;降低了运输设备的机动性及挖掘机可能达到的生产能力,选别开采时影响更大;线路的移设及维护工程十分繁重,岩石中含黏土及不良气候条件下尤甚。

153. 露天矿铁路运输线路系统包括哪些?

露天矿铁道线路长达几十公里,有时达几百公里,露天矿铁路线路系统包括:

(1)随采掘、剥离和排土台阶的推进,周期性地移动工作台阶和排土场的临时线路。

(2)工作台阶和排土场线路与出入沟、地面线路、车站、企业其他车站联系起来的联络线。

(3)露天矿工作平盘与露天矿地面线路相互联系的出入沟线和坑道线。

(4)设于地面的运输线、主干线、车间线及专业线。

(5)联系露天矿与路局线路的专用干线。

(6)保证露天采场及地面列车安全、有效运行的分界点。

154. 提高露天矿铁路线路的通过能力及运输能力的措施有哪些?

(1)采用更大型的机车车辆及线路上部建筑,或在减缓线路断面的同时,提高列车运行速度。

(2)设置辅助分界点以缩短限制区间长度。

(3)配置使重车从工作平盘驶出的方向与坑线的方向一致的衔接点。

(4)缩短分界点间的联络时间(改为自动闭塞)。

(5)铺设辅助线路,但这种办法常常达不到预期效果,并伴随着基建费的大量增加。

(6)提高列车有效质量。

155. 按露天矿生产工艺特点,露天矿铁路线可分为哪几类?

(1)固定线,如地面干线、站线、采场固定帮线路、辅助部门线路及外部联络线路等,一般服务年限大于3年。

(2)半固定线,如采场和废石场移动干线、平台联络线等,服务年限小于3年。

(3)移动线,如工作面采掘线及废石场翻车线,服务年限为1年或小于1年。

156. 露天矿铁路机车主要有哪几类,各有何特点?

露天矿铁路机车,按其所用的动力不同可分为内燃机车、电机车和双能源机车。

(1)内燃机车。它以内燃机为发动机,以液体燃料(柴油、汽油等)为能源。这种机车牵引性能好,效率最高,不需要架线和牵引变电所,因而机动灵活,很适合露天矿生产的需要,故在国外矿山铁路运输中应用较多。

(2)电机车。它以电能为牵引动力。电机车机动灵活性较差,但具有牵引性能好,爬坡能力大,准备作业时间少等优点,在国内外都获得了广泛的应用。

(3)双能源机车。为了克服电机车机动灵活性较差的缺点,也有在电机车的基础上增设第二能源(蓄电池或内燃机)。它在露天矿主要干线上运行时,从牵引电网上取得电能,当进入工作面时,则由第二能源作为牵引动力,所以不需要在移动线上架线。但双能源机车设备复杂、投资大,在国内外均未获得广泛应用。

157. 露天矿铁路运输车站按其用途可分为哪几类?

露天矿铁路车站按其用途可分为:矿山站、废石站、破碎站及工业场地站等。在采矿场内则有折返站和会让站。各种车站的通过能力均应满足生产要求。

矿山站一般设在采矿场附近,为运送矿岩服务。由工作面运来的矿石和岩石通过该站分流,矿石车辆发往选矿厂破碎站,岩石车辆发往废石站。

158. 露天矿采用铁路运输时,列车运输能力如何计算?

列车运输能力 A,是指列车在单位时间内运送的矿岩量,可按式(3−26)计算:

$$A = 1440Knq/T_z = 1440Knq/(t_1 + t_2 + t_3 + t_4 + t_5) \qquad (3-26)$$

式中　　A——列车生产能力,t/d;

　　　　K——工作时间利用系数,$K = 0.85$;

　　　　n——机车牵引的自翻车数,辆;

　　　　q——自翻车实际载重量,t;

　　　　T_z——列车运行周期,min;

　　　　$t_1 \sim t_5$——分别为装车时间、列车往返运行时间、卸载时间、列检时间和在车站的入换、停车时间,min。

159. 露天矿使用溜井运输的优缺点有哪些?

露天矿使用溜井的优点是运距最短(为自卸汽车的 1/30 ~ 1/20)、基建投资相对不大,生产费用低、工时及能耗少,工作面运输与外部运输间的联系具有灵活性。缺点是,受气候条件及矿石性质影响,对作业制度要求严格,溜井磨损严重,矿石按品位分级困难。

160. 露天矿用带式输送机运输有哪些优缺点?

输送机运输的优点是:移运物料时具有连续性和节奏性;可提高采装设备和排土设备的生产能力;输送机能使组织工作大为简化,并且减轻作业的劳动强度;由于输送机提升物料的角度达 15°~20°(特殊的达 30°~60°),从而极大地减小了运输及矿山基建工程量,并且缩短了运输线路的总距离;采矿工程延伸速度高、工作面推进速度快;服务人员少;改善了劳动条件并提高了安全性;电能消耗较低;自动控制和集中控制条件优越;输送机装置的生产能力高;可用于起伏不平的地形;输送机的安装、移设及维修均较简单。

输送机运输的缺点是:在运送潮湿及触变类土岩(黏土、白垩等)时,由于胶带黏结严重而使其停歇时间加大。当运输磨蚀性的爆破岩石时,昂贵的胶带会迅速磨损(经 12 ~ 18 个月)。块度不应超过带宽的 25% ~ 35%。一台输送机向另外一台输送机装载时,会加剧胶带的磨损,并需增加传动装置的数量。

161. 露天矿用带式输送机有哪几类,钢绳胶带输送机与普通胶带输送机相比有何优缺点?

矿用带式输送机主要有普通胶带输送机(包括钢绳芯带式输送机)、钢绳牵引带式输送机和大倾角带式输送机。

钢绳胶带输送机与普通胶带输送机相比主要的优点是:

(1)单机运距长,最长可达 15km,转载点少,工效高,运输能力大。

(2)胶带内有横向弹簧钢条,不会发生纵裂,同时由于胶带不承受牵引力,没有托辊的摩擦,因此胶带的厚度较薄,连接容易,而且使用寿命长,一般在 10 年左右。

(3)胶带不需托辊支承,在运转中不受物料的冲击,无跑偏现象,运转平稳可靠。同时运转阻力小,所需驱动功率小(约为普通胶带输送机的 50% ~60%),经营费用低。

(4)结构简单,便于维护和使用,设备费用也较低。

(5)在水平面或垂直面均可弯曲布置。

但钢绳胶带输送机也有其缺点,主要是:

(1)传动机构比较复杂,外形尺寸较大。

(2)牵引钢绳损耗大,寿命低,一般仅在 2 年左右。

(3)对局部过载敏感,如大块冲击、给矿不均匀可能造成脱槽事故。

162. 布设固定带式输送机应遵守哪些规定?

(1)应避开工程地质不良地段、老空区,必要时采取安全措施。

(2)应在适当地点设置行人栈桥。

(3)带式输送机下面的过人地点,必须设置安全保护设施。

(4)应设防护罩或防雨棚,必要时设通廊。倾斜带式输送机人行走廊地面应防滑,并设置扶手栏杆。

(5)封闭带式输送机必须设置通风、除尘及防火设施,暗道应按一定距离设置通向地面的安全通道。

(6)在转载点和机头处应设置消防设施。

163. 带式输送机应设置哪些安全保护装置?

(1)应设置防止输送带跑偏、驱动滚筒打滑、纵向撕裂和溜槽堵塞等保护装置;上行带式输送机应设置防止输送带逆转的安全保护装置,下行带式输送机应设置防止超速的安全保护装置。

(2)在带式输送机沿线应设紧急连锁停车装置。

(3)在驱动、传动和自动拉紧装置的旋转部件周围,应设防护装置。

164. 带式输送机运行时,必须遵守哪些规定?

(1)严禁用输送采剥物料的带式输送机运送工具、材料、设备和人员。

(2)输送带与滚筒打滑时,严禁在输送带与滚筒间楔木板和缠绕杂物。

(3)采用绞车拉紧的带式输送机必须配备可靠的测力计。

(4)严禁人员攀越输送带。

165. 维修带式输送机必须遵守哪些规定?

(1)维修时必须停机上锁,并有专人监护。

(2)在地下或暗道内用电焊、气焊或喷灯焊接检修带式输送机时,必须制定安全措施。

(3)清扫滚筒和托辊时,带式输送机必须停机上锁,并有专人监护。清扫工作完毕后解锁送电,并通知有关人员。

166. 露天矿常用的联合运输方式有哪些?

深露天矿常用的联合运输方式有:汽车－铁路、汽车－带式输送机、汽车－箕斗提升、铁路－串车提升、汽车－溜井放矿－带式运输机等。

167. 什么是排土场,排土工作包括哪些内容?

露天开采的一个重要特点,就是要剥离覆盖在矿床上部及其周围的表土和岩石,并将其运至专设的场地排弃。这种接受排弃岩土的场地称为排土场或废石场。将岩土运送到排土场以一定方式堆放岩土的作业称为排土工程。

排土工作是露天矿主要生产工艺过程之一,包括排土场位置与排土工作方法的选择、排土场的建设与发展、排土场的稳固性与防护措施、排土场的污染控制与复垦等内容。

168. 常用的排土方法有哪些?

按照在排土工艺中所用的设备不同,有以下几种主要的排土方法:排土犁排土、单斗挖掘机排土、推土机排土、带式排土机排土和人工造山排土。此外,还有铲运机排土、水力排土等。

169. 内部排土场有何优点,如何应用?

内部排土场设置在露天采场的采空区内,不另征用排弃场地,且岩土运距短,最为经济。但内部排土场的使用条件有限,适用于开采水平或倾角小于5°～10°的缓倾斜矿体。此时一次采掘有用矿物的全厚,随着采剥工作线逐步向前推进将岩土排弃在采空区内。

金属矿床多为倾斜和急倾斜,且开采深度较大,难以按上述采剥工作程序及时形成采空区排岩,但是,当采矿场内有两个以上开采深度不同的底平面或露天采场为一狭长区域时,先开采结束早的区段就有条件作为采空区排岩。因此合理安排开采顺序或进行分区开采,可以使部分岩土实现内部排弃。

170. 排土场位置的选择应遵守哪些原则?

(1)排土场应靠近采场,尽可能利用荒山、沟谷及贫瘠荒地,不占或少占农田,就近排土减少运输距离。但要避免在远期开采境界内,造成将来进行二次倒运废石。有必要在二期境界内设置临时排土场时,一定要做技术经济方案比较后确定。

(2)有条件的山坡露天矿,排土场的位置应根据地形条件,实行高土高排、低土低排,分散货流,尽可能避免上坡运输,减少运输功的消耗。做到充分利用空间,扩大排土场容积。

(3)选择排土场应充分勘察其基底岩层的工程地质和水文地质条件,如果必须在软弱基底上(如表土、河滩、水塘、沼泽地、尾矿库等)设置排土场时,必须事先采取适当的工程处理措施,以保证排土场基底的稳定性。

(4)排土场不宜设置在汇水面积大、沟谷纵坡陡、出口又不易拦截的山谷中,也不宜设置在工业厂房和其他构筑物及交通干线的上游方向,以避免发生泥石流和滑坡危害生命财产,减少环境污染。

（5）排土场应设在居民点的下风向地区，以防止粉尘污染居民区。应防止排土场有害物质的流失，污染江河湖泊和农田。

（6）排土场的选择应考虑排弃物料的综合利用和二次回收的方便，如对于暂不利用的有用矿物或贫矿、氧化矿、优质建筑石材，应分别堆置保存。

（7）排土场的建设和排土规划应结合排土场结束或排土期间的复垦计划统一安排，排土场的复垦和防止环境污染是排土场选择和排土规划中的一个重要内容。

171. 排土场的堆置要素有哪些，对生产有何影响？

排土场的堆置要素包括排土场台阶高度 H、排土线长度 L 和排土场平台宽度 B。

排土场台阶高度主要取决于土岩的性质、气候条件、水文地质、地形及排土场基底的地质情况。增大排土场台阶高度，有利于提高劳动生产率和降低排土成本，但必须要保证排土台阶的稳定。

排土线长度对排土线生产能力有重要影响。排土线短时，减少了列车的入换时间，但却增加了单位时间内线路的移设次数，并使线路两端的无效长度相对增加，使线路的有效排土长度减少；排土线过长时，则使排土线生产能力降低，为完成一定的排土量所需的排土线总长度增加。

172. 如何确定排土场平台的最小宽度？

对于多梯段排土场，上、下梯段之间应保持一定的距离，使下梯段能够安全正常的作业。平台的最小宽度 B 取决于上一排弃阶段高度、线路布置以及移道步距等诸因素。

$$B = A + C + D + F \qquad (3-27)$$

式中　A——上一排土阶段坡底线至本平台内侧第一条线路中心线的安全距离，m。其大小取决于阶段高度 H、阶段坡面角及大块滚落距离，一般 $A \geqslant H$。

C——为保证上阶段的正常排土移道作业，下阶段必要的超前宽度，一般排土犁排土时 $C \geqslant 5a$（a 为移道步距），电铲排土时 $C \geqslant a$；

D——双线平台时的内外侧线路中心线间距，m；

F——外侧线路中心线到台阶坡顶线的最小距离，一般为 $F = 1.6 \sim 1.7 \text{m}$。

根据生产实际经验，当 H 为 $10 \sim 15 \text{m}$ 时，B 约为 $40 \sim 50 \text{m}$；当 H 为 $20 \sim 25 \text{m}$ 时，B 约为 $50 \sim 60 \text{m}$。

173. 排土场的生产能力如何计算？

排土场地生产能力直接由排土线的接受能力和排土线条数决定。

根据运输条件计算排土线的接受能力 $[\text{m}^3/(\text{台} \cdot \text{班})]$ 为：

$$Q_y = Nnq \qquad (3-28)$$

式中　N——每班发往排土线的列车数；

n——列车中自翻车数量；

q——每辆自翻车平均装载容积，m^3。

排土线的接受能力还与所选择的排土设备的生产能力有直接关系，只有当 Q_y 与排土设备的生产能力相等时，排土线的接受能力才能达到理想值，否则只能取其中的最小值。

需要的排土线条数(N_S)计算为：

$$N_S = \frac{fW}{Q_S}K_S \qquad (3-29)$$

式中 f——排土量不均衡系数，一般为 1.2 ~ 1.3；

 W——要求排土场平均每班排弃的岩石量，m^3/班；

 K_S——排土线在籍系数，即考虑平土、移道、故障等线路封闭的影响系数，排土犁排土 $K_S = 1.8 ~ 2.0$，单斗挖掘机排土 $K_S = 1.2 ~ 1.3$；

 Q_S——每条排土线的生产能力，m^3/班。

上述排土线接受能力的计算，是指排土线本身可能接受岩土的最大能力。但如果排土列车供应不足，排土线的生产能力就相应下降。因此，在实际工作中，需要合理地组织生产，常用调整线铲比的方法，使采掘与排土能力达到相对平衡，以保证最大限度发挥排土线效率。

174. 排土场堆置顺序有哪些？

按照排土场地形条件、岩土性质以及矿山开拓运输方式等，排土场的堆置顺序可分为：单台阶排土、覆盖式多台阶排土、压坡脚式组合台阶排土。

（1）单台阶排土场（图 3-17a）。采用单台阶排土场的矿山多数是汽车排土，排土场地形为坡度较陡的山坡和山谷。其特点是分散设置、每个排土场规模不大、数量较多，排土场空间利用率较高，但堆置高度大，安全条件较差。

（2）覆盖式多台阶排土场（图 3-17b）。它适用于平缓地形或坡度不大而开阔的山坡地形条件。其特点是按一定水平高度的水平分层由下而上，逐层堆置，也可几个台阶同时进行覆盖式排土，但下一台阶要有安全距离。

（3）压坡脚式组合台阶排土场（图 3-17c）。它适用于山坡露天矿，在采场外围有比较开阔、随着坡降延伸较长的山坡、沟谷地形，既能就近排土，又能满足上土上排、下土下排的要求。

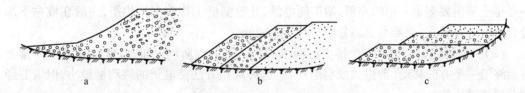

图 3-17 排土场堆置顺序分类
a—单台阶排土场；b—覆盖式；c—压坡脚式

175. 人造山排土有何特点？

人造山排土的高度比较大，当土岩较稳定时，排土高度可达 40 ~ 50m。它具有占地少、容积大、运距短、设备简单等突出优点。与人工排土相比，机械化程度较高、排土能力较大、排土成本约降低 25%。因此，特别适用于堆置场地不足而排土量较大的中小型露天矿。

176. 挖掘机排土工序有哪些？

挖掘机的排土工作面布置如图 3-18 所示。

采用挖掘机排土的工序为:列车翻卸土岩、挖掘机堆垒、线路移设。

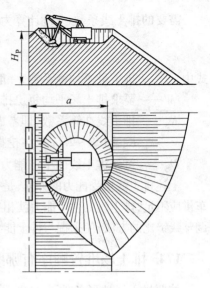

(1)列车翻卸岩土。列车进入排土线路后逐辆对位将岩土翻卸到受土坑内。受土坑的长度不应小于一辆自翻车的长度。为了防止大块岩石滚落直接冲撞挖掘机,坑底标高比挖掘机作业平台要低 1 ~ 1.5m。为保证安全,台阶坡顶线距线路枕木端部不小于 0.3m。

(2)挖掘机堆垒。挖掘机从受土坑内铲取岩土,分上、下两个分台阶,上部分台阶的高度取决于挖掘机最大卸载高度。下部分台阶的高度根据岩土的粒度、软硬和稳定性而定,一般为 10 ~ 30m。上、下分台阶高度之和为排土台阶的总高度。挖掘机站在上部分台阶的底部平台将岩土向前方、旁侧及后方排弃和堆垒,直到排满规定的排土台阶高度。

图 3 - 18　挖掘机排土工作面布置

(3)线路移设。挖掘机排土时,因移道步距大,故采用蒸汽吊车移设线路。其移道步距 a 等于排岩带宽度。

177. 电铲排土的堆垒方法有哪些,各有何特点?

电铲排土有以下三种堆垒方法:

(1)分层堆垒。电铲先从排土线的起点开始,以前进式先堆完下部分台阶。然后从排土线的终端以后退式堆完上部分台阶,电铲一往一返完成一个移道步距的排土量,电缆可以始终在电铲的后方,没有被岩石压埋之虑,同时在以后退式堆垒上部分台阶时,线路即可从终端开始逐段向新排土线位置移设,使移道和排土能平行作业。该法的缺点是电铲堆垒一条排土带需要多走一倍的路程,增加耗电量,且挖掘机工作效率不均衡,一般在堆垒下部分台阶时效率较高,而堆垒上部分台阶时效率较低。

(2)一次堆垒。电铲在一个排土行程里,对上、下分台阶同时堆垒,电铲相对一条排土带始终沿一个方向移动(前进式或后退式)。这种堆垒方法使电铲的移动量最小,但需要经常前后移动电缆。

(3)分区堆垒。电铲分区堆垒时,把排土线分为几个区段,每个区段长通常为电铲电缆长的两倍。每个分区的堆垒方法按分层堆垒方式进行,一个分区堆垒完毕,再进行下一个分区的堆垒。分区堆垒具有前者的优点,特别是排土线很长时,其效果最为明显。

178. 汽车 - 推土机排土工艺有哪些优点?

采用汽车运输 - 推土机排土具有一系列的优点:机动灵活,爬坡能力大,适宜在地形复杂的排土场作业,宜实行高台阶排土,排土场内的运输距离较短,可在采场外就近排土,而且排土线路建设快、投资少,又容易维护,其排土工艺和排土场技术管理也比较简单,所以特别适合于矿体分散、开采年限短的中小型矿山。

179. 前装机排土的要素包括哪些?

(1)排土线长度。每台前装机控制的排土线长度与铲斗容积有关,为了发挥前装机的设备效率和减少线路横向移设的频率,作业线长度至少能储备并大于列车的有效长度。一条较长的排土线可以容纳几台前装机同时排土。

(2)转排台阶高度。排土台阶的上部,即自铁路路基到前装机作业水平的高度。为保证路基稳定和铲装作业的安全,转排台阶高度一般不宜超过铲斗挖取时最大升举高度,当岩土块度较小时,亦可稍高于铲斗举升高度。另外,为提高设备效率,转排台阶高度低一些有利于铲斗切进,并减少提升阻力。对于斗容$5m^3$的前装机,其转排台阶高度约为$4 \sim 8m$。

(3)排土平台的宽度。为保证前装机正常进行排土作业,平台的最小宽度为$B_{min}(m)$可按式(3-30)计算(图3-19)。

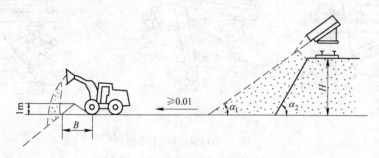

图3-19　前装机排土作业

$$B_{min} = b_1 + b_2 \tag{3-30}$$

式中　b_1——前装机作业的最小宽度,m;

$$b_1 = a + c + r \tag{3-31}$$

　　　　b_2——待排岩土堆的底部宽度,m;

$$b_2 = \frac{H}{\tan\alpha_1} - \frac{H}{\tan\alpha_2} + b_3 \tag{3-32}$$

　　　　a——前装机齿尖至后轮轴的距离,条件困难时可取一半,m;

　　　　c——安全车挡的底宽,不小于2m;

　　　　r——前装机外轮最小转弯半径,m;

　　　　H——转排台阶高度,m;

　　　　α_1——岩土自然安息角,(°);

　　　　α_2——转排台阶的坡面角,(°);

　　　　b_3——待排岩土体上部在路基水平处的宽度,一般为2m。

180. 排土型排土的优缺点有哪些?

排土型排土的优点是:投资少、成本低、工艺简单、排土作业与运输之间没有连续性的作业联系,相互制约性较小;排土线比较长;翻卸土岩的速度快。

其缺点是:线路移设步距小,移设频繁、工作量大;线路质量差,容易发生车辆掉道事故;同时,排土台阶的稳定性较差,特别是雨季就更为明显,有时造成排土线下沉,从而使排土台阶高度受到限制,排土线利用率低。因此,对于坚硬岩石,特别是排弃量不太大,且有足够场地时,采用这种排土方法较为合适。

181. 移道机的工作原理是什么,其生产能力如何确定?

移道机是一种二轴平板车,车上装有齿条提升机构和发动机,车的下部挂有用来抓吊钢轨的卡子,在提升齿条的下端有一个在移道时起支撑作用的铁鞋,车身后架上有一个小齿轮,如图 3 - 20 所示。

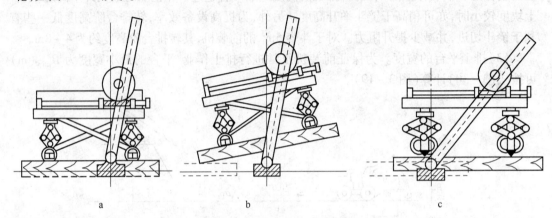

图 3 - 20　移道机工作原理

a—开始位置; b—抬起铁道; c—终了位置

移道机工作时,先用卡子抓住钢轨,开动发动机使小齿轮沿齿条向上移动,此时铁鞋支撑地表;移道机连同钢轨被小齿轮带动而向上提起,待提至一定高度时,由于移道机和钢轨的重心向一侧偏移而失去平衡,则靠其自重力而向外侧下落,使钢轨和枕木横向移动一个距离。当上述过程结束后,移道机沿线路移行 10 ~ 15m 距离,在新的位置上重复上述步骤直到全线都移动一次。一次提升的移道距离一般约为 0.7 ~ 0.8m 左右,所以移道机要沿排土线全长往返多次进行移道才能将线路横移到规定的位置上。

移道机小时生产能力 $A(\mathrm{m^2/h})$ 为:

$$A = \frac{60lu}{t} \qquad\qquad (3-33)$$

式中　l——移道机两工作点间的距离,一般为 10 ~ 15m;

　　　u——移道机每动作一次线路横向移动的宽度,一般为 0.5 ~ 0.8m;

　　　t——移道机动作一次所需的时间,2 ~ 5min。

在实际工作中,移道机的小时生产能力一般为 60 ~ 210m²/h,每班可达到 200 ~ 600m²。

182. 选用带式排土机应考虑哪些应用条件?

(1)气候条件。排土机在气温 -25 ~ +35℃ 和风速 20m/s 以下进行工作较为适宜。气温过低,岩粉容易在排土机的胶带上冻结积存,造成过负荷而停止运输;气温升高,机器容易产生过热而引起事故;风速过大排土机的机架容易摆动,工作时威胁工作人员和设备的安全。

(2)排土机要求的行走坡度和工作坡度。一般排土机行走时坡度不超过 1:20(5%),

个别的也有达 1:10 ~ 1:14。排土机工作坡度为 1:20 ~ 1:33。

（3）排土机工作时对地面纵、横坡的要求。纵、横坡是排土机稳定计算的一个条件。排土机工作时对纵、横坡的要求一般不大于下列数值:纵向倾斜 1:20、横向倾斜 1:33 或纵向倾斜 1:33、横向倾斜 1:20。

（4）排土机对地面压力应小于排土场的地耐压力。

183. 带式排土机的主要参数有哪些?

如图 3 - 21 所示,带式排土机的几个重要参数是:

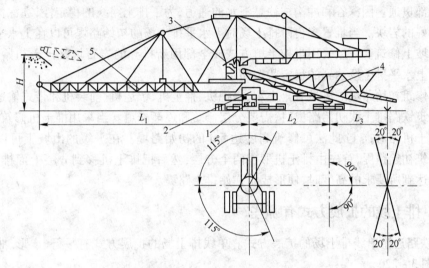

图 3 - 21　带式排土机示意图

1—排土机底座;2—回旋盘;3—铁塔;4—接收
运输机);5—卸载臂(装有卸载输送机)

（1）排土机的接收臂和卸载臂长度。排土机的接收臂和卸载臂的长度决定着排土工作面的排弃宽度和上部排土分台阶高度,并对排土机生产效率有直接影响。若卸载臂过短,排弃宽度小和上部分台阶低,则排土机移动次数增加,排岩效率降低。

（2）排土机最大排岩高度。排土机最大排岩高度是上排的最大卸载高度(即站立水平以上的排岩高度)与下排高度(即站立水平以下的排岩高度)之和。

当卸载臂的倾角一定时,排土机的上排高度由卸载臂长度决定。一定型号的排土机卸载带式输送机端部旋转轴的高度是固定的。一般上排时的角度为 7° ~ 18°。排土机下排高度与排弃岩土的性质有关,主要应保证排岩台阶的稳定和排土机的作业安全。

（3）排土机履带对地面的压力。排土机履带对地面压力应小于排土场的地耐压力,只有这样才能保证排土机在松散岩土上正常作业与行走,在多雨地区和可塑性岩土的排土场尤为重要。

184. 排土机排土必须遵守哪些规定?

（1）排土机必须在稳定的平盘上作业,外侧履带与台阶坡顶线之间必须保持一定的安全距离。

（2）工作场地和行走道路的坡度必须符合排土机的技术要求。

（3）排土机长距离走行时，受料臂、排料臂应与走行方向成一直线，并将其吊起、固定；配重小车在前靠近回转中心一端，到位后用销子固定；严禁上坡转弯。

185. 在排土场初始路堤的修筑中,山坡型和平地初始路堤如何修筑?

沿山坡等高线的方向开挖以单壁路堑或半挖半填，整平后铺上线路便形成铁路运输初始排土线。若修筑汽车运输排土线初始路堤，应根据调车方法确定路堤宽度。当排土线需要跨越深谷时，为避免一次填方工程量大，可沿山体等高线先开辟临时排土线，通过不断扩宽直到全部贯通。因深谷和冲沟往往是汇水的通道，为了排土路线的稳定性，在深沟处应堆置透水性好的岩块。当堆置多台阶排土场时下水平排土场的初始路堤可以在上水平排土场的终排边坡上修筑。可以采用半挖半填方式或全部用新排弃的岩石填筑排土初始路基，应根据路堤上水平排土场达到的稳定状态而定。

采用修筑初始路堤的机械有排土犁、挖掘机、推土机、铲运机、前装机和带式输送机等。

当修筑铁路排土线初始路堤时，需要分层修筑和逐渐涨道。当采用推土机修筑时，一般用两台推土机相对推土，此法可修筑高度达5m的初始路堤。在平缓的山坡上可以用带式排土机修筑初始路堤，首先由排土机形成两个分层，然后把排土机移到分层上面排土，直到排土台阶达到所要求的高度时，便形成了初始排土路堤。

186. 排土线的扩展方式有哪些?

（1）铁路运输单线排土场的扩展方式。单线排土场的扩展方式有平行、扇形、曲线和环形四种（图3-22）。

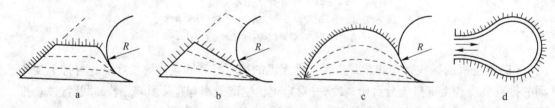

图3-22　铁路运输单线排土场扩展示意图

平行扩展时（图3-22a），随着排土线的扩展，线路不断缩短，排土场得不到充分利用。但这种方式移道步距是固定的，移道工作简单。

扇形扩展（图3-22b）的移道步距是变化的，从排土线的入口处到终端移道步距数值逐步增大。它以道岔转换曲线为移道中心点呈扇形扩展，其排土线终端仍然存在缩短问题。

曲线扩展时（图3-22c）可以避免上述排土线缩短的问题，排土线每移道一次都要接轨加长。它广泛地应用于在排土犁排土场和挖掘机排土场。

环形扩展时（图3-22d），排土线向四周移动。排土线长度增加较快，在保证列车间安全距离的条件下，可实现多列车同时翻卸。但是，当一段线路或某一列车发生故障时，会影响其他列车的翻卸工作。多采用在平地建立的排土场。

（2）铁路运输多线排土场扩展方式。多线排岩是指在一个排岩台阶上，布置若干条排土线同时排岩，如图3-23所示。它们之间在空间上和时间上保持一定的发展关系，其突出优点是收容能力大。

　　建立在山坡上的多线排土场,通常都采用单侧扩展(图3-23a)。建立在缓坡或平地上的多线排土场多采用环形扩展(图3-23b)。

　　当采用挖掘机排岩时,各排土线可采用并列的配线方式,如图3-24所示。其特点是:各排土线保持一定距离,避免相互干扰,提高排岩效率。

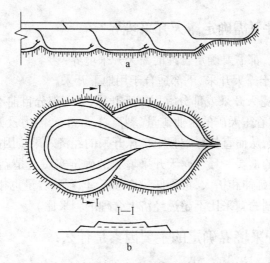

图3-23　铁路运输多线废石场扩展示意图

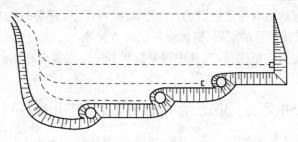

图3-24　挖掘机并列排岩

第四章　露天开采设计

187. 在什么条件下需确定露天开采境界?

对于以下两种情况,都需要确定合理的露天开采境界:

(1)矿床上部适合于露天开采,下部适合于用地下开采。

(2)矿床全部宜用露天开采或部分宜用露天开采,另一部分目前不宜开采。

露天开采境界决定着露天矿的工业矿量、剥离总量、生产能力及开采年限,而且影响着矿床开拓方法的选择等,从而直接影响整个矿床开采的经济效果。因此,正确确定露天开采境界,是露天开采设计的重要一环。露天开采境界的确定实质上是剥采比大小的控制。因为随着露天开采境界的延伸和扩大,可采储量增加了,但剥采岩量也相应地增大。合理的露天开采境界,就是指控制的剥采比不超过经济上合理的剥采比。

188. 影响露天开采境界确定的主要因素是什么?

(1)自然因素:包括矿床埋藏条件(矿体的分布情况、倾角、厚度等)、矿岩的物理机械性质、矿区地形及水文地质情况等。

(2)经济因素:包括基本建设投资、开采成本、矿石质量、开采时的矿石损失和贫化、矿山基建期限及达到设计产量的期限、机械设备供应情况等。

(3)技术因素:包括的范围很广,其中限制露天开采的因素有地面的重要建筑物、厂房、铁路、河流以及设置排土场的可能性等。

189. 何谓露天开采的剥采比,常用的剥采比有哪几种?

剥采比指露天矿开采中,为开采有用矿物,剥离废石量和采出有用矿石量之比,即单位矿石所需剥离岩石量。常用的几种剥采比为(图4-1):

(1)平均剥采比 n_p(m^3/m^3),是指露天开采境界内岩石总量与矿石总量之比。

$$n_p = \frac{V_p}{P_p} \qquad (4-1)$$

式中　V_p——露天开采境界内岩石总量,m^3;

P_p——露天开采境界内矿石总量,m^3。

(2)分层剥采比 n_f(m^3/m^3),是指在同一层内剥离岩石量与采出矿石量之比。

$$n_f = \frac{V_f}{P_f} \qquad (4-2)$$

式中　V_f——分层的剥离岩石量,m^3;

P_f——分层的采出矿石量,m^3。

(3)生产剥采比(也称时间剥采比)n_s,是指露天矿某一生产时期剥离的废石量与所采的矿石量之比。

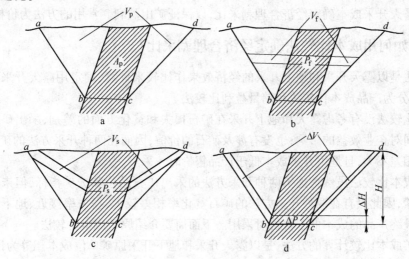

图 4-1　各种剥采比

a—平均剥采比；b—分层剥采比；c—生产剥采比；d—境界剥采比

$$n_s = \frac{V_s}{P_s} \tag{4-3}$$

式中　n_s——生产剥采比，m^3/m^3 或 t/t、m^3/t；

　　V_s——露天矿某一生产时期剥离的废石量，m^3 或 t；

　　P_s——露天矿某一生产时期采出的矿石量，m^3 或 t。

（4）境界剥采比 n_j，是指露天开采境界增加单位深度后引起岩石增量与矿石增量之比。即以最终边坡角划定的境界，有某一水平延伸至另一水平时，所增加的剥离岩石量与采出矿石量之比。

$$n_j = \frac{\Delta V}{\Delta P} \tag{4-4}$$

式中　n_j——境界剥采比，m^3/m^3 或 t/t、m^3/t；

　　ΔV——境界延伸时增加的剥离岩石量，m^3；

　　ΔP——境界延伸时增加的采出矿石量，m^3。

（5）经济合理剥采比 $n_{h.j}$，是指经济上允许的最大剥岩量与可采矿量之比。以该剥采比从事露天开采时，露天开采成本不大于地下开采成本。

190. 确定露天矿经济合理剥采比的方法有哪些?

经济合理剥采比是露天开采设计中确定最终境界的重要依据。目前确定经济合理剥采比的方法主要有比较法和价格法两类。

（1）对于那些上部可采用露天开采，下部由于埋藏过深可能考虑采用地下开采的矿床，需要用露天开采和地下开采的经济效果作比较来计算经济合理剥采比，以确定在经济上最佳的露天开采和地下开采的分界面。这种情况下可考虑采用原矿成本比较法、金属成本比较法和储量盈利比较法。

（2）对于一些出露地表、埋藏浅或只适合用露天开采的矿床，则采用合理的矿石的销售价格结合露天开采成本确定经济合理剥采比，以保证矿山盈利。常用的方法为价格法。

191. 如何用成本比较法确定经济合理剥采比?

比较法是以露天开采和地下开采的经济效果作比较来计算，确定用露天开采和地下开采的界限，分为产品成本比较法和储量盈利比较法。

成本比较法没有考虑露天和地下开采在矿石损失和贫化方面的差别，采出矿石的数量和质量不同对企业效益的影响，也没有涉及矿石的价值，因而在两种开采方法的矿石损失率和贫化率相差不大，且地下开采成本低于产品售价时才采用。

精矿成本比较法虽然考虑了两种开采方法的采出矿石品位和选矿指标，但未考虑矿石损失的因素，因此只有在两种开采方法的矿石贫化率相差较大、损失率接近、地下开采的矿石加工为最终产品的成本低于售价时采用。下面简要介绍原矿成本比较法。

按原矿成本比较计算的方法，是以露天开采和地下开采原矿单位成本相等为计算基础。露天开采矿石成本为：

$$C_L = \gamma_p a + nb \tag{4-5}$$

式中　C_L——露天开采的原矿成本，元/m³；

　　　γ_p——矿石容重，t/m³；

　　　a——露天开采每吨矿石的纯采矿成本，元/t；

　　　n——剥采比，m³/m³；

　　　b——露天开采剥离单位体积岩石的成本，元/m³。

设以地下开采部分矿体的原矿成本为 C_D（元/t），按露天开采的基本要求，应保证露天开采的原矿成本不超过地下开采成本，即

$$\gamma_p a + nb \leqslant \gamma_p C_D \tag{4-6}$$

满足式（4-6）的最大剥采比，就是经济合理剥采比，即

$$n_{j \cdot h} = \frac{\gamma_p (C_D - a)}{b} \tag{4-7}$$

式中　$n_{j \cdot h}$——经济合理剥采比，m³/m³；

　　　C_D——地下开采原矿成本，元/t。

式（4-7）是矿山设计中常用的一个基本公式，式中要求数据少，来源比较方便，但它没有考虑露天开采与地下开采在矿石损失与贫化方面的差别，从而未能充分反映出露天开采的优越性。

192. 如何按储量盈利比较法计算经济合理剥采比?

储量盈利法是以矿石的工业储量作为计算基础，其原则是使露天开采出来的矿石盈利等于地下开采出来的矿石盈利。根据这一原则，可得：

$$U_L - b \frac{n}{\gamma_p} \geqslant U_D \tag{4-8}$$

式中　U_L，U_D——分别为露天开采和地下开采时每吨工业储量矿石所获盈利，元/t。

其经济合理剥采比：

$$n_{j \cdot h} = \frac{\gamma_p}{b}(U_L - U_D) \qquad (4-9)$$

该方法的盈利,可以计算到选矿后的精矿,也可以计算到冶炼后的金属产品。此方法要求数据较多,适合于露天开采和地下开采回收率和贫化率都有显著差别的矿床,特别是资源稀缺、矿产品价值很高的矿床。

193. 如何用价格法计算经济合理剥采比?

价格法是用于露天开采成本和矿石价格作比较来计算的,适应于一些只宜用露天开采的矿床,如砂矿、含硫高易自燃的矿床等,由于不能用地下开采与之相对照,故不用上述比较法,而用矿石的销售价格确定经济合理剥采比,以保证露天开采的原矿成本不超过其价格,保证矿山盈利。

按矿石价格确定经济合理剥采比。确定的原则是使露天开采的原矿成本不超过其售价:

$$\gamma_p a + nb \leqslant \gamma_p D \qquad (4-10)$$

其经济合理剥采比为:

$$n_{j \cdot h} = \frac{\gamma_p(D-a)}{b} \qquad (4-11)$$

式中　D——原矿的价格。

194. 为什么主要采用境界剥采比不大于经济合理剥采比确定露天开采境界?

境界剥采比不大于经济合理剥采比($n_j \leqslant n_{j \cdot h}$),这一原则的直观解释是:紧邻开采境界那层矿岩的开采成本不大于对应矿量的地下开采成本。经进一步分析表明,它还有更深刻的经济含义,即使整个矿床开采的总经济效果最佳。

如图 4-2 所示,设 $abcd$ 是露天开采境界,为采出紧邻境界的矿量 ΔP,需要剥离岩石 ΔV,当这层矿岩开采成本小于地下开采成本时,说明开采境界还可以继续延深和扩大。境界的临界条件是:

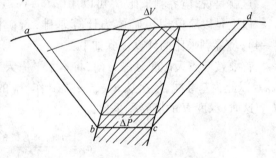

图 4-2　$n_j \leqslant n_{j \cdot h}$ 原则的实质

$$\Delta Pa\gamma_p + \Delta Vb = \Delta PC_D\gamma_p$$

即
$$\frac{\Delta V}{\Delta P} = \frac{\gamma_p(C_D - a)}{b} \qquad (4-12)$$

式中　ΔV——露天开采境界延深 ΔH 后所增加剥离的岩石量,m³;

　　　ΔP——露天开采境界延深 ΔH 后所增加采掘的矿石量,m³。

根据这一原则可以划分露天与地下开采界限。按这一原则确定境界的前提条件是,矿床产状应保持连续,且厚度较均匀。否则除使用本原则外,要用其他原则(如平均剥采比不大于经济合理剥采比)进行补充检验。

只适于露天开采的矿床,如露天开采至临近境界那一层面时,开采矿石盈利为零,而上一分层和以上部分开采均盈利,而向下继续开采则亏损,故开采到境界剥采比等于经济合理剥采比时,其全矿床开采盈利将实现最大化。

195. 长露天矿境界剥采比如何计算?

对于矿体较长,矿体厚度与长度之比在 $1:4$ 以上的长露天矿,可忽略端帮剥岩量影响。在手工确定露天矿开采境界中常用横断面图来计算境界剥采比,可分为面积比法、线段比法等。

(1)面积比法。任意深度 H 的境界剥采比确定方法如图 $4-3$ 所示。根据确定的顶底帮边坡角 γ 和 β 作出深度 H 时的境界位置 $abcd$,则露天矿从深度 $H-\Delta H$ 延伸至 H 时增加的矿石量为 S_2,增加的岩石量为 S_1+S_3,露天矿开采深度延伸了 ΔH,于是,深度为 H 的境界剥采比为

$$n_j = \frac{S_1 + S_3}{S_2} \tag{4-13}$$

(2)线段比法。面积比法需要求算面积,工作很繁琐。为简化计算,可用线段比法(图 $4-4$)。一平坦规则矿体,倾角 α,顶帮边帮角为 γ,底帮边坡角为 β。$abcd$ 是采深 H 的境界,将本水平露天矿底的坡底线与上水平的下盘坡底线相连,得 cc_0,aa_1 和 dd_1 为 cc_0 的平行线。根据几何关系,平行线间所夹平行四边形同底、同高则面积相等有:

当 $\Delta H \to 0$ 时,则:

$$n_j = (a_1 b + c d_1)/bc \tag{4-14}$$

这就是说,境界剥采比 n_j 可以用 $(a_1 b + c d_1)$ 与 bc 线段的比值来计算。

以上是以简单理想矿体为计算基础,若矿体复杂些,最终境界的边帮上有矿体(图 $4-4$),境界剥采比的计算步骤如下:

首要按照露天矿底延深方向,将本水平露天矿底坡底线与上水平的下盘坡底线相连,得 cc_0。以此为基准线,依次从 a、e、f、g、h、d 作 cc_0 的平行线,交 bc 的延长线于 a_1、e_1、f_1、g_1、h_1、d_1。这时,深度 H 的境界剥采比:

$$n_j = \frac{a_1 e_1 + f_1 b + c g_1 + h_1 d_1}{e_1 f_1 + g_1 h_1 + bc} \tag{4-15}$$

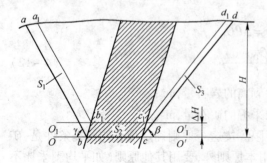

图 $4-3$　用面积比法计算境界剥采比

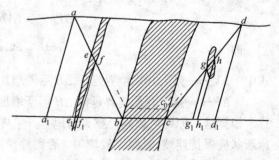

图 $4-4$　确定境界剥采比的线段比法

196. 如何以手工方法圈定露天矿开采境界?

露天开采境界设计常采用境界剥采比不大于经济合理剥采比确定露天开采境界,其方法和步骤为:

(1)确定露天矿最小底宽。露天矿最小底宽应满足采装运输设备的要求,保证矿山工程正常发展。当采用汽车运输时,底宽应满足汽车调车要求。在确定露天开采境界时,若矿体厚度小于最小底宽,底平面按最小底宽绘制;若矿体厚度比最小底宽大得不多,底平面可以矿体厚度为界;若矿体厚度远大于最小底宽,通常按最小底宽作图,并按下列因素确定露天矿底的位置:

使境界内的可采矿量最大而剥岩量最小;使可采矿量最可靠,通常露天矿底宜置于矿体中间,以避免地质作图误差所造成的影响;根据矿石品位分布,使采出的矿石质量最高;根据岩石的物理力学性质调整露天矿底位置,使边坡稳固且穿爆方便。

(2)确定露天矿最终边坡角。露天矿的最终边坡角,对剥采比有重要影响。由于边坡稳定受岩体物理力学性质、地质构造、水文地质、边坡破坏机理、爆破震动效应等一系列因素的影响,目前有许多数学计算方法,如极限平衡法、有限元法、概率统计法等边坡优化设计方法。矿山设计选取边坡角时,还可采用类比法,即参照类似矿山的实际资料选取。工程地质条件复杂的大型矿山,在进行设计的同时,由研究部门通过系统的工程地质调查后,用计算方法确定。

(3)确定露天矿开采深度。露天矿走向长度大时,先在各地质横剖面图上初步确定开采深度,然后再用纵剖面图调整露天矿底部标高。

1)在各地质横剖面上初步确定露天开采深度。

①首先,在各横剖面图上作出若干个深度的开采境界方案,绘制境界时,依据前面选定的最小底宽和边坡角,要注意露天矿底在矿体中的位置,还要鉴别该横剖面图上的边坡角是实际的还是伪倾角。若为伪倾角,则需进行换算。

②针对各深度方案,用面积比法或线段比法计算境界剥采比。

③最后,将各方案的境界剥采比与开采深度绘成关系曲线,再画出代表经济合理剥采比的水平线,两线交点的横坐标就是所要求的开采深度。

④按同样的方法,可将露天矿范围内所有横剖面图上的理论深度都确定下来。

⑤在确定厚矿体的开采深度时,鉴于露天矿底的位置不易确定,有时先按矿体厚度而不是最小底宽作图,然后继续向下无剥离采矿,直至最小底宽为止。这时,作为露天开采的最终深度是最初确定的深度与无剥离开采深度之和。

2)在地质纵剖面图上调整露天矿底部标高。在各个地质横剖面图上初步确定了露天开采的理论深度后,由于各剖面的矿体厚度和地形变化不等,所得开采深度也不同。将各剖面图上的深度投影到地质纵剖面图上,连接各点,得出一条不规则的折线(图4-5中的虚线)。

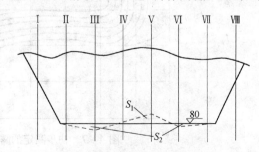

图4-5 在地质纵剖面图上调整露天底平面标高
－－－调整前的开采深度;——调整后的开采深度

为了便于开采和布置运输线路,露天矿的底平面宜调整至同一标高。当矿体埋藏深度沿走向变化较大,而且长度又允许时,其底平面可调整成阶梯状。调整的原则是,使少采出的矿石量与多采出的矿石量基本均衡,并让剥采比尽可能小。图4-5中的实线便是调整后的设计深度。

(4)绘制露天矿底部周界。无论是长露天矿还是短露天矿,调整后的开采深度往往不再是最初方案的深度,因此需要重新绘制底部周界,如图4-6所示,其步骤为:

1)按调整后的露天开采深度,绘制该水平的地质分层平面图。

2)在各横剖面、纵剖面图上,按所确定的露天开采深度绘出境界。

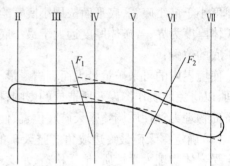

3)将各剖面图上底部周界投影到分层平面图上,连接各点,得出理论上的底部周界。

4)为了便于采掘运输,初步得出的理论周界,尚需进一步修整,修整的原则是:

底部周界要尽量平直,弯曲部分要满足运输设备对曲率半径的要求;露天矿底的长度应满足运输线路要求。这样得出的底部周界,就是最终的设计周界。

图 4-6 底部周界的确定
－ － －理论周界;——设计周界;F_1,F_2—断层

(5)绘制露天矿开采终了平面图。绘制方法如下:

1)将上述露天矿底部周界绘在露天开采终了平面图上。

2)按边坡组成要素,从底部周界开始,由里向外依次绘出各个台阶的坡底线(图4-7)。处在地表以上的台阶坡底线不能闭合,要使其末端与相同标高的地形等高线密接。

3)在图上布置开拓运输线路。

4)在底部周界开始,由里向外依次绘出各个台阶的坡面和平台(图4-7)。绘制时,要注意倾斜运输道和各台阶的连接。

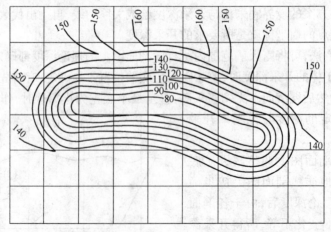

图 4-7 初步圈定的露天开采终了平面图

当设计技术成熟时,上述2)、3)、4)步可以合并,即绘出露天矿底部周界后,根据选定的开拓运输方式及出入沟口位置,自里向外绘出各个台阶的平台和坡面,一次绘出露天矿开采

终了平面图。

5）检查和修改上述露天开采境界。由于在绘图过程中,原定的露天开采境界常受开拓运输线路影响而有变动,因而需要重新计算其境界剥采比和平均剥采比,检查它们是否合理。假如差别太大,就要重新确定境界。

应该指出,上述方法均是在选用的若干地质剖面图上确定开采深度,并据此圈定露天开采境界。这种确定露天开采境界的方法,虽然仍被广泛应用,但由于所选剖面并不一定垂直露天矿边坡走向,有时会产生很大的误差,因而所确定的露天开采境界,往往难以获得经济上最优的结果。当今发展起来的借助于矿床模型、通过计算机程序来确定露天开采境界的方法,则可以成为最佳采场境界的确定方法。

197. 确定露天开采境界的计算机方法有哪些?

目前,国内外用计算机确定露天开采境界的方法有很多,就其实质而论,大致可分为两大类:

第一类是模拟法,包括断面图法、平面投影法、浮动圆锥法。

第二类是数学优化法,包括有线性规划法、图论法、三维动态规划法、网络流法。

移动圆锥法又叫浮动圆锥法或倒圆锥法,其基本原理是:首先要建立矿床价值模型,把整个矿床划分成大小适宜的等尺寸模块,每一模块的净价值已知。那么,确定开采境界就变成一个在满足几何约束(最大允许最终帮坡角)条件下,找出使总开采价值达到最大的模块集合问题。

移动圆锥法是一种用系统模拟技术来解决露天矿开采境界的方法。它是把露天矿视作许多小倒锥台体的集合,通过计算每个小锥台体所能赢取的净值而决定其取舍。露天开采境界,就是用有限个相互交错重叠的倒圆锥台来逼近(图4-8)。

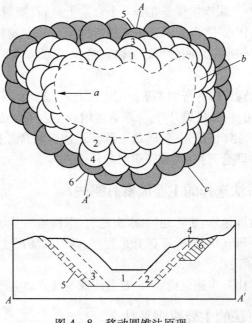

图 4-8　移动圆锥法原理

a—现在的露天坑境界;b—经济的露天坑境界;c—非经济区域

1~6—动锥移动次序

(1)确定境界时,先选定某水平作为开始层。把锥台的小头置于该水平某一矿石底面上,令锥台母线倾角等于最终边坡角并延伸到地表。锥台面和各分层平面相交,形成一系列半径不等的同心圆,累计同心圆内各模块的经济价值,就得出锥台体的价值。如果它是正值,说明锥台体可采;若为负值,表明无利可图,此锥台体作废。将锥顶移至其他矿石模块上,重新形成锥台体,直至找出一个具有经济正值的初始锥台体。

(2)初始锥台体形成后,将锥台小头移向邻近的矿石块,产生第二个锥台体。这两个锥台体有一部分是重叠的,只计算不重叠部分的净值作为新锥体的价值。当价值为正,第二个锥台体可采,露天开采境界得以扩大;若为负值,第二个锥台体废弃,境界保持原样。

(3)如此进行下去,不断沿水平方向和垂直方向移动锥台体,最后搜索出经济合理的露天开采境界。

198. 如何考虑露天矿开采境界确定与安全的关系?

露天开采是从上向下逐台阶开采,上部台阶先期开采到境界,逐步形成固定边坡,要求在较长时间内保持稳定,不发生大量滑坡。显然,最终边坡角越小越安全。但降低最终坡面角,会在开采过程中增加大量额外剥岩量,使矿山经济效益严重降低。如果加大最终边坡角,超出安全稳定的角度,会造成边坡滑坡,危及采场作业人员的安全。国内一些大型露天矿山曾发生高达几十万立方米的滑坡事故,给矿山造成很大的经济损失和安全威胁,因此应认真科学确定最终边坡角,既追求经济效益最大化,同时也要严格防止重大的边坡安全事故发生。国内绝大多数矿山的最终边坡角变化在 35° ~ 55° 之间。

199. 何谓露天矿开拓,可分为哪几类?

露天矿在开采过程中,采剥工作是在若干个台阶上进行,随着采剥工作开展,必须不断地向下延深开辟新的工作水平,露天矿开拓就是指按一定的方式和程序建立地表与露天采场内部工作水平及各工作水平之间的矿岩运输通路,以保证露天矿正常生产的运输联系,及时准备出新的生产水平。

露天矿床开拓与运输方式有密切关系。按运输方式,露天矿床开拓方法主要分为:公路运输开拓、铁路运输开拓、提升机提升开拓、联合运输开拓。联合运输开拓有以下几种方式:公路 - 铁路联合开拓、公路(铁路)- 破碎站 - 胶带运输机联合开拓(简称胶带运输开拓)、公路(铁路)- 平硐溜井联合开拓(简称平硐溜井开拓)。

200. 影响开拓方法选择的主要因素有哪些?

(1)自然地质条件:即地形、矿床地质、水文地质、工程地质及气候条件等。

(2)生产技术条件:即矿山规模、矿区开采程序、露天采场尺寸、高差、生产工艺流程、选用设备类型及技术装备等。

(3)经济因素:即矿山基本建设投资、矿石生产成本及劳动生产率等。

201. 选择开拓方法的主要原则是什么?

(1)基建工程量少,施工方便。

(2)矿山基建时间短,早投产,早达产。

（3）要求生产工艺简单,安全可靠,技术上先进。

（4）生产经营费用低。

（5）不占良田,少占耕地。

（6）基建投资,尤其是初期投资要少。

（7）对职工安全健康危害小,对周边环境影响小。

202. 公路运输开拓坑线布置形式有哪几种?

公路运输开拓坑线路段布置方式,按照露天矿开采部位的不同,分为山坡线路布置方式和深凹线路布置方式两类。凹陷露天矿按照线路形状不同,分为直进式(图4-9a)、回返式(图4-9b)、螺旋式(图4-9c)三种基本方式,以及这三种方式的不同组合。

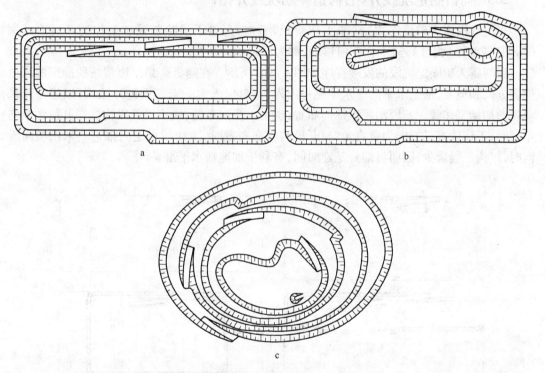

图4-9　公路开拓坑线布置基本形式示意图

（1）直进式坑线开拓适于地形平缓的山坡露天矿。当采用公路运输开拓山坡露天矿时,如矿区地形比较简单,高差不大,则可把运输干线布置在山坡的一侧,由地表直达矿体最高点,运输干线在空间呈直线形,故称直进式坑线开拓。深凹露天矿有足够的走向长度时,也可采用这种开拓方式。直进式公路开拓布线简单、沟道展线最短,汽车运行不需转弯、行车方便、运行速度快、效率高,因此在条件允许情况下,应优先考虑使用。

（2）回返式坑线开拓,汽车在坑线上运行时,需经过一定曲率半径的回头曲线改变运行方向,才能到达相应的工作水平。坑线位置受地形条件和工作线推进方向影响很大,并且直接影响着基建剥岩量、基建期限、基建投资、矿石损失贫化、总平面布置的合理性以及坑线在生产期间安全可靠程度。因此,在确定坑线位置时,应综合考虑上述因素。回返式坑线开拓优点是容易布线,适用范围广,矿山工程发展简便,同时工作台阶数目较多。缺点是汽车经过曲率半径很小的回返平台时,需减速运行,降低了运输效率。

(3)螺旋坑线开拓是将运输沟道沿露天矿场四周边帮盘旋布置,汽车在坑线上直进行驶,螺旋坑线的转弯半径较大,不需经常改变运行速度,故线路通过能力大。螺旋坑线开拓的工作线用扇形方式推进,为及时进行新水平的掘沟工作创造条件。工作线推进速度在其全长上是不等的,工作线长度和推进方向也经常改变,从而使露天矿的生产组织管理工作复杂化。螺旋坑线开拓时,各开采水平之间相互影响较大,新水平准备时间较长,根据工程发展的特点同时开采的台阶数少,形成的露天矿生产能力较低。只有当采场平面形状尺寸较小而开采深度又大的露天矿,应用此种方法较为适宜,对于深凹露天矿接近采场底的最终几个开采阶段,常采用此方式。

203. 何谓固定坑线开拓,何谓移动坑线开拓?

当坑线沿露天矿最终边帮(非工作帮)设置时,运输干线除随采矿工作的开展而延深(深凹)或缩短(山坡)外,不作任何移动,称为固定坑线开拓。

深凹露天矿固定坑线的发展程序如图 4-10 所示。在露天矿最终边帮按所确定的沟道位置方向和坡度,从上水平向下水平掘进出入沟,自出入沟的末端掘进开段沟,以建立开采台阶的初始工作线。开段沟可以纵向布置,也可以横向布置,或不设开段沟。当开段沟纵向布置时,工作线推进方向为垂直走向;开段沟横向布置时,工作线沿走向推进。采用横向段沟时,掘沟工程量少,因而可缩短基建时间,有利于加速新水平准备。

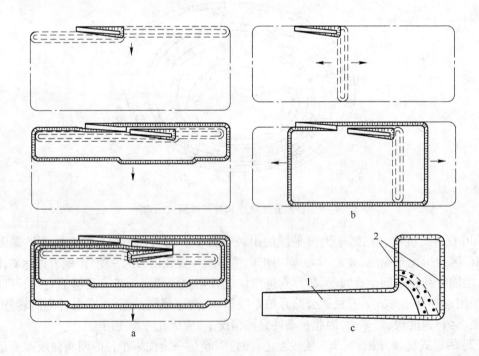

图 4-10　固定折返坑线开拓的矿山工程发展程序示意图

a—开段沟纵向布置时;b—开段沟横向布置时;c—无开段沟时

1—出入沟;2—横向工作面

当扩帮工作线推进到使台阶坡底线距新水平出入沟沟顶边线不小于最小工作平盘宽度时，便开始新水平的掘沟工作和随后的扩帮工作，从而使开拓坑线自上而下逐渐形成。

移动坑线开拓矿山工程发展程序如图4－11所示。在靠近矿体与围岩接触带的上盘或下盘先后掘进出入沟和开段沟。开段沟也分为纵向布置和横向布置，或不设开段沟。同样，可使扩帮工作与部分掘沟工作平行作业向两侧推进。移动坑线可以在爆堆上修筑，也可以设在基岩上。前者修筑简单，它是汽车运输移动坑线开拓广泛应用的一种方式；后者将台阶分割成上、下两个三角台阶，其高度是变化的，由零到整个台阶高度，先采掘上三角台阶，后采掘下三角台阶，运输坑线随上、下三角台阶工作线的推进而移动。

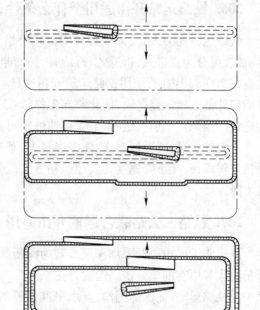

图4－11　移动坑线开拓程序示意图

204. 移动坑线开拓和固定坑线开拓相比有何特点，适用于什么情况?

移动坑线开拓作业特点是：三角掌子区段，作业台阶高度变化，电铲、车辆在坡道上作业，装高度不等的爆堆，车辆在坡道上启动、制动，出入沟内干线需不断改变位置，并增设装车线。

优点：

(1)靠近矿体掘沟，减少基建剥岩。

(2)当矿床地质、工程水文地质尚未探清时，易于合理确定和改变开采境界和最终边坡角。

(3)便于选择开采，减少损失贫化。

(4)采场下部宽度小，深部几个台阶，将原环形线改为移动坑线，减少端帮的剥岩量。

缺点：

(1)作业效率、成本指标差，穿孔工作量增加两倍，钻机生产能力降低10%，炸药消耗增加4%～10%，电铲效率降低4%，车辆通过能力降低。

(2)移动坑线宽(预先铺备用线路、爆堆、装车线)，致使同时工作台阶数减少，工作帮坡角减缓，增加了超前剥岩量。

(3)干线、站场(铁路运输)经常移设，工作组织复杂。

对于走向长度小的露天矿，采用移动坑线，上述问题更突出。

对于金属露天矿，移动坑线一般使用条件：

(1)矿床地质、工程水文地质尚未探清。

(2)急倾斜矿体，为缩短基建期限。

(3)改扩建矿山，扩大境界。

(4)采场底部平盘宽度小。

205. 何谓公路运输开拓线路连接平台?

为避免载重汽车在坡度较大的开拓坑线上长距离上坡或下坡运行,造成发动机和制动装置过热而降低使用寿命和发生事故,以及便于坑线通往相应的工作水平,两相邻台阶的坑线之间设有缓和坡段,该缓和坡段称为连接平台。连接平台坡度不超过 3%;最小长度不应小于 40 ~ 60m。

206. 铁路运输开拓适用于什么条件,有何优缺点?

铁路运输能力大,设备坚固耐用。吨公里运费低,一般为汽车的 1/4 ~ 1/3。多采用固定坑线,可分为直进式、折返式、螺旋式,转弯半径大。当露天矿运量大、地形坡度较为平缓,比高在 200m 以内时,采用铁路运输开拓法具有明显优越性。作业受气候条件的影响较小,且能与外部准轨铁路接轨,简化装卸工作,对于埋藏较浅、平面尺寸较大的大中型露天矿较为适宜。当采用牵引机组时,最大线路坡度可达 6%,经济合理开采深度 300m。

主要缺点是:线路坡度小,曲率半径大,基建工程量大,基建投资高,建设期较长,新水平开拓工程缓慢,年下降速度比其他运输方式低,随着开采深度下降,运行周期长、运输效率明显下降。

207. 铁路 – 公路联合运输开拓适用于何种条件?

许多露天矿山随开采加深逐步转为深凹露天矿开采,常考虑采用铁路 – 公路联合运输开拓法代替原有的单一铁路运输开拓来开采深部矿床(图 4 – 12)。此时,浅部和外部运输仍采用铁路运输,而深部掘沟、新水平准备等工程由相对灵活的汽车运输完成,两者之间设有转载站,以建立汽车与铁路车辆之间的运输联系,组成完整的开拓运输系统。我国许多大型金属露天矿在一定的开采阶段,都完成了这种开拓方式的转换。铁路 – 公路联合运输开拓适用于开采境界范围较大、深度较大的大型露天矿的深部开采。

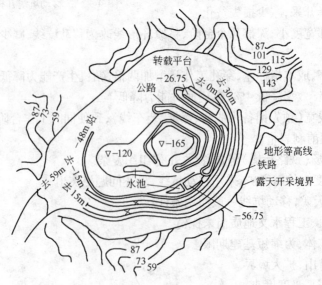

图 4 – 12　铁路 – 公路联合运输开拓

208. 露天矿胶带运输开拓有何特点?

专用的钢芯胶带运输机可布置在斜井内或与非工作帮斜交的露天堑沟内。运输堑沟坡度较陡,线路坡度一般可大于16°,胶带运输对矿岩块度要求较严格,大块坚硬矿岩必须预先破碎,通常采场内要设置半固定式破碎站、转载点,因此要注意运输的衔接和配合。胶带运输不随露天矿延深而降低生产能力,且运输能力大,运距短,运输成本低,便于实现自动化控制,劳动生产率和挖掘机效率提高,有利于增加年下降深度。胶带运输开拓适用于开采深度较大的大型露天矿。

209. 何谓斜坡卷扬开拓?

斜坡串车提升是在采场斜坡道上利用矿车提升或下放矿岩,采场内用机车等设备将采场内的矿岩运至斜坡底部或甩车场(道)处的转运站,用钢丝绳卷扬提升(或下放)至地面,再用机车或其他设备运至卸载点。斜坡卷扬开拓用于垂高小于100m,工作面用窄轨运输的中小型露天矿。设备简单、轻便、投资少、建设快,但受矿车载重和调车的限制,生产能力较低。

210. 何谓平硐溜井开拓,溜井、平硐位置如何确定?

平硐溜井联合开拓运输方式,在我国比高较大的山坡露天矿中应用较广泛,平硐溜井开拓用溜井和平硐建立采矿场与外部的运输联系,在有利的山坡地形条件下,上部可采用明溜槽与溜井相接。在采场内,用汽车或其他运输设备将矿石运至卸矿平台向溜井内翻卸,在下部通过漏斗装车,经平硐运至地面卸载地点。平硐溜井开拓适用于地形复杂、高差大、坡度较陡、矿体在地面标高以上的露天矿,可充分利用地形高差自重放矿,运营费用低,缩短了运输距离,加速运输设备周转,可用少量运输设备完成大的产量,减少了运输线路工程,基建投资少,基建时间短。其主要缺点是容易出现溜井堵塞、跑矿、井壁严重磨损等事故,以及井底装车时粉尘对人体的危害等。我国矿山多年的生产实践经验证明,只要合理地确定溜井的位置和结构要素,采取必要的措施,加强生产技术管理,上述缺点是可以克服的。

(1)溜井位置确定的原则如下:

1)确定溜井位置时,应根据矿床埋藏特点,使采场内运距短,以平硐长度和平硐口至卸载站或选矿厂运距最短为原则。

2)避免溜井穿过大的断层、破碎带以及裂隙发育地区,保证溜井位置在采场内、外的坚硬稳固矿岩中。如采场内有条件,一般应优先采场内溜井。

3)避免溜井穿过大的含水层,避免将溜槽放在自然山沟内,减少汇水面积。

4)溜井位置与采掘工作面的运距最短,采用汽车运输时,可设在采场内部,并设备用溜井。

(2)平硐位置应根据工业场地和溜井位置确定,其确定原则如下:

1)平硐长度最短。

2)采场内运输距离最短。

3)平硐所通过的岩层要稳固或基本稳固,避免把平硐布置在滑坡、泥石流区内或较大的断层破碎带地段内。

4)平硐底板标高要高于最高洪水位标高,向外有一定纵向坡度。

211. 何谓溜井降段,如何保障其顺利进行?

当溜井布置在矿体或采场内部时,随着开采水平的下降,溜井口也要降低到相应的水平,此过程即为溜井降段。溜井降段一般每次降低一个台阶高度。降段期间,溜井停止放矿,为保证露天矿生产能力,可利用备用溜井辅助放矿。

溜井降段时,溜井周围的矿石可用浅孔爆破,以免产生大块,落入溜井引起堵塞。采用深孔爆破时,应加密孔网参数,多装药。爆破前应用矿石填满溜井,可起挤压作用,改善爆破质量同时防止大块进入溜井。

212. 生产中如何预防溜井堵塞或跑矿?

堵塞和跑矿是溜井主要事故类型,对露天矿正常生产和作业人员的安全影响极大。引起堵塞的原因有:溜井结构参数不合理;含粉矿和泥量较多,以及渗入一定的水分;在溜矿段的矿石冲击下,使贮矿段矿石夯实,增加了矿石的黏结性,因而引起结块堵塞。跑矿多发生在处理溜井堵塞时,矿石突然大量下落,产生巨大的冲击作用力,破坏放矿闸门;雨季时,溜井中的矿石含泥水过多,阻力减少,或者因溜井堵塞积水很多,均易造成跑矿事故。总之,溜井内矿石含水量增加是引起堵塞和跑矿的重要原因,为防止在生产中溜井堵塞和跑矿,可采取以下措施:在上部溜槽两侧设截水沟或防水墙;合理确定溜井结构参数,改进放矿闸门结构;加强放矿管理,如定期清理积聚的粉矿,雨季时减少贮矿量,溜井中积水时暂不放矿。

213. 何谓新水平准备工程?

露天矿开采过程中,只有不断地开辟新的工作台阶,才能保证矿山持续生产。开辟新工作台阶的作业就是新水平准备工程。掘沟工程包括建立上下两个台阶的运输通路而掘的出入沟、为开辟新台阶的工作线而挖掘的开段沟、为掘沟而在上水平所进行的扩帮工作。

214. 汽车运输掘进出入沟、开段沟有何优点?

与铁路运输相比,汽车运输具有高度的灵活性,适合于在狭窄的掘沟工作面工作,使挖掘机装车效率能得到充分发挥,是提高掘沟速度的有效方法。在保证汽车供应的条件下,掘沟铲的生产能力可达正常工作铲能力的80%~90%。汽车运输掘沟的优点主要是工作机动灵活,没有移设线路和爆破埋道的问题,汽车可停靠至挖掘机的有利装载位置,所需入换时间短,供车较及时,因此可提高挖掘机的生产能力和掘沟速度。

215. 倒堆掘沟法有哪几类?

倒堆掘沟是用挖掘设备将沟内岩石直接倒至沟旁排弃,或用定向抛掷至沟外,而不需运输设备。采用挖掘机掘山坡露天矿单壁沟时,常用挖掘机将岩石直接倒至沟旁的山坡堆置。掘双壁沟时,是用挖掘机向沟的一侧或两侧上部直接堆积岩石(图4-13)。抛掷爆破掘沟法是沿沟道合理布置药室,采用定向抛掷法将岩石破碎并抛掷到堑沟外的一侧或两侧(图4-14),此法掘沟速度快,但炸药消耗大,掘沟成本高,残岩不易清理,爆破震动及岩石散落范围大。它适用于矿山基建期沿山坡掘进的单壁沟。

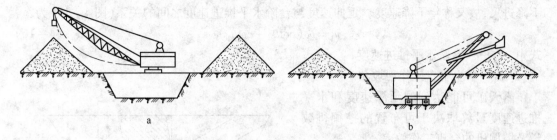

图 4 - 13 倒堆法掘进双壁沟示意图

a—索斗铲倒堆掘进;b—机械铲倒堆掘进

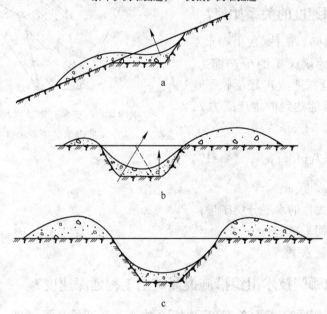

图 4 - 14 定向抛掷爆破掘沟示意图

a—山坡地形单侧定向爆破;b—平坦地形单侧定向爆破;c—双侧抛掷爆破

216. 影响露天矿生产能力的主要因素有哪些?

露天矿生产能力通常用矿石产量和矿岩年采剥总量两个指标来表示。因为每个露天矿的矿床赋存条件、开拓方法等各不相同,生产剥采比差别很大,生产能力只用矿石年产量表示,不能充分反映露天矿的生产规模,而应同时采用年采剥总量共同表示。

影响露天矿生产能力的主要因素:

(1)矿体自然条件,即矿物在矿床中的分布、品位和储量。

(2)开采技术条件,即开采程序、装备水平、生产组织与管理水平等。

(3)市场,即矿产品的市场需求及产品价格。

(4)经济效益,即矿山企业在市场经济环境中所追求的主要目标。

217. 矿山工程延深速度与水平推进速度之间的关系如何?

矿山工程延深速度 v_h(m/a)是根据新水平的准备时间所完成的阶段高度,折合成每年

下降进尺,故又称年下降速度。延伸速度与台阶水平推进速度之间的关系(图4-15)为:

$$v_1 = v_h(\cot\theta_u + \cot\theta_1) \qquad (4-16)$$

式中　v_1——台阶水平推进速度;

　　θ_u, θ_1——上下盘工作帮坡角。

露天矿可能达到的延深速度和水平推进速度最终取决于可布置的挖掘机数量及挖掘机的台班工作效率。

218. 露天矿可能达到的生产能力与垂直延深速度的关系如何?

对于倾斜和急倾斜矿体,矿山新水平准备工程往往制约露天矿的生产能力。而矿山工程垂直延深速度正好反映了这一特点。露天矿可能达到的生产能力 P_a 与垂直延深速度 v_h 的关系为:

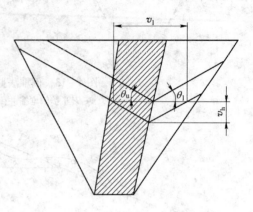

图 4-15　采场延深速度与台阶水平推进速度关系示意图

$$P_a = \frac{v_h}{H} T_b \eta(1+\rho) \qquad (4-17)$$

式中　H——台阶高度,m;

　　T_b——有代表性的水平分层矿量;

　　η——矿石回采率,%;

　　ρ——废石混入率,%。

219. 可采取哪些技术组织措施提高矿山工程延深速度?

矿山工程延深速度的提高,关键在于缩短新水平开拓准备时间,为此,可以采取以下措施:

(1)提高采装运输设备的生产能力。

(2)增加扩帮与掘沟的平行作业时间。汽车运输可大大缩短采区长度,能更多地进行平行作业,以缩短新水平开拓的准备时间。

(3)安排好新水平开拓准备工程发展程序,确保重点工程地段的掘进。

(4)处理好上部水平扩帮与新水平开拓准备工程发展的关系。上部水平采剥工作的开展,不应限制和阻碍下部新水平开拓准备工程的进行。

220. 露天矿投产必须具备哪些条件?

基建结束便可投产,矿山投产一般应具备以下条件:

(1)正常生产所必需的外部运输、供电及供水等及环保、工业卫生设施建成完整系统。

(2)破碎、选矿、压气站、提升机房、机修等设施应全部或分期建成满足生产需要的规模。

(3)矿山的内部已建成完整矿石和废石运输系统。

(4)投产时应保有与生产规模相适应的储备矿量。

（5）投产后产量有持续增长的能力,投产时生产能力达到规定的指标。

221. 何谓露天矿储备矿量,其保有期限如何确定?

露天矿储备矿量指已完成一定的开拓准备工程,能提供近期生产的储量。储备矿量随生产进行不断减少,又随开拓工程的完成不断得到补充。使储备矿量保持一定数量,是保证矿山可持续生产的有效方法,也是衡量矿山是否贯彻"采剥并举,剥离先行"方针的指标。储备矿量按开拓矿量和回采矿量两级划分(表4-1)。

开拓矿量是指设计开采境界内,开拓工程已完成,主要运输枢纽已形成,形成运输、防排水系统,具备进行扩帮或回采工程条件该水平以上的矿量。对山坡露天矿而言,指已经形成入车段沟工程;对深凹露天矿而言,指已完成出入沟工程。

回采矿量是开拓矿量的一部分,台阶上矿体上面和侧面已揭露,相邻的上部台阶停止工作,保留最小工作平盘宽度能采出的那部分矿量。

表 4-1 储备矿量的划分

台阶开拓情况	图　　示
台阶开拓工程刚完成时的情况,开拓矿量最多	
正常扩帮时情况,开拓矿量逐渐减少	
新台阶开拓工程将要完成时情况,开拓矿量最少	
图　例	开拓矿量　　　　回采矿量 B_{min}—最小工作平盘宽度

222. 当工作帮坡角不变条件时,生产剥采比如何变化?

当工作帮坡角不变时,一般而言,对于倾斜或急倾斜,厚度随埋深变化不大的矿体,生产剥采比随矿山工程的延深而变化巨大,首先大量剥离,随后开始出矿,这时生产剥采比随工程延深而不断增大,达到一个最大值后开始减少。这个最大值期间称为剥离洪峰或剥采比高峰。这个高峰大致出现在工作帮坡面到达地表境界时的开采位置。对于近水平矿床,若矿层厚度和地形变化不大时,剥采比的变化幅度很小。露天矿延深一个台阶所采矿岩量与生产剥采比变化如图 4 - 16 所示。

223. 为什么要调整生产剥采比?

　　正常情况下,要求露天矿的矿石产量大致不变,为了更有效地使用露天矿的大型机械设备,其数量也应相对稳定。如果生产剥采比不断大幅度变化,露天矿的年矿岩总量也随之变化,这在短期内就要改变生产使用的采掘、运输设备数量,到剥采比高峰期,更要求短期集中大量设备和相应的辅助设施,配备足够的人员,高峰过后又要削减,这样短期的波动,必将降低设备的利用率,使基建费用增大,生产成本增高,使露天矿的生产组织工作复杂化,因此,必须对生产剥采比进行调整,使之在一定时期内相对稳定,以达到经济合理采矿的目的。

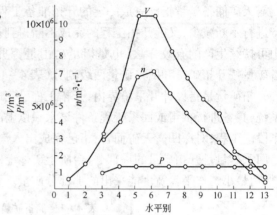

图 4 - 16　露天矿延深一个台阶所采矿岩量
与生产剥采比变化示意图
P—矿石量;V—岩石量;n—生产剥采比

224. 影响生产剥采比的因素有哪些?

　　(1)自然因素:包括地质构造,地形、矿体的埋藏深度、厚度、倾斜角和形状等。这些因素是客观存在的,人们只能通过地质勘探工作充分认识它们,以便更准确地掌握生产剥采比的变化规律。

　　(2)技术因素:包括开拓方法、开拓沟道的位置、工作线的推进方向、矿山工程延深方向以及开段沟长度、工作帮坡角等。这些都是人为因素,可以按照客观规律,根据需要予以改变,使生产剥采比实现长期均衡。

225. 如何通过生产剥采比调整降低剥离高峰?

　　(1)改变工作平盘宽度调整生产剥采比。用改变台阶间的相互位置即改变工作平盘宽度的方法,可以将生产剥采比高峰期间的一部分岩石提前或移后剥离,从而减少高峰期生产剥采比的数值。

　　如图 4 - 17 所示,在剥离高峰期被提前完成的剥离量为 ΔV_1,移后完成的剥离量为 ΔV_2,则减少的生产剥采比 Δn 为:

$$\Delta n = \frac{\Delta V_1 + \Delta V_2}{P_h} \qquad (4-18)$$

式中　P_h——剥离高峰期采出的矿石量。

　　改变工作平盘宽度容易实现,一般适用原有的生产工艺,不影响总的开拓运输系统,是露天矿调整生产剥采比的主要措施之一。

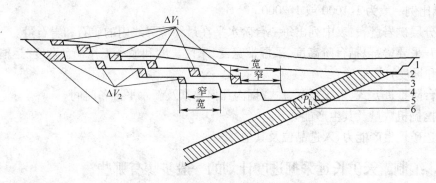

图 4－17　改变台阶相互位置调整生产剥采比

（2）改变开段沟长度和位置调整生产剥采比。开段沟的最小长度一般不小于采掘设备所要求的采区长度。采用汽车运输比较灵活，开段沟长度变化的余地更大。新水平开拓准备时，在覆盖层较薄和矿体较厚的区段先掘开段沟，然后再逐步延长的发展方式能达到较好效果。采用逐步延长开段沟长度和扩帮平行作业发展方式与掘完开段沟全长后再进行扩帮的发展方式相比，生产剥采比相对比较平缓，出矿前剥岩量减少，剥岩高峰值下降。此法对汽车运输开拓比较适宜。

（3）改变矿山工程延深方向或工作线推进方向调整生产剥采比。

226.　为什么要编制采掘计划,可分为哪几类?

发达国家的大型露天矿几乎全采用分期开采，故编制长远采掘计划主要包括确定每一分期境界和各分期境界内的台阶开采顺序（包括分期间的过渡）。在生产中要保证采矿工作稳定、协调地生产，制定周密的开采计划极为重要。采掘计划分长远计划和短期计划两种。

（1）长远计划：按年编制的长远计划主要任务是确定露天矿基建时间、基建工程量、投产、达产时间、矿岩生产能力、工作线逐年推进位置、矿山采剥总量、剥采比均衡，以及各时期所需设备、人员和材料及其他矿山设施等。长远计划的每一计划期一般为一年，计划总时间跨度为矿山整个开采寿命周期。长远计划是确定矿山基建规模、不同时期的设备、人力和物资需求、财务收支和设备添置与更新等的基本依据，也是对矿山项目进行可行性评价的重要资料。长远计划基本上确定了矿山的整体生产目标与开采顺序，并且为制定短期计划提供指导。

（2）短期计划的一个计划期一般为一个季度（或几个月），其时间跨度一般为一年。短期计划除考虑前述的技术约束外，还必须考虑诸如设备位置与移动、短期配矿、运输通道等更为具体的约束条件。短期计划既是长远计划的实现，又是对长远计划的可行性的检验。

227.　手工方法编制露天矿长远采掘进度计划需要哪些基础资料?

（1）地表地形图：图上绘有矿区地形等高线和主要地貌特征。图纸比例一般为1∶1000或1∶2000。

（2）台阶分层平面图：图上绘有每一台阶水平的地质界线（包括矿岩界线）和最终境界

线。图纸比例一般为 1∶1000 或 1∶2000。

(3)分层矿岩量表:表中列出每一台阶水平在最终境界线内的矿石和岩石量。

(4)开采要素:包括台阶高度、采掘带宽度、采区长度和最小工作平盘宽度、运输道路要素(宽度和坡度)等。

(5)台阶推进方式、采场延深方式、掘沟几何要素及新水平准备时间。

(6)挖掘机数量及其生产能力。

(7)选矿厂生产能力、入选品位及其他。

228. 编制露天矿长远采掘进度计划的一般步骤有哪些?

编制采掘进度计划从第一年开始,逐年进行,主要工作是确定各水平在各年末的工作线位置、各年的矿岩采剥量和相应的挖掘机配置。

第一步:在分层平面图上逐水平确定年末工作线位置。

第二步:确定新水平投入生产的时间。

第三步:编制采掘进度计划表。

第四步:绘制露天矿采场年末综合平面图。

229. 何谓露天矿陡帮开采,加陡工作帮坡角的技术措施有哪些?

(1)采用缓帮,即台阶全面开采时,工作帮坡角一般为 8°~15°,采用陡帮,即台阶轮流开采时,工作帮坡角可达 25°~35°;有时还更大,接近最终边坡角。

陡帮开采时,工作帮上不是每个台阶布置挖掘机,即不是每个台阶都处于作业状态,其中一部分台阶是作业台阶,另一部分则是暂不作业台阶。作业台阶和暂不作业台阶轮流开采(图 4-18)。

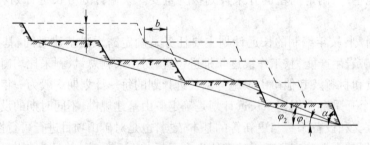

图 4-18　组合台阶加陡工作帮

α—台阶坡面角;φ_1—不用组合台阶的工作帮坡角;φ_2—用组合台阶的工作帮坡角;
b—临时平台宽度;h—台阶高度

作业台阶保留最小工作平盘宽度,暂不作业台阶只保留很窄的平台。其值在弓长岭独木采场取 15m,浏阳磷矿山田湾采场取 10m。两个台阶还可以并段。

(2)为了实施陡帮开采,加陡工作帮坡角,还可以采取其他一些技术措施:

1)横向采掘(图 4-19)。陡帮开采时实体采掘带宽度即爆破进尺比较大,其值从几十米到上百米,大大超过挖掘机一次可能采掘的宽度。为了充分利用采掘后作业空间进行调车和其他作业,挖掘机有时作横向采掘。

2)纵向爆破。缓帮开采时,一般实行横向爆破,爆堆在平盘中所占的宽度很大,因而增加了工作平盘宽度。为了减少工作平盘宽度,实行纵向爆破,爆堆亦纵向布置。

3)采用深度法设置备采矿量。备采矿量的设置方法可以分为宽度法、长度法和深度法。当采用深度法设置备采矿量时,剥岩帮坡角越陡,备采矿量越大;采矿工作帮坡角越缓,备采矿量越大。这是对陡帮开采极为有利的。

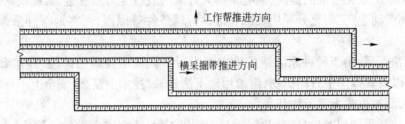

图 4 - 19　横向采掘加陡工作帮

230. 何谓露天矿分期开采,其原则是什么?

露天矿分期开采是在矿山储量较大,开采年限较长时,选择矿石多,岩石少,开采条件较好的地段作为第一期开采,以较少的基建投资,较低的矿石成本生产,使矿山早日投产和达产,把大量岩石推迟到以后剥离。矿体上部覆盖层很厚的矿山,采用分期开采效果最好。

分期开采有两种情况:一种是按设计安排在露天矿最终境界范围内划分几期小境界。另一种情况是非预见性的,由于探明了新的储量或技术经济效益的改善,矿石边界品位降低,生产矿山将原设计的最终境界加以扩大,如大冶铁矿等。

对倾斜和急倾斜矿体延伸较深、厚度较大时,可在深度上划分几个时期,从上而下分期开采,金属矿山常用这种形式。对缓倾斜和水平矿体沿走向较长,覆盖岩层厚度、矿体厚度及质量变化较大时,可沿走向方向划为若干个开采区域,按一定顺序先后开采;应优先在覆盖岩层较薄,矿量多,矿石品位高,开采条件好的区段先开采,这种方式亦称分区开采,如金堆城钼矿、峨口铁矿采用分区开采。

露天矿分期开采的原则如下:

(1)分期开采时,第一期小境界的正常生产年限应在 10 年以上。

(2)第一期生产的排土场应设在后期最终境界以外,以免排土场二次倒排。在特殊情况下,排土场也有放在后期最终境界内的,待将来再转排,但需进行技术经济比较后确定。

(3)圈定第一期小境界时,应考虑第一、二期开采工艺的有机联系。

(4)扩帮过渡时间不宜太短,否则每年安排的过渡工程量很大,使剥采比过大且过渡后设备不能充分利用。大型矿山过渡期应在 10 年左右。

(5)采场内有需要迁移的地表河流和重要交通路线,有需要搬迁的重要建筑物等,为了推迟它们的搬迁,尽可能把它们圈定在第一期生产境界之外。

(6)第一期小境界的边坡可按两种方式决定:一是按最终开采境界的条件来决定;另一个是每隔一定高度预留接渣平台,以准备扩帮过渡。

231. 露天法回采地下矿柱和残矿的应用条件及优越性有哪些?

(1)由地下开采过渡为露天法开采,在经济合理剥采比允许的条件下,大体有以下几种情况:

1)本来适于露天法开采的矿床,因为缺乏投资或露天装备条件而被迫改为地下开采。后来,随着国家工业化水平的提高,拥有了露天开采的装备能力和资金,为提高矿山产量,降低成本,提高劳动生产率,充分利用资源和改善劳动条件等原因,而将地下开采改为露天法开采。

2)地下法开采,由于种种原因造成采空区中留有大量不规则的矿柱、残矿和未开采的低品位矿石以及其他伴生有用矿物,继续用地下法开采,技术上复杂、安全上不可靠、资源回收率很低时,而被迫改为露天法开采。

3)地下法开采预留的矿柱,发生了错动、倒塌,或者是含硫自燃发火严重,地下法难以继续进行。当经济合理剥采比允许时,可改为露天法开采。

4)同一矿床用地下、露天联合开采的矿山,过去用矿石成本法相等的原则确定的露天开采境界偏小时,为充分发挥露天开采的优越性,往往采取延深露天开采境界或向走向两端扩大露天开采境界,用露天法来回采地下法预留的矿柱,以扩大露天开采的比重。

5)一个大型或特大型露天矿,其矿床品位分布不均,上部低深部高,或者是上部矿石氧化程度大,选矿技术尚未过关。为了满足国家急需并缓和投资、技术等矛盾,可以先用地下法在露天境界内的深部回采矿房,以后待投资、技术等条件具备时,再停止地下开采,恢复自上而下的露天矿的建设和开采。这样,地下开采预留的矿柱,就需要用露天法来开采。

(2)优越性:

1)生产能力大。

2)资源回收多。

3)劳动生产率高。

4)安全事故少。

5)生产成本低、利润高。

第五章　地下矿床开拓

232. 何谓地下金属矿床开拓?

为了开采地下矿床,需从地面掘进一系列巷道通达矿体,使之形成完整的提升、运输、通风、排水和动力供应等系统,称为矿床开拓。矿床地下开拓方法可分为两大类:单一开拓法和联合开拓法。单一开拓法包括平硐开拓法、斜井开拓法、竖井开拓法和斜坡道开拓法。联合开拓法包括平硐和井筒联合开拓法及明井与盲井联合开拓法。

233. 合理的开拓方案应满足哪些条件?

(1)保证基建和生产的安全、可靠、方便。
(2)力求开拓工程量少,基建投资少,投产快。
(3)最大限度采出资源。
(4)便于远景的开发。

234. 何谓主要开拓巷道?

为进行矿床开拓而掘进的各种井巷称为开拓巷道。一般有平硐、竖井、斜井、斜坡道、井底车场、石门、阶段运输巷、溜矿井、充填井等,以及井底车场周围设置的各种硐室,如图5-1所示。运送矿石的开拓巷道称为主要开拓巷道,如提升和运输矿石的竖井、斜井、平硐和斜坡道等。开拓方法是以主要开拓方法的类型命名的。

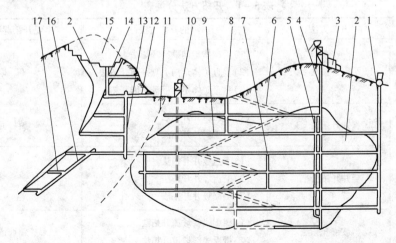

图 5-1　开拓巷道名称示意图

1—风井;2—矿体;3—选矿厂;4—箕斗提升井;5—主溜井;6—斜坡道;
7—溜井;8—充填井;9—阶段运输巷道;10—副井;11—大断层;12—主平硐;
13—盲竖井;14—溜井;15—露天采矿场;16—盲斜井;17—石门

235. 何谓矿田、井田？

划归一个矿山企业开采的全部矿床或其中一部分称为矿田。在一个矿山企业中划归一个矿井或一个坑口开采的全部矿床或其中一部分称为井田。矿田有时等于井田，有时包括几个井田，见图 5 – 2 所示。

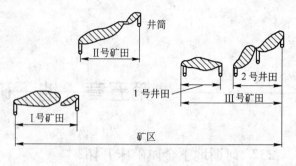

图 5 – 2　矿区、矿田和井田

236. 何谓平硐、竖井、斜井、斜坡道？

平硐是铺设有运输线路的水平巷道。为了保证车辆和地下水流的运行，巷道内具有 3‰~7‰的坡度。平硐不同与隧道之处在于，平硐具有一端通达地表出口，隧道则有两个地表出口。

竖井是轴向垂直于水平面的巷道，主要用于提升矿石、废石、人员、设备和材料。竖井有两种分类方法：根据其在地表有无出口分为明竖井和盲竖井，根据提升容器的不同分为罐笼井、箕斗井和混合井。

斜井是其轴向与水平成一定倾角，功能与竖井相同的巷道。斜井也有两种分类方法：根据提升容器的不同分为箕斗井和串车斜井，根据在地表有无出口分为明斜井和盲斜井。

斜坡道是坡道小、不铺设轨道、方向变换灵活的巷道，主要供运行无轨运输设备使用。

237. 井下矿床开拓方法如何分类？

单一开拓法可按照主要开拓巷道与矿体的位置关系分类，联合开拓法可按照主要开拓巷道的组合方式分类。开拓方法分类见表 5 – 1。

表 5 – 1　开拓方法分类表

开拓方法分类	开拓方法	典型的开拓方法	主要开拓巷道类型
单一开拓法	1. 平硐开拓法	(1)沿矿体走向平硐开拓法 (2)垂直矿体走向上盘平硐开拓法 (3)垂直矿体走向下盘平硐开拓法	平　硐
	2. 斜井开拓法	(1)脉内斜井开拓法 (2)下盘斜井开拓法	斜　井
	3. 竖井开拓法	(1)下盘竖井开拓法 (2)上盘竖井开拓法 (3)侧翼竖井开拓法	竖　井
	4. 斜坡道开拓法	(1)螺旋式斜坡道开拓法 (2)折返式斜坡道开拓法	斜坡道
联合开拓法	1. 平硐与井筒联合开拓法	(1)平硐与盲(明)竖井联合开拓法 (2)平硐与盲(明)斜井联合开拓法	平硐、竖井 平硐、斜井

开拓方法分类	开拓方法	典型的开拓方法	主要开拓巷道类型
联合开拓法	2. 明竖(斜)井与盲竖(斜)井	(1)明竖井与盲竖井联合开拓法 (2)明竖井与盲斜井联合开拓法 (3)明斜井与盲竖井联合开拓法 (4)明斜井与盲斜井联合开拓法	明竖(斜)井 与盲竖(斜)井

238. 平硐开拓法及其使用条件是什么?

平硐开拓法是一种最安全、最方便、最经济的开拓方法,适用于山区、地形有利的情况。当矿体全部或大部分赋存于当地水平基准面以下时,应优先使用平硐开拓法。典型的平硐开拓方案有:沿矿体走向平硐开拓法、垂直矿体走向上盘平硐开拓法和垂直矿体走向下盘平硐开拓法。

(1)沿矿体走向平硐开拓法。当矿脉侧翼沿山坡露出时,平硐可沿矿脉走向掘进,称为沿脉平硐开拓法。平硐一般设在脉内;但当矿脉厚度大且矿石不够稳固时,则平硐设于下盘岩石中。

图 5-3 表示脉内沿脉平硐开拓法。I 阶段采下的矿石经溜井 5 溜放至 II 阶段,再由主溜井 3 或 4 溜放至主平硐水平。II、III、IV 阶段采下的矿石经主溜井 3 或 4 溜放至主平硐水平,并由主平硐运出地表,形成完整的运输系统。人员、设备、材料等由辅助盲竖井 2 提升至各阶段。

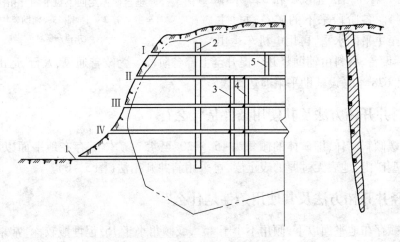

图 5 - 3　脉内沿脉平硐开拓法
1— 主平硐;2—辅助盲竖井;3,4—主溜井;5—溜井
I ~ IV—上部阶段平硐

这种开拓方法的优点是能在短期内开始采矿;各阶段平硐设在脉内时,在基建开拓期间内便可采出一部分矿石,以抵偿部分基建投资。平硐还可以补充勘探资料。

(2)垂直矿体走向上盘平硐开拓法。当矿脉与山坡的倾斜方向相同时,则由上盘掘进平硐穿过矿脉开拓矿床,这种开拓法称为上盘平硐开拓法。图 5-4 所示为垂直矿体走向上盘平硐开拓法,图 5-4 中 V_{24}、V_{26} 表示急倾斜矿脉。各阶段平硐穿过矿脉后,再沿矿脉掘沿脉巷道。各阶段采下来的矿石经溜井 2 溜放至主平硐水平,并由主平硐 3 运出地表。人员、设备、材料等由辅助盲竖井 4 提升至各个阶段。

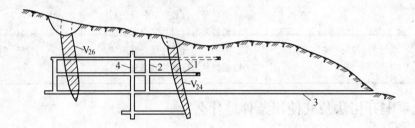

图 5 - 4　垂直矿体走向上盘平硐开拓法示意图
1— 阶段平硐;2—溜井;3—主平硐;4—辅助盲竖井

　　采用下盘平硐开拓法和上盘平硐开拓法时,平硐穿过矿脉,可对矿脉进行补充勘探。我国各中小型脉状矿床,广泛采用这种开拓方法。

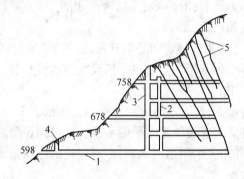

图 5 - 5　垂直矿体走向下盘平硐开拓法示意图
1—主平硐;2—主溜井;3—辅助竖井;
4—入风井;5—矿脉

　　(3)垂直矿体走向下盘平硐开拓法。当矿脉和山坡的倾斜方向相反时,则由下盘掘进平硐穿过矿脉开拓矿床,这种开拓方法叫做下盘平硐开拓法。图 5 - 5 所示为垂直矿体走向下盘平硐开拓法。该矿在 598 水平开掘主平硐 1。各阶段采下的矿石通过主溜井 2 溜放至主平硐水平,再用电机车运出硐外。人员、设备、材料由辅助竖井 3 提升至上部各阶段。为改善通风、人行、运出废石的条件,在 758 和 678 水平设辅助平硐通达地表。

239. 斜井开拓方法及其使用条件是什么?

　　倾斜或缓倾斜矿体,即矿体的倾角为 15°～20°至 45°,矿体赋存在地平面以下,且埋藏不深的中小型矿山,地表无过厚的表土层,可采用斜井开拓法(图 5 - 6)。

240. 竖井开拓方法及其使用条件是什么?

　　当矿体赋存在地平面以下,倾角不小于 45°,或倾角小于 15°但埋藏较深,常采用竖井开拓法。当采用一般的提升方法时,竖井的生产能力比斜井大,且易于维护,故竖井开拓是金属矿山最广泛采用的开拓方法。

　　根据竖井与矿体的相对位置,有以下几种开拓法:下盘竖井开拓法(图 5 - 7)、上盘竖井开拓法(图 5 - 8)、侧翼竖井开拓法(图 5 - 9)。

241. 斜坡道开拓方法及其使用条件是什么?

　　斜坡道开拓方法适用的一般条件为:矿体埋藏不深,开采范围不大,服务年限不长,矿山年产量较小且围岩稳定。其类型有螺旋式斜坡道(图 5 - 10)和折返式斜坡道(图 5 - 11)两种。在具体选用时,应考虑不同的适用条件。如果主斜坡道用于运输矿岩,且运输量较大,使用年限较长时宜采用折返式斜坡道。斜坡道与分段的开口位置可错开较远,当斜坡道兼作通风时,螺旋式斜坡道的通风阻力较大,但线路较短。

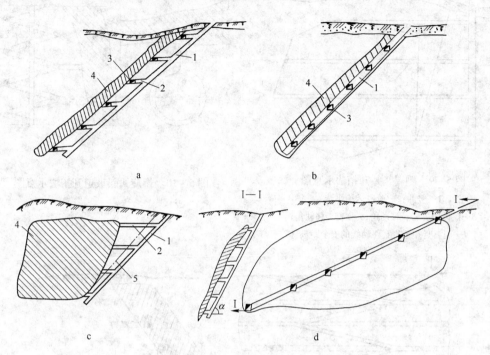

图 5-6　斜井开拓法示意图

a—下盘斜井开拓法;b—脉内斜井开拓;c—侧翼斜井开拓;d—伪倾斜斜井开拓

1—斜井;2—石门;3—沿脉巷道;4—矿体;5—崩落线

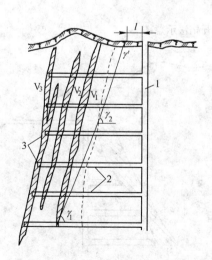

图 5-7　下盘竖井开拓法示意图

1—竖井;2—石门;3—阶段运输平巷

γ_1,γ_2—下盘岩石移动角;γ'—表土层移动角;

l—安全距离;V_1,V_2,V_3—矿体

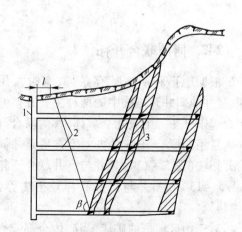

图 5-8　上盘竖井开拓法示意图

1—竖井;2—石门;3—阶段运输平巷

β—上盘岩石移动角;l—安全距离

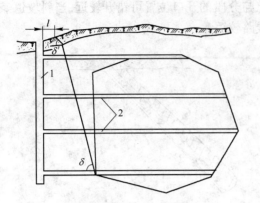

图 5-9　侧翼竖井开拓法示意图
1—竖井；2—阶段运输平巷
δ—矿体侧翼岩石移动角；δ′—表土移动角；
l—侧翼竖井至岩石移动线的安全距离

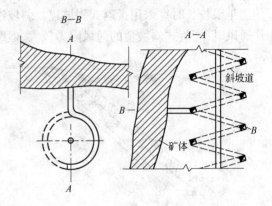

图 5-10　螺旋式斜坡道开拓法示意图

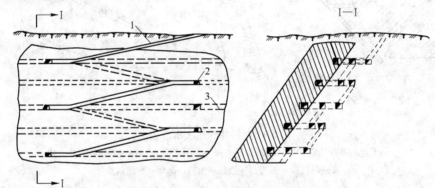

图 5-11　折返式斜坡道开拓法示意图
1—斜坡道；2—阶段石门；3—阶段运输平巷

242. 何谓联合开拓法？

根据地形和矿体赋存条件，有时需用平硐、竖井或斜井开拓法中的两种主要开拓巷道组合起来开拓一个或几个矿体，称为联合开拓法。常用的联合开拓方法主要有平硐井筒联合开拓法（图 5-12）、竖井与盲井联合开拓法（图 5-13）和斜井与盲井联合开拓法等（图 5-14）。

对于山区地形的矿床，当矿体全部或大部分位于当地水平基准面以下，且因条件所限不宜开掘明井筒时，矿体上部采用平硐开拓，下部采用与井筒联合的开拓方式，称为平硐井筒联合开拓法。

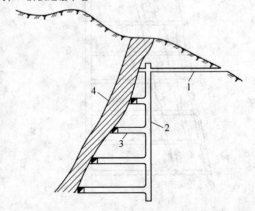

图 5-12　平硐与盲竖井联合开拓法示意图
1—平硐；2—盲竖井；3—石门；4—矿体

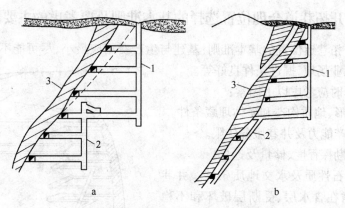

图 5 – 13　竖井与盲井联合开拓法示意图

a—竖井与盲竖井联合开拓法；b—竖井与盲斜井联合开拓法

1—竖井；2—盲井；3—矿体

对于倾角较陡且延伸较大的矿体或矿体群,地质储量为中型或偏大型矿山多采用上部明竖井,下部盲竖井或盲斜井的开拓方法。此种开拓方法称为竖井与盲井联合开拓法。

矿体上部用斜井开拓,下部用盲竖井或盲斜井开拓的联合开拓方法称为斜井与盲井联合开拓法。这种开拓法分斜井与盲竖井联合开拓法和斜井与盲斜井联合开拓法两种(图 5 – 14)。

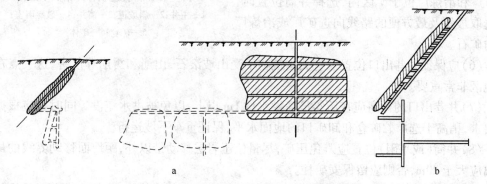

图 5 – 14　斜井与盲井联合开拓法示意图

a—斜井盲竖井联合开拓法；b—斜井盲斜井联合开拓法

243. 何谓斜坡道联合开拓法?

斜坡道开拓法与之竖井、斜井单一开拓相比,具有投产早、产量大、效率高、节省钢材等优点。但由于使用无轨自行设备受到合理运输距离的影响,仅在开拓 200 ~ 300m 范围内的矿体时可以充分发挥优势。因此在实践中常采用上部斜坡道开拓,下部平硐、竖井或斜井开拓的联合开拓方法,即斜坡道联合开拓法(图 5 – 15)。

244. 主要开拓井巷的选择应遵循哪些原则?

主要开拓巷道的类型根据矿山地形、地质条件和矿体赋存条件选定。在国内金属矿山中,埋藏在地平面以上的脉状矿床或矿床上部,多用平硐开拓。当地面为丘陵地区或地势较为平缓,埋藏在地面以下的矿床,多选用竖井开拓。

245. 主要开拓巷道合理位置选择的基本准则及要考虑的主要因素有哪些?

选择主要开拓巷道位置的基本准则:基建与生产费用应最小,尽可能不留保安矿柱,有方便和足够的工业场地,掘进条件良好等。

在具体选择时应考虑以下因素:

(1)矿区地形、地质构造和矿体埋藏条件。

(2)矿井生产能力及井巷服务年限。

(3)矿床的勘探程度、储量及远景。

(4)矿山岩石性质及水文地质条件。井巷位置应避免开凿在含水层、受断层破坏和不稳固的岩层中,尤其应避开岩溶发育的岩层和流沙层。井筒一般均应打检查钻孔,查明地质情况。选用平硐时,应制作好平硐所通过地段的地形地质纵剖面图,查明地质和构造情况,以便更好地确定平硐的位置、方向和支护形式。

(5)井巷位置应考虑地表和地下运输联系方便,应使运输功最小,开拓工程量最小。如果选矿厂和冶炼厂位于矿区内,选择井筒位置时,应选取最短及最方便的路线向选矿厂或冶炼厂运输矿石。

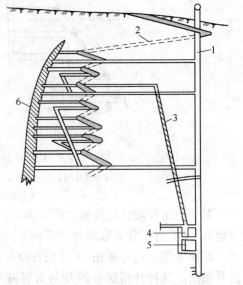

图 5 - 15　斜坡道联合开拓法示意图
1—主井;2—斜坡道;3—溜井;4—破碎硐室;
5—矿仓;6—矿体

(6)应保证井巷出口位置及有关构筑物不受山坡滚石、山崩和雪崩等危害,这一点在高山地区非常重要。

(7)井巷出口的标高应在历年最高洪水位 1m 以上,以免被洪水淹没。同时也应根据运输要求,稍高于选厂贮矿仓和卸矿口的地面水平,保证重车下坡运行。

(8)井筒(或平硐)位置应避免压矿,尽量位于岩层移动带以外,距地面移动界线的最小距离应大于 20m,否则应留保安矿柱。

(9)井巷出口位置应有足够的工业场地,以便布置各种建筑物、构筑物、调车场、堆放场和废石场等,但同时应尽可能不占农田(特别是高产农田)或少占农田。

(10)改建或扩建矿山应考虑原有井巷和有关建筑物、构筑物的充分利用。

246. 如何确定安全开采深度?

安全开采深度应大于采空区上部岩层的崩落高度与崩落带上部下沉的岩层厚度两者之和。开采后才能保证破坏区域不会波及地表深度。

安全开采深度(图 5 - 16)用式(5 - 1)表示

$$h' > h_1 + h \tag{5-1}$$

247. 何谓崩落带、移动带、崩落角、移动角?

地下采矿形成采空区以后,地表出现裂缝的范围内称为崩落带。

崩落带的外围即由崩落带边界起至出现变形的地点止,称为移动带(图 5 - 17)。

从地表崩落带的边界至开采最低边界的连线和水平面所构成的倾角,称为崩落角。

同样,从地表移动带边界至开采最低边界的连线和水平面所构成的倾角,称为移动角。影响岩层移动角的因素很多,主要是岩石性质、地质构造、矿体厚度、倾角、开采深度及使用的采矿方法等。

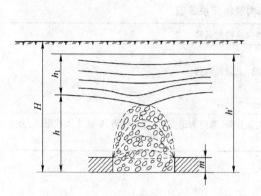

图 5 – 16　安全开采深度示意图

h'—安全开采深度;h—采空区上部岩层的崩落高度;
　h_1—崩落带上部下沉的岩层厚;m—开采厚度

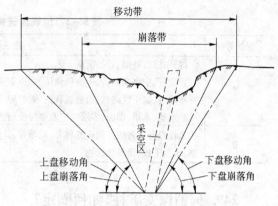

图 5 – 17　崩落带与移动带

248. 崩落带、移动带及保护带如何圈定?

首先以不同的角度作出多个剖面,在各个剖面中从最低一个开采水平的采空区底板起,根据岩石的性质选定的各层岩石崩落角和移动角,划出矿体上盘、下盘及两端的崩落和移动界限。如遇上部岩层发生变化,则按变化后的岩层的崩落角和移动角继续向上划作,并一直划到地表。这种划出的界限必与地表交成许多点,随后将各剖面上的这些交点分别用光滑的曲线连成闭合图形。这个闭合图形所圈定的范围便是地表和相应各阶段的崩落带和移动带。具体方法如图 5 – 18 所示。

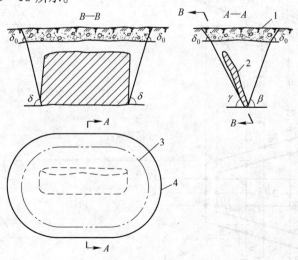

图 5 – 18　划定移动区和保护带界限示意图

1—表土层;2—矿体;3—地表移动区界限;4—保护带界限

保护带视保护物的保护等级在移动带外延 10～50m。受 Ⅰ 级保护的建筑物和构筑物，其移动界线外的安全距离应不小于 20m；受 Ⅱ 级保护的建筑物和构筑物，安全距离为不小于 10m；如地表有河流、湖泊则安全距离应在 50m 以上。地表建筑物和构筑物保护等级见表 5－2。

表 5－2　地表建筑物和构筑物保护等级

保护等级	建筑物和构筑物的名称
Ⅰ	提升井筒、井架、卷扬机房
	发电厂、中央变电所、中央机修厂、中央空压机站、主扇风机房
	车站、铁路干线路基、索道装载站、锅炉房
	贮水池、水塔、烟囱、多层住宅及多层公用建筑物
Ⅱ	未设提升装备的井筒—通风井、充填井、其他次要井筒、架空索道支架、高压线塔、矿区专用铁路线、公路、水道干线、简易建筑物

249. 何谓保安矿柱，如何圈定？

井筒、构筑物和建筑物需布置在地表移动带以外，但当受具体条件所限，需布置在地表移动带以内时，必须留足够的矿柱加以保护，此矿柱称为保安矿柱。

保安矿柱的圈定，是根据构筑物、建筑物的保护等级所要求的安全距离，沿其周边画出保护区范围，再以保护区周边为起点，按所选取的岩石移动角向下画移动边界线，此移动边界线所截矿体范围就是保安矿柱。图 5－19 所示为较规则的层状矿体保安矿柱的圈定方法。

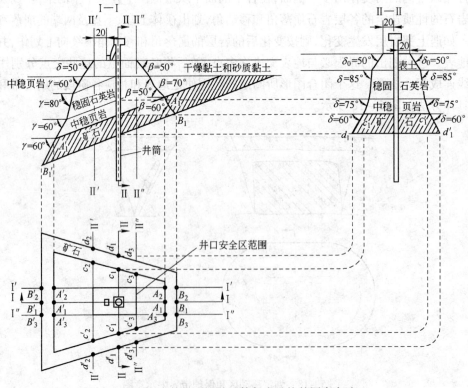

图 5－19　较规则层状矿体保安矿柱的圈定方法

（1）首先在井口平面图上画出安全区范围（井筒一侧自井筒边起距20m，另一侧自卷扬机房起距20m）。

（2）在此平面图上，沿井筒中心线作垂直走向剖面Ⅰ—Ⅰ，在这剖面井筒左侧，依下盘岩石移动角 γ 画移动线，井筒右侧依上盘岩石移动角 β 画移动线。井筒左侧和右侧移动线所截矿层的顶板和底板的点，就是井筒保安矿柱沿矿层倾斜方向在此剖面上的边界点，即点 A'_1、B'_1、A_1、B_1。

（3）将根据垂直走向剖面Ⅰ—Ⅰ所画岩层移动线所截矿层的顶板界点 A'_1 与 A_1、底板界点 B'_1 与 B_1，投影在平面图Ⅰ—Ⅰ剖面线上得 B'_1、A'_1、A_1、B_1 各点，这便是保安矿柱在这个剖面倾斜方向上的边界点。用同样方法可求得Ⅰ'—Ⅰ'剖面线上的边界点 B'_2、A'_2、A_2、B_2，以及Ⅰ"—Ⅰ"剖面线上的边界点 B'_3、A'_3、A_3、B_3。分别连接顶底板界点便得相应的界线。

（4）同理，根据平行走向剖面Ⅱ—Ⅱ画岩层移动线，得所截矿体的顶板界点 c_1 与 c'_1、底板界点 d_1 与 d'_1，将这些点转绘在平面图的Ⅱ—Ⅱ剖面线上得 d'_1、c'_1、c_1、d_1 各点，这便是保安矿柱在这个剖面上走向方向的边界点。用同样方法还可求得Ⅱ'—Ⅱ'剖面的边界点 d'_2、c'_2、c_2、d_2，以及Ⅱ"—Ⅱ"剖面的边界点 d'_3、c'_3、c_3、d_3。分别连接顶底板界点便得相应的界线。

（5）将倾斜方向矿柱顶底板界线和走向方向矿柱顶底板界线延长、相交；或在垂直走向方向和平行走向方向多作几个剖面，照上法求得顶底板界点和界线，连接起来，便得整个保安矿柱的界线。

250. 何谓最小运输功，它是确定井筒位置的唯一指标吗？

沿矿体走向位置的选择，在地形条件允许的情况下，主要从地下运输费用来考虑，而地下运输费用的大小取决于运输功的大小。运输功是矿石质量（t）与运输距离（km）的乘积，用吨公里表示。如果以吨公里的费用为常数，则最有利的井筒位置，其运输费用或运输功应最小。

在选择井筒沿走向位置时，不应只考虑地下运输功最小，而应结合地面运输方向，按地面运输费用与地下运输费用总和最小的原则来确定井筒的最优位置。例如当选矿厂在矿体一翼时，从地下及地表总的运输费用来看，井筒设在靠选矿厂的矿体一侧可能使总的运输费用最小。此外，地形、地质条件（图5-20）和井口工业场地等因素也会影响井筒位置的确定。所以，最小运输功仅是井筒位置选择的条件之一。

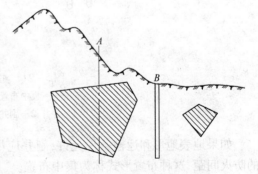

图 5-20　井筒位置的确定

A—井筒的合理位置；B—井筒的不合理位置

251. 辅助开拓巷道一般包括哪些设施？

除主要开拓巷道外，其他巷道在开采矿体中起辅助作用，如人员、设备、材料的上下，提升废石及兼作入风井，这类巷道称为辅助开拓巷道。辅助开拓巷道包括副井、通风井、溜矿井和充填井。

252. 副井硐有何作用,如何配置?

副井硐是指副井和副平硐,与主井、主平硐是相对应的,属Ⅰ级保护物。它的作用是帮助主井硐完成一定量的运输提升任务,并作为矿井的风道和安全通道。副井硐根据需要可安装提升或运输设备、行人管道间格,通过它辅助运输设备、材料和人员,或者废石和一部分矿石。

副井硐的配置,在不同的开拓方法中,有不同的配置要求。

竖井开拓时,用箕斗井或混合井作提升井时,由于井口卸矿会产生大量粉尘,影响入风,故安全规程规定,不允许箕斗井和混合井作为入风井。为解决入风问题,必须开掘副井,与出风井构成一个完整的通风系统。罐笼井也需与另掘专为排风的通风井构成成对的通风系统。斜井开拓时主斜井装备箕斗时,必须开掘副井;若主斜井装备胶带运输机,在胶带运输机一侧又铺设轨道作辅助提升时,可以不开副井;单独装备胶带运输机,仍需单独开掘副井。

平硐开拓,其辅助开拓系统有多种形式。

通过副井(竖井或斜井)联系平硐水平以上的各个阶段,此副井可以开成明井,直接与地面联系,也可开成盲井经主平硐与地面联系,提升量大的矿山应尽量采用明井。在主平硐水平以上每个阶段或间隔一个阶段用副平硐与地面联系,这种副平硐可用来通风或排放废石。若兼作其他辅助运输用时,要从地表修筑山坡公路或装备斜坡卷扬,以便和工业广场相联系。采用上面两种结合形式,即用副竖井提升人员、设备和材料,而用副平硐排放废石。

253. 主副井的布置方式有哪几种,各有何优缺点?

主副井的布置有集中布置和分散布置两种,如图5-21所示。

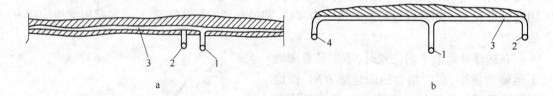

图5-21　主副井布置形式
a—集中布置;b—分散布置
1—主井;2—副井;3—平巷;4—风井

如果地表地形和运输条件允许,副井应尽可能和主井靠近,两井之间保持不小于30m的防火间距,这种布置形式称为集中布置。

如地表地形条件和运输条件不允许集中布置,则副井只能根据工业场地、运输线路和废石场位置等选点,两井筒相距很远,这种布置叫做分散布置。

集中布置方式的优点:

(1)工业场地布置集中,可减少平整工业场地的土石方量。

(2)井底车场布置集中,生产管理方便,可减少基建工程量。

(3)井筒相距较近,开拓工程量少,基建时间较短。

（4）井筒布置集中，有利于集中排水。

（5）井筒延深时施工方便，可利用一条井筒先下掘到设计延深阶段，则延深另一井筒时可采用反掘的施工方法。

集中布置方式的缺点：

（1）两井相距较近，若一井发生火灾，往往危及另一井筒的安全；

（2）主井与箕斗井，在井口卸矿时，粉尘飞扬至副井（当副井作为入风井时）附近，可能随风流进入地下，故在主井口最好安设收尘设施或主副井之间设置隔尘设施。

分散布置的优缺点，正好与集中布置相反。总的来看，集中布置的优点突出，只要地表地形条件和运输条件许可，应尽量采用。

254. 溜井如何分类?

溜井可分为主溜井、采场溜井两类。前者属于辅助开拓巷道，可供上部阶段转放矿石或废石至下部阶段、矿仓，可以为一个或多个阶段服务；后者属于采准巷道，可供采场内转放矿石到阶段运输巷道，可以为一个或多个采场服务。

255. 溜井有哪些结构形式?

国内金属矿山的主溜井，按外形特征与转运设施，有以下几种主要形式：

（1）垂直式溜井。从上至下呈垂直的溜井，如图 5－22a 所示。各阶段的矿石由分支斜溜道放入溜井。这种溜井具有结构简单、不易堵塞、使用方便、开掘比较容易等优点，故国内金属矿山应用比较广泛。它的缺点是贮矿高度受到一定的限制，放矿冲击力大，矿石容易粉碎，对井壁的冲击磨损较大。因此，使用这种溜井时，要求岩石坚硬、稳固、整体性好，矿石坚硬不易粉碎。溜井内应保留一定数量的矿石作为缓冲层。

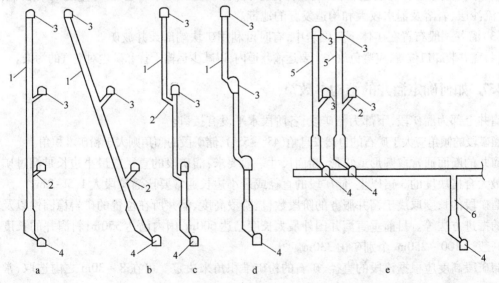

图 5－22　溜井的结构形式

a—垂直式溜井；b—倾斜式溜井；c—瀑布式溜井；d—接力式溜井；e—阶梯式溜井

1—主溜井；2—斜溜道；3—卸矿硐室；4—放矿闸门硐室；5—上段溜井；6—下段转运溜井

(2)倾斜式溜井。从上到下呈倾斜的溜井,如图 5 - 22b 所示。这种溜井长度较大,可缓和矿石滚动速度,减小对溜井底部的冲击力。只要矿石坚硬不结块,也不易发生堵塞,均可使用。溜井一般沿岩层倾斜布置可缩短运输巷道长度,减少巷道掘进工程量。但倾斜式溜井中的矿石对溜井底板、两帮和溜井贮矿段顶板、两帮冲击磨损较严重。因此,其位置应选择在坚硬、稳固、整体性好的岩层或矿体内。为了有利于放矿,溜井倾角应大于 60°。

(3)分段直溜井。当矿山多阶段同时生产,且溜井穿过的围岩不够稳固,为了降低矿石在溜井中的落差,减轻矿石对井壁的冲击磨损与夯实溜井中的矿石,而将各阶段溜井的上下口错开一定的距离。其布置形式又分为瀑布式溜井(图 5 - 22c)和接力式溜井(图 5 - 22d)两种。瀑布式溜井的特点是上阶段溜井与下阶段溜井用斜溜道相连,从上阶段溜井溜下的矿石经其下部斜溜道转放到下阶段溜井,矿石如此逐段转放下落,形若瀑布。接力式溜井的特点是上阶段溜井中的矿石经溜口闸门转放到下阶段溜井,用闸门控制各阶段矿石的溜放。优点是当某一阶段溜井发生事故时不致影响其他阶段的生产,缺点是每段溜井下部均要设溜口闸门,所以生产管理、维护、检修较复杂。

(4)阶梯式溜井(图 5 - 22e)。这种溜井的特点是上段溜井与下段溜井水平距离较大,故中间需要转运。这种溜井仅用于岩层条件比较复杂的矿山。例如,为避开不稳固岩层或在缓倾斜矿体条件下为缩短矿块底部出矿至溜井的运输距离时采用。

256. 溜井位置选择的原则有哪些?

选择溜井位置时,应注意以下基本原则:

(1)根据矿体赋存条件,应使上下阶段运输距离最短,开拓工程量小,施工方便,安全可靠,避免矿石反向运输。

(2)溜井应布置在岩层坚硬稳固、整体性好、岩层节理不发育的地带,尽量避开断层、破碎带、流沙层、岩溶及涌水较大和构造发育的地带。

(3)溜井一般布置在矿体下盘围岩中,有时可利用矿块端部天井放矿。

(4)溜井装卸口位置,应避免放在主要运输巷道内,以减少运输干扰和矿尘对空气的污染。

257. 如何确定溜井的结构参数?

溜井上部为溜矿段,下部为储矿段,各阶段水平设有接口。

溜矿段的倾角应大于矿石的自然安息角(45° ~ 55°),储矿段的倾角则大于粉矿堆积角。

溜井的断面通常取圆形或矩形,断面尺寸一般要求:溜矿段的直径或最小边长是溜过矿石的最大合格块度的 3 倍以上,储矿段的直径或最小边长通常要比溜矿段大 1.5 ~ 2m。

溜矿段的长度取决于溜井服务的阶段数目、阶段高度、溜井所在位置的矿岩稳固性以及溜井的掘进方法等。目前垂直溜井国外最大长度已达 600m,国内已达 350m;斜溜井的长度国内一般达 100 ~ 250m,个别矿山 330m。

储矿段高度应根据该段的直径、矿石的粉矿堆积角来决定。可在 8 ~ 30m 之内选取,常取 10 ~ 15m,储矿段与溜矿段之间,要以 45° ~ 60°的收缩角连接。

258. 何谓井底车场,确定井底车场形式的主要因素有哪些?

井底车场是连接井下运输和井筒提升的巷道和硐室的总称,如图 5 - 23 所示。

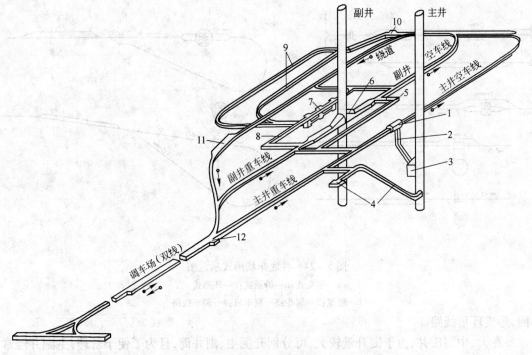

图 5 - 23　井底车场结构示意图

1—翻车机硐室;2—矿石溜井;3—箕斗装载硐室;4—回收粉矿小斜井;5—候罐室;6—马头门;
7—水泵房;8—变电整流站;9—水仓;10—清淤绞车硐室;11—机车修理硐室;12—调度室

井底车场的作用是提升矿石、废石和下送材料、设备等。同时,也为升降人员、排水及通风等工作服务。

确定井底车场形式的主要因素有:矿井生产能力、提升容器类型、运输设备和调车方式、井筒数量、各种主要硐室及其布置要求、地面生产系统要求、岩石稳定性、井筒与运输巷道的相对位置。

259. 井底车场主要有哪几类?

井底车场根据开拓方法的不同分为竖井井底车场和斜井井底车场。

竖井底车场按使用的提升设备分为罐笼井底车场、箕斗井底车场和罐笼－箕斗混合井井底车场三种;按服务的井筒数目分为单一井筒的井底车场和多井筒(如主井、副井)的井底车场;按矿车运行系统分为尽头式井底车场、折返式井底车场和环形井底车场三种(图5－24)。

(1)尽头式井底车场如图 5 - 24a 所示,用于罐笼提升,特点是井筒单侧进车、出车,空重车的储车线和调车场均设在井筒一侧,需从罐笼拉出空车后,再推进重车。这种车场通过能力小,故多用于小型矿井或副井。

(2)折返式井底车场如图 5 - 24b 所示,特点是井筒或卸车设备(如翻车机)的两侧均敷设线路,一侧进重车,另一侧出空车,空车经过另外敷设的平行线路或从原线路变头(改变矿车首尾方向)返回。当岩石稳固时,可在同一条巷道中敷设平行的折返线路;否则,需另行开掘平行巷道。

(3)环形井底车场如图 5 - 24c 所示,特点是由井筒或卸车设备出来的空车经由绕道返

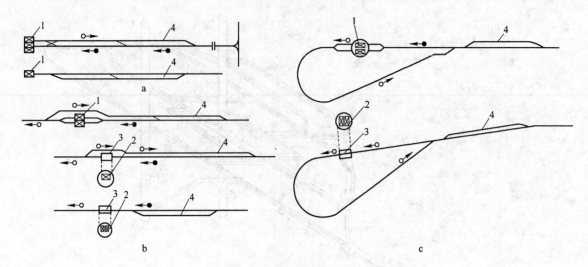

图 5 – 24　井底车场形式示意图

a—尽头式；b—折返式；c—环形式

1—罐笼；2—箕斗；3—翻车机；4—调车线路

回，形成环形线路。

　　在大、中型矿井，由于提升量较大，可分别开掘主、副井筒，且为了便于管理，主副井经常集中布置在井田的中央。图 5 – 25a 是双井筒的井底车场，主井为箕斗井，副井为罐笼井，

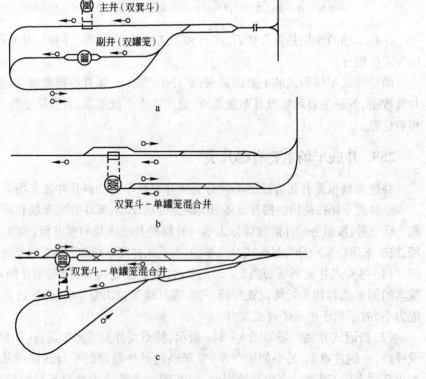

图 5 – 25　两个井筒式混合井的井底车场

a—主井双箕斗、副井双罐笼双环形井底车场；b—双箕斗单罐笼混合井折返 – 尽头式井底车场；

c—双箕斗单罐笼混合井环形 – 折返式井底车场

主、副井的运行线路均为环形,构成双环形井底车场。

　　为了减少井筒工程量及简化管理,在生产能力允许的条件下,也可用混合井代替双井筒;即用箕斗提升矿石,用罐笼提升废石,运送人员和材料、设备等。此时线路布置与采用双井筒时的要求相同。图5-25b为双箕斗单罐笼的混合井井底车场线路布置,其中箕斗提升的翻车机线路采用折返式车场,罐笼提升的线路采用尽头式车场。图5-25c也是混合井井底车场的线路布置,其中箕斗线路为环形车场,罐笼线路为折返式车场,通过能力比图5-25b所示的形式大。

　　斜井井底车场按矿车运行系统可分为折返式车场和环形车场两种,后者一般适于用箕斗或胶带提升的大、中型斜井中。金属矿山,特别是中小型矿山的斜井多用串车提升,串车提升的车场均为折返式。

　　串车斜井井筒与车场的连接方式有三种:第一种是旁甩式,即由井筒一侧(或两侧)开掘甩车道,串车经甩车道由斜变平后进入车场;第二种是斜井顶板方向出车,经吊桥变平后进入车场;第三种,当斜井不再延深时,由斜井井筒直接过渡到车场,即一般的平车场。

260. 井下硐室主要有哪些?

　　按照用途不同,有地下破碎及装载硐室、水泵房和水仓、地下变电所、地下炸药库及其他服务性硐室。

　　地下主要硐室一般多布置于井底车场附近。各种硐室的具体位置,随井底车场布置形式的不同而变化。这种硐室除满足工艺要求外,应尽量布设在稳定的岩层中,使生产上方便,技术上可行,经济上合理并能保证工作安全。

261. 地下破碎硐室的布置形式有哪些,各有何优缺点?

　　地下破碎站的布置形式及选择地下破碎站的布置形式一般有下列几种:

　　(1)分散旁侧式。如图5-26a所示,每个开采阶段都独立设置破碎站,随着开采阶段的下降,破碎站也随之迁至下部阶段。其优点是第一期井筒及溜井工程量小,建设投产快。缺点是一个破碎站只能处理一个阶段的矿石,每下降一个阶段都要新掘破碎硐室,总的硐室工程量大,总投资较多。分散旁侧式只适用于开采极厚矿体或缓倾斜厚矿体,阶段储量特大和生产期限很长的矿山。

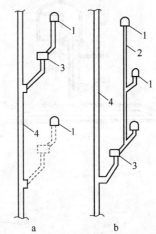

图5-26　地下破碎硐室的布置形式
a—分散旁侧式;b—集中旁侧式
1—运输阶段卸矿车场;2—主溜井;
3—破碎硐室;4—箕斗井

　　(2)集中旁侧式。如图5-26b所示,几个阶段的矿石通过主溜井溜放到下部阶段箕斗井旁侧的破碎站集中破碎。其优点是破碎硐室工程量较小,总投资较少。缺点是矿石都集中到最下一个阶段,第一期井筒和溜井工程量较大,并增加了矿石的提升费用。集中旁侧式适用于多阶段同时出矿,国内矿山采用较多。

　　(3)矿体下盘集中式。如图5-27所示,各阶段的矿石经矿体下盘分支溜井溜放到主溜井下的破碎硐室,破碎后的小块矿石经胶带输送机运至箕斗井旁侧的贮矿仓,然后再由箕

斗提至地表;当采用平硐溜井开拓时,破碎后的
矿石即由胶带输送机直接运至地表。其优点是
省掉了各阶段的运输设备和设施;缺点是分支溜
井较多,容易产生大块堵塞事故。矿体下盘集中
式适用于矿体比较集中、走向长度不大、多阶段
同时出矿的矿山。

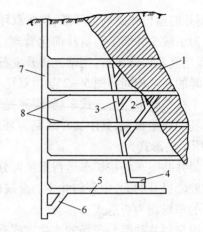

图 5 - 27　矿体下盘集中式破碎硐室
1—矿体;2—分支溜井;3—主溜井;
4—破碎站;5—转运巷道;6—贮藏仓;
7—箕斗井;8—阶段巷道

262. 井下水泵房和水仓的设置应注意哪些问题?

　　水泵房和水仓的设置决定于矿井总的排水
系统,同时,还受矿井的开拓系统的影响。

　　水泵房及水仓,在主排水阶段,通常设在井
底车场内副井一侧,将水汇流至水沟坡度最低处
的内外水仓。内外水仓轮换用来清除污泥。水
仓容积按不小于 8h 正常涌水量计算。水仓断面
一般 5 ~ 10m²。断面高度不低于 2m,同时应综合考虑围岩稳固、矿井涌水量、水仓布置和清
理设备外形尺寸等因素。水仓入口应设置水算子。

　　水仓水泵房配置结构如图 5 - 28 所示。

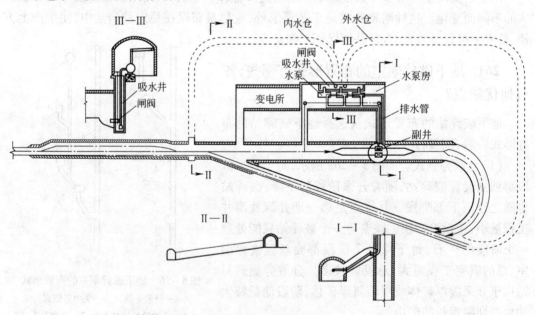

图 5 - 28　水泵房和水仓配置结构示意图

263. 井下变电硐室的设置应注意什么问题?

　　地下变电硐室一般与水泵房相邻或设在井筒附近,并接近电负荷中心,以减少电缆及基
建工程量。当变电硐室长度大于 10m 时,应有两个出口,一个与水泵房相连,另一个与井底
车场相通。变电硐室的底板标高应高出井底车场轨面标高 0.5m;如果变电硐室与水泵房相

邻时,其底板标高应高出水泵房底板 0.3m。

变电硐室的规格,应根据电气设备的配置、外形尺寸、设备的维修和行走安全间隙而定。硐室内各设备间应留通道,宽度应满足运送硐室中最大设备的需要,但不得小于 0.8m。设备与墙间应留安装通道,宽度不小于 0.5m。如果设备无需在后面或侧面进行检修,可不受上述条件限制。

264. 井下炸药库的设置应注意什么问题?

井下炸药库的位置应选择在运输方便、岩层稳定、干燥、通风良好的地方。一般地下炸药库形式如图 5-29 所示。

炸药库除设有存放炸药硐室外,还有雷管检查硐室、雷管加工硐室、放炮工具室、炸药发放室、电气设备室及消耗工具室等辅助硐室,这些硐室一般可利用通向库房巷道的尽头。

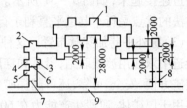

图 5-29　地下炸药库示意图
1—库房;2—雷管检查室;
3—放炮工具室;4—炸药发放室;
5—电器设备室;6—防火门;
7—栅栏;8—铁门;9—运输巷道

应注意的是地下炸药库距井筒、井底车场和主要硐室不得小于 100m,距经常行人的巷道不小于 25m,距地表不小于 30m。炸药库不应直接和主运输巷相通,一般应通过不少于三条互相连通并互成直角的巷道与主要运输巷道相通。炸药库应设两个出口,采用单独风流,照明用低电压、防爆及矿用密闭型。

265. 阶段运输巷道布置的基本要求有哪些?

(1)必须满足阶段运输能力的要求。一般阶段生产能力大时,多采用环形布置;阶段生产能力小时,可采用单一沿脉巷道布置。

(2)矿体厚度和矿石、围岩的稳固性。矿体厚度小于 4~15m,采用一条沿脉巷道;厚度在 15~30m,多采用一条(或两条)下盘沿脉加穿脉巷道,或两条下盘沿脉加联络巷道;极厚矿体多采用环形运输。

(3)应贯彻探采结合的原则。阶段运输巷道的布置,要既能满足探矿的要求,又能为今后采矿、运输所利用。

(4)必须考虑所采用的采矿方法(包括矿柱回采方法)。

(5)符合通风要求。

(6)系统简单,工程量小,开拓时间短。

(7)如果涌水量大,且矿石中含泥较多,则放矿溜井装矿口应尽量布置在穿脉内,以避免主要运输巷道被泥浆污染。

266. 阶段运输巷道布置形式有哪些?

(1)单一沿脉布置,可以分为脉内布置和脉外布置两种,根据线路布置形式可分为单线会让式和双线渡线式(图 5-30)。

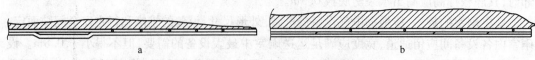

图 5-30　单一沿脉平巷布置示意图

a—单线会让式；b—双线渡线式

（2）下盘沿脉双巷加联络道。沿走向下盘布置两条平巷，一条为装车巷道，一条为行车巷道，每隔一定距离用联络道连接起来，如图 5-31 所示。这

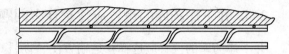

图 5-31　下盘沿脉双巷加联络道示意图

种方法的优点是行车巷道平直利于行车，缺点是掘进量大。

（3）脉外平巷加穿脉布置。这种布置在沿脉巷道中铺设双线，穿脉巷道中铺设单线，沿脉巷道中双线用渡线联结，沿脉和穿脉用单开道岔连接，其优点是阶段运输能力大，穿脉巷道装矿方便、安全、可靠，还可起探矿作用，缺点是掘进工程量大，如图 5-32 所示。这种布置多用于厚矿体，阶段生产能力在 60～150 万 t/a 的矿山常用此种布置方式。

（4）上下盘沿脉加穿脉布置。从线路布置上讲设有重车线、空车线和环形线，环形线既是装车线，又是空、重车线的连接线。从卸车站驶出的空车，经空车线到达装矿点装车后，由重车线驶回卸车站。环形运输的最大优点是生产能力很大，穿脉装车安全方便，也可起探矿作用；缺点是掘进量很大。这种布置通过能力可达 100～300 万 t/a，所以多用在规模大的厚和极厚矿体中，也可用于几组互相平行的矿体中。

当开采规模很大时，采用双线环形布置，如图 5-33 所示。

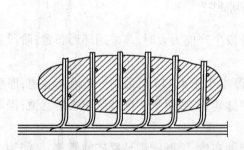

图 5-32　脉外平巷加穿脉布置示意图

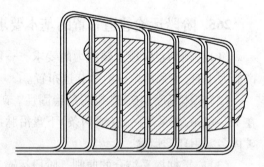

图 5-33　环形运输布置示意图

（5）平底装车布置。这种布置方式是由于采用平底装车结构和无轨装运设备的出现发展起来的。矿石运输方式有两种：一是由装岩机将矿石装入运输巷道的矿车中，再由电机车拉走；二是由铲运机在装运巷道中铲装矿石，运至附近的溜井卸载，如图 5-34 所示。

267. 选择开拓方案的基本要求有哪些？

矿床开拓是矿床开采的一个重要问题，往往决定整个矿山企业建设和生产的全貌，并与矿山总平面布

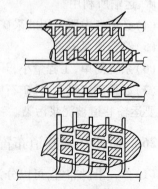

图 5-34　平底装车布置示意图

置、提升运输、通风、排水等一系列问题有密切的联系。矿床开拓方案一经选定和施工之后，很难改变。为此，对选择矿床开拓方案，提出下列基本要求：

(1)确保工作安全，创造良好的地面与地下劳动卫生条件，建立良好的提升、运输、通风、排水等系统。

(2)技术上可靠，并有足够的生产能力，以保证矿山企业均衡地生产。

(3)基建工程量最少，尽量减少基本建设投资和生产经营费用。

(4)确保在规定时间内投产，在生产期间能及时准备出新水平。

(5)不留和少留保安矿柱，以减少矿石损失。

(6)与开拓方案密切关联的地面总布置，应不占或少占农田。

268. 选择矿床开拓方案时的影响因素有哪些?

(1)地形地质条件、矿体赋存条件，如矿体的厚度、倾角、偏角、走向长度和埋藏深度等。

(2)地质构造破坏，如断层、破碎带等。

(3)矿石和围岩的物理力学性质，如坚固性、稳固性等。

(4)矿区水文地质条件，如地表水(河流、湖泊等)、地下水、溶洞的分布情况。

(5)地表地形条件，如地面运输条件、地面工业场地布置、地面岩层崩落和移动范围，外部交通条件、农田分布情况等。

(6)矿石工业储量、矿石工业价值、矿床勘探程度及远景储量等。

(7)选用的采矿方法。

(8)水、电供应条件。

(9)原有井巷工程存在状态。

(10)选矿厂和尾矿库可能建设的地点。

269. 选择开拓方案需要哪些基础资料?

(1)矿区的交通位置图。

(2)综合地形地质平面图。

(3)地质勘探线剖面图。

(4)矿体投影图。

(5)矿床开采设计任务书。

270. 开拓方案的选择分哪几个步骤?

(1)开拓方案初选。

(2)开拓方案的初步分析比较。

(3)开拓方案的技术经济比较。

271. 开拓方案选择时,技术经济比较的内容有哪些?

(1)基建工程量、基建投资总额和投资回收期。

(2)年生产经营费用、产品成本。

（3）基本建设期限、投产和达产时间。

（4）设备与材料（钢材、木材、水泥）用量。

（5）采出的矿石量、矿产资源利用程度、留保安矿柱的经济损失。

（6）占用农田和土地的面积。

（7）安全与劳动卫生条件。

（8）其他值得参与技术经济比较评价的项目。

第六章　地下采矿方法

272. 何谓地下采矿方法,如何分类?

为了很好地回采矿石而在矿块中所进行的采准、切割和回采工作的总和,称为采矿方法。

由于地压管理方法是以矿石和岩石的物理力学性质为依据,同时又与采矿方法的使用条件、结构参数、回采工艺有密切关系,并最终将影响到开采的安全、效率和经济效果,因而采矿方法依据回采时地压管理的方法分为三大类:空场采矿法、充填采矿法及崩落采矿法。

这三大类采矿方法中又由于方法的结构特点、回采工作面的形式、落矿方式等不同而分组,具体分组情况见表6-1所示。

表6-1　金属矿床地下采矿方法分类表

类　别	组　别	典型采矿方法
空场采矿法	全面采矿法	(1)全面采矿法
	房柱采矿法	(2)房柱采矿法
	留矿采矿法	(3)留矿采矿法
	分段采矿法	(4)分段矿房法
	阶段矿房法	(5)水平深孔落矿阶段矿房法
		(6)垂直深孔落矿阶段矿房法
		(7)垂直深孔球状药包落矿阶段矿房法
充填采矿法	单层充填采矿法	(8)壁式充填采矿法
	分层充填采矿法	(9)上向水平分层充填采矿法
		(10)上向倾斜分层充填采矿法
		(11)下向分层充填采矿法
	分采充填采矿法	(12)分采充填采矿法
	支架充填采矿法	(13)方框支架充填采矿法
崩落采矿法	分层崩落法	(14)分层崩落法
	单层崩落法	(15)长壁式崩落法
		(16)短壁式崩落法
		(17)进路式崩落法
	分段崩落法	(18)有底柱分段崩落法
		(19)无底柱分段崩落法
	阶段崩落法	(20)阶段强制崩落法
		(21)阶段自然崩落法

空场采矿法是在回采工程中,将矿块划分为矿房和矿柱(图6-1),第一步先采矿房,第二步再采矿柱。在回采矿房时,采场以敞空形式存在,仅依靠矿柱和围岩本身的强度来维护。矿房采完后,要及时回采矿柱和处理采空区。在一般情况下,回采矿柱和处理采空区同时进行;有时为了改善矿柱的回采条件,用充填料将矿房充填后,再用其他采矿法回采矿柱。空场法矿房与矿柱的划分如图6-1所示。

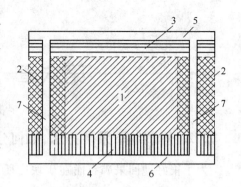

图6-1　划分矿房与房柱
1—矿房;2—间柱;3—顶柱;4—底柱;
5—回风巷道;6—运输巷道;7—天井

随回采工作面的推进,逐步用填料充填采空区的采矿方法,称为充填采矿法。有时还用支架与充填料相结合,以维护采空区,称为支架充填采矿法,也合并于这一类充填法。

崩落采矿法是以崩落围岩来实现地压管理的采矿方法,即随着崩落矿石,强制(或自然)崩落围岩充填采空区,以控制和管理地压。

我国铁矿床多为急倾斜和倾斜的厚、极厚矿体,选用的采矿方法以无底柱分段崩落法为主。有色金属矿床大多为急倾斜和倾斜的中厚以下矿体,这就决定了大量应用阶段矿房法、留矿采矿法、有底柱分段崩落法和充填法的基本条件。

在脉状矿床的矿山,我国采矿工作者创造了多种适应矿体多变的留矿采矿法方案,发展了结构和工艺简单且易掌握留矿采矿法。电耙出矿的有底柱分段崩落法,获得了极为广泛的应用,并形成有中国特色的垂直深孔挤压爆破和强化开采的技术。充填采矿法的演变特点,是从干式充填向尾砂和胶结充填过渡。同时,有些矿山采用大采场或采区开采、斜坡道和下盘溜井的结构以及使用无轨自行设备,使生产率不断提高,成本逐渐下降。这些都是很有发展前途的采矿方法。

273. 何谓阶段、阶段高度?

在开采缓倾斜、倾斜和急倾斜矿床时,在井田中每隔一段的垂直距离,掘进一条或几条与走向一致的主要运输巷道,将井田在垂直方向上划分为矿段,这个矿段称为阶段。上下两个相邻阶段运输巷道底板之间的垂直距离,称为阶段高度。

274. 何谓矿块、矿房?

在阶段中沿走向每隔一定距离,掘进天井连通上下两个相邻阶段运输巷道,将阶段再划分为独立的回采单元,称为矿块。

地下开采的采区、盘区、矿块内,应回采的部分(不包括必须保留的矿柱)称为矿房。

275. 全面法的特点是什么,典型方案参数如何选择?

在薄和中厚(小于5~7m)的矿石和围岩均稳固的缓倾斜(倾角一般小于30°)矿体中,应用全面采矿法。它的特点是,工作面沿矿体走向或沿倾斜全面推进,在回采过程中将矿体中的夹石或贫矿(有时也将矿石)留下,呈不规则的矿柱以维护采空区,这

些矿柱一般作永久损失,不进行回采。个别
情况下,用这种采矿法回采贵重矿石,也可
不留矿柱,而用人工支柱(混凝土支柱、木垛
及木支柱等)支撑顶板。典型的全面采矿法
如图6-2所示。

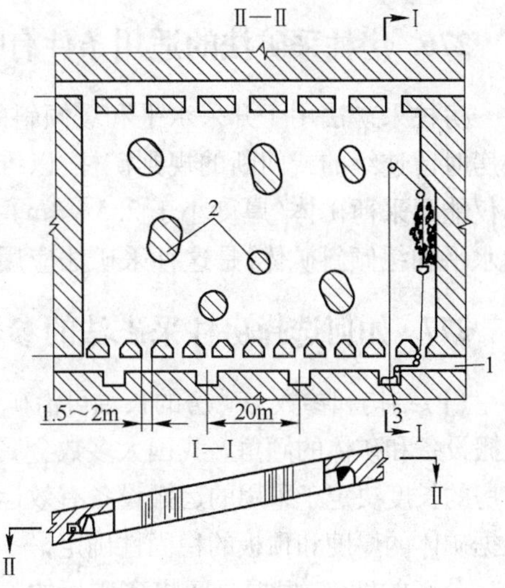

(1)结构和参数。水平和微倾斜矿体(倾
角小于5°),将井田划分为盘区,工作面沿盘区
的全宽向其长轴方向推进。用自行设备运搬
时,盘区的宽度取200～300m;用电耙运搬时,
取80～150m。盘区间留矿柱,其宽度为10～
15m到30～40m。

缓倾斜矿体,将井田划分为阶段。阶段高
度为15～30m,阶段斜长为40～60m,阶段间留
矿柱2～3m。

图6-2　全面采矿法
1—运输巷道;2—支撑矿柱;3—电耙绞车

全面采矿法的变形方案,是将阶段再划分
为矿块,其长为50～60m,留矿块间柱。采场中还留不规则矿柱,一般为圆形,直径为3～6m
到6～9m,矿体厚度大取大值,否则取小值;间距8～20m。

(2)采准与切割工作。这种采矿法的采准和切割工作比较简单。掘进阶段运输巷道,
在阶段中掘1～2个上山,作为开切自由面;在底柱中每隔5～7m开漏口;在运输巷道另一
侧,每隔20m布置一个电耙绞车硐室(图6-2)。

当采用前进式回采顺序时,阶段运输巷道应超前于回采工作面30～50m。

(3)回采工作。回采工作自切割上山开始,沿矿体走向一侧或两侧推进。当矿体厚度
小于3m时,全厚一次回采;矿体厚度大于3m时,则以阶梯工作面回采(图6-3)。此时,一
般在顶板下开出2～2.5m高的超前工作面,用下向炮孔回采下部矿体。

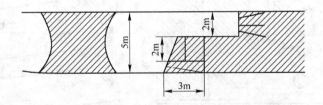

图6-3　下向阶梯工作面回采示意图

当矿体厚度较小时,一般采用电耙运搬。矿体厚度较大且倾角又很小时,也可采用无轨
自行设备运搬矿石。运距小于200～300m,采用载重为20t或更大的铲运机;运距更大时,
宜用载重量20～60t自卸汽车和装矿机配套。

根据顶板稳固情况,留不规则矿柱支撑顶板。此外,有时也安装锚杆维护顶板,锚杆长
度为1.5～2m,网度为0.8m×0.8m～1.5m×1.5m。

因采空区面积较大,应加强通风管理。例如封闭离工作面较远的联络道,使新鲜风流较
集中地进入工作面,污风从上部回风巷道排出。

276. 房柱采矿法的适用条件有哪些?

房柱采矿法用于开采水平和缓倾斜的矿体,在矿块或采区内矿房和矿柱交替布置,回采矿房时留连续的或间断的规则矿柱,以维护顶板岩石。因此,它比全面采矿法适用范围广,不仅能回采薄矿体(厚度小于 2.5～3m),而且可以回采厚和极厚矿体。矿石和围岩均稳固的水平和缓倾斜矿体,是这种采矿法应用的基本条件。

277. 如何选择房柱采矿法的参数?

(1)结构和参数。矿房的长轴可沿矿体走向、沿倾斜或伪倾斜布置,主要决定于所采用的运搬设备和矿体的倾角。我国大多数金属地下矿山采用电耙运搬矿石,矿房一般沿倾斜布置。矿房的长度决定于采用的运搬设备有效运距,应用电耙运搬时,一般为 40～60m;矿房的宽度,根据矿体的厚度和顶板的稳固性确定,一般为 8～20m;矿柱尺寸:直径 3～7m,间距 5～8m。

分区的宽度,根据分区隔离矿板的安全跨度和分区的生产能力确定,一般为 80～150m到 400～600m。分区矿柱一般为连续的,承受上覆岩层的载荷,其宽度与开采深度和矿体厚度有关,其宽度和全面采矿法相同。

(2)采准和切割工作。阶段运输巷道可布置在脉内或底板岩石中,后者有很多优点:可在放矿溜井中储存部分矿石,从而减少电耙运搬和运输之间的相互影响;有利于通风管理;当矿体底板不平整时,可保持运输巷道平直,有利于提高运输能力。其缺点是增加了岩石的掘进工程量。目前,我国金属矿山多采用这种布置方式(图6-4)。

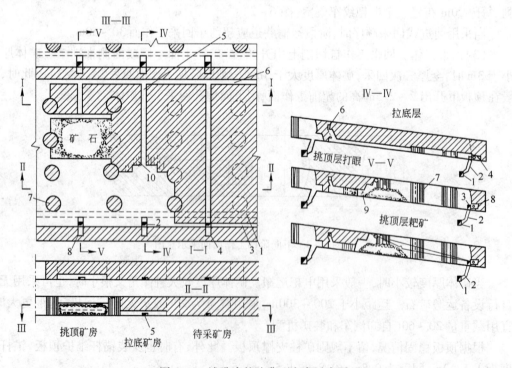

图 6-4　浅孔房柱法典型方案示意图

1—运输巷道;2—放矿溜井;3—切割平巷;4—电耙硐室;5—上山;6—联络平巷;
7—矿柱;8—电耙绞车;9—凿岩机;10—炮孔

从图6-4看出,房柱采矿法的采准巷道有:自底板运输巷道1,向每个矿房的中心线位置掘进放矿溜井2;在矿房下部的矿柱(顶底柱)中掘进电耙硐室4;沿矿房中心线并紧贴底板掘进上山5,以利行人、通风和运搬设备或材料,并作为回采时的自由面;各矿房间掘进联络平巷6;在矿房下部边界处掘进切割平巷3,既作为起始回采时的自由面,又可作为去相邻矿房的通道。

(3)回采工作。矿房的回采方法,根据矿体厚度不同而异:矿体厚度小于2.5~3m时,则一次采全厚;矿体厚度大于2.5~3m时,则应分层回采。

当矿体厚度小于8~10m,并采用电耙运搬时,一般使用浅孔先在矿房下部进行拉底,然后用上向炮孔挑顶。拉底是从切割平巷与上山交口处开始,用柱式凿岩机或气腿式凿岩机打水平炮孔,自下而上逆倾斜推进。拉底高度为2.5~3m,炮孔排距0.6~0.8m,间距1.2m,孔深2.4~3m。随拉底工作面的推进,在矿房两侧按规定的尺寸和间距,将矿柱切开。

整个矿房拉底结束后,再用YSP-45型凿岩机挑顶,回采上部矿石。炮孔排距0.8~1m,间距1.2~1.4m,孔深2m。当矿体厚度小于5m时,挑顶一次完成;矿体厚度为5~10m时,则以2.5m高的上向梯段工作面分层挑顶,并局部留矿,以便站在矿堆上进行凿岩爆破工作。

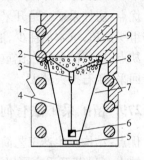

图6-5　电耙绞车耙矿示意图
1—矿柱;2—滑轮;3—耙斗;
4—电耙硐室;5—电耙绞车;
6—放矿溜井;7—已采矿房;
8—采下矿石;9—待采矿石

用上述落矿方式采下的矿石,采用14kW或30kW的电耙绞车,将矿石耙至放矿溜井中,放至运输巷道装车。双滚筒电耙绞车,只能直线耙矿;三滚筒绞车,耙斗可在较大范围内耙矿(图6-5)。

当矿体厚度大于8~10m时,应采用深孔落矿方法回采矿石。先在顶板下面切顶,然后在矿房的一端开掘切割槽,以形成下向正台阶的工作面(图6-6)。切顶的高度根据所采用

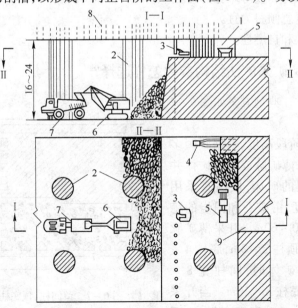

图6-6　中深孔落矿无轨自行设备开采方案
1—切顶工作面;2—矿柱;3—履带式凿岩台车;4—轮胎式凿岩台车;5—2.7m³ 前端式装载机;
6—1m³ 短臂电铲;7—20~25t长车;8—护顶杆柱;9—顶板切割巷道

的落矿方法和出矿设备确定,一般为 2.5~5m,切顶空间下部矿石,采用下向平行深孔落矿。

由于无轨自行设备迅速发展,在外国应用房柱采矿法时,广泛采用履带式或轮胎式凿岩、装载和搬运设备。履带式无轨设备,由于机动性较差和运行速度慢,只宜用于凿岩台车和较固定的装载设备。

当顶板局部不稳固,可留矿柱。顶板整体不稳固时,应采用锚杆进行维护,故房柱采矿法的应用范围得到扩大。

278. 房柱采矿法的优缺点有哪些?

优点:房柱采矿法是开采水平和缓倾斜矿体最有效的采矿方法。采准切割工程量不大,工作组织简单,坑木消耗少,通风良好,矿房生产能力高。

缺点:矿柱矿量所占比重较大(间断矿柱占 15%~20%,连续矿柱达 40%)。且一般不进行回采,矿石损失较大。

279. 留矿采矿法有何优缺点,其适用条件是什么?

优点:结构及生产工艺简单,管理方便。可利用矿石自重放矿,采准工程量小。

缺点:(1)若开采中厚以上矿体,矿柱矿量损失贫化大。

(2)工人在较大暴露面下作业,安全性差。

(3)平场工作繁重,难以实现机械化。

(4)积压大量矿石,影响资金周转。

适用条件:

(1)围岩和矿石均稳固。

(2)矿体厚度以薄和极薄矿脉为宜。

(3)矿脉倾角以急倾斜为宜。

(4)矿石无结块和自燃性。

280. 典型的留矿采矿法结构参数怎样选择?

(1)浅孔留矿法。典型方案如图 6-7 所示。

1)矿块结构。阶段高度,根据我国多年的使用经验,开采薄矿脉或中厚矿体并属于第四勘探类型的矿床,段高宜采用 30~50m。矿块长度,由矿石和围岩的稳固性决定,一般为 40~60m。开采薄矿脉时,间柱宽 2~6m,顶柱 2~3m,底柱 4~6m;开采中厚以上矿体时,间柱宽 8~12m,顶柱 3~6m,底柱 8~10m。当开采极薄矿脉时,一般由于矿房宽度很小,不留间柱,只留底柱、顶柱,如图 6-8a 所示。其矿块间用横撑支柱隔开,对围岩起

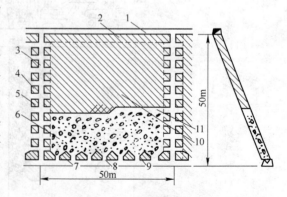

图 6-7　留间柱、顶底柱的留矿采矿法

1—回风巷道;2—顶柱;3—天井;4—联络道;5—间柱;
6—存留矿石;7—底柱;8—漏斗;9—阶段运输巷道;
10—未采矿石;11—回采空间

支护作用,这种方法一般是一侧掘先进天井,另一侧掘顺路天井;也可以两侧设顺路天井,如图 6 – 8b 所示。

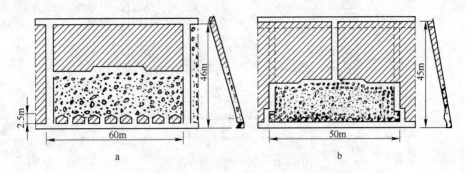

图 6 – 8　不留间柱的留矿采矿法示意图

2)采准切割工作。主要是掘进阶段运输巷道,先进天井、联络道、拉底巷道和漏斗颈等。垂直方向上(在先进天井布置的间柱中),每隔 4 ~ 5m 掘联络道,与两侧矿房相通。矿房中漏斗间距为 5 ~ 7m,并靠近下盘,以减少平场工作量。切割工作包括拉底和辟漏。分层回采过程如图 6 – 9 所示。

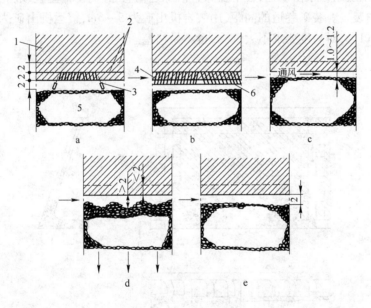

图 6 – 9　分层回采过程

a—凿岩;b—爆破;c—通风;d—局部放矿;e—平场后
1—矿房边界;2—分层界限;3—钻机;4—炮孔;5—采下矿石;6—起爆线

3)回采工作。留矿采矿法按由下向上开采的方法进行分层回采,每层高度大约为 2 ~ 3m,回采工作有:凿岩、爆破、通风、局部放矿、撬顶平场及二次破碎,矿房采完后对所留矿石进行大量放矿。

(2)浅孔留矿法的变形方案。浅孔留矿法在我国使用极为广泛,随着科学技术及研究工作的不断进步,衍生出了多种不同的变形方案,下面就简单介绍有代表性的两种方法。

1)改变采场结构的变形方案(图 6 – 10):这种变形方案主要是以改变矿房底部的出矿

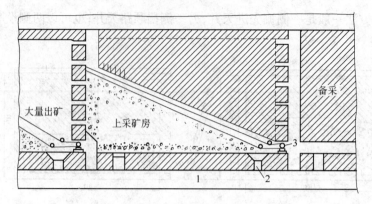

图 6 - 10　留矿法变形方案 1

结构为目的的。矿房改用电耙耙矿的出矿方式,这种方法适用于矿体倾角小于 45°~55°的矿体,矿石不能自溜的采场,其工作面由开始的水平逐渐转向倾斜,用电耙将矿石耙向短溜井,在阶段运输巷中运走。

　　2)矿房底部改用装岩机、铲运机出矿的方案(图 6 - 11):用装岩机或铲运机出矿,采场在底部均改用平底结构不留矿柱,在下盘布置沿脉运输巷,并向矿体垂直或斜交布置装矿巷道,在装矿巷中装矿。装矿巷道的间距,用装岩机出矿为 5~6m,铲运机出矿为 11.5~12m,这种方案出矿口大,对块度要求不大,矿石也不易堵塞。

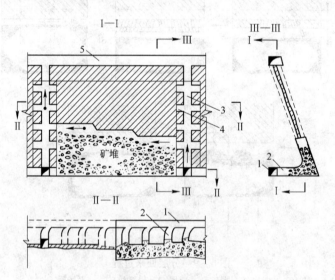

图 6 - 11　留矿法变形方案 2

1—下盘沿脉巷道;2—装载巷道;3—先进天井;4—联络道;5—上阶段脉内回风巷

　　(3)极薄矿脉浅孔留矿法(图 6 - 12)。当矿体开采厚度小于 0.8m 时,留矿法在工艺及结构上的变化及特征有比较大的变化,矿块矿柱的比重大大缩小,有时只需留底柱、顶柱,或只留顶柱,甚至可以都不留,这时阶段之间分别用人工假底及顺路天井隔开,并依靠它们来做围岩的支撑物和放矿底部结构。顶柱厚度常为 2~3m,间柱可在天井的一侧或两侧留 1~3m 的矿壁,人工假底内漏斗中心距为 3~4.5m。

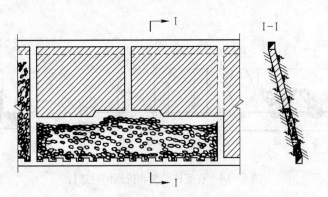

图6-12　极薄矿脉浅孔留矿法示意图

回采工作仍自下而上分层进行,充分考虑满足作业需要的最小工作宽度(采幅),另外要确定矿脉的混采与分采问题。当倾角大于65°时,最小工作宽度应保持0.8~1m,不超过1.1m;矿脉倾角小于65°时,以保持空间垂直高度1.8m为限。

281. 何谓拉底、辟漏,怎样施工?

拉底是以拉底巷道为自由面,向两侧扩帮,整个拉开底部的过程。拉底高度一般为2~2.5m,拉底宽度等于矿体厚度。辟漏是为放矿创造条件,将漏斗颈上口辟成喇叭形。

拉底和辟漏的施工按矿体厚度不同,采用下列三种方法:

(1)不留底柱的切割方法。湖南、江西等矿山的钨锡矿脉,广泛使用无底柱(人工假底)的底部结构,其切割步骤如图6-13所示。

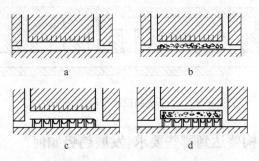

图6-13　无底柱留矿法拉底步骤

1)在阶段运输巷道中打上向垂直炮孔,孔深1.8~2.2m,所有炮孔一次爆破(图6-13a)。

2)站在第一分层崩下的矿堆上,打第二层炮孔,孔深1.5~1.6m(图6-13b)。然后将一分层崩下的矿石装运出去,同时架设人工假底(包括假巷和木质漏斗,图6-13c)。

3)在假底上铺设一层茅草之类的弹性物质后,爆破第二分层炮孔;崩下的矿石从漏斗中放出一部分,平整和清理工作面,拉底工作即告完成(图6-13d)。

(2)有底柱拉底和辟漏同时进行的切割方法。这种切割方法,适用于矿脉厚度大于2.5~3m的条件(图6-14)。

1)在运输巷道一侧以40°~50°倾角,打第一次上向孔,其下部炮孔高度距巷道底板1.2m,上部炮孔在巷道顶角线上与漏斗侧的钢轨在同一垂直面上(图6-14中Ⅰ)。

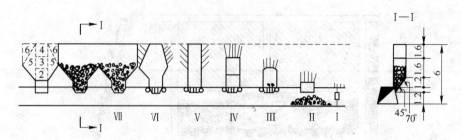

图 6 – 14　有底柱辟漏和拉底同时进行

2）爆破后站在矿堆上，一侧以 70°倾角打第二次上向孔（图 6 – 14 中 II）。第二次爆破后将矿石运出，架设工作台再打第三次上向孔。装好漏斗后爆破（图 6 – 14 III），将矿石放出，继续打第四次上向孔（图 6 – 14 中 IV），爆破后漏斗颈高可达 4 ~ 4.5m。

3）在漏斗颈上部以 45°倾角向四周打炮孔，扩大斗颈，最终使相邻斗颈连通，同时完成辟漏和拉底工作（图 6 – 14 中 V、VI、VII）。

（3）有底柱掘拉底巷道的切割方法。这种方法适用于厚度较大的矿体。从运输巷道的一侧向上掘漏斗颈，从斗颈上部向两侧掘进高 2m 左右、宽 1.2 ~ 2m 的拉底巷道，直至矿房边界。同时从拉底水平向下或从斗颈中向上打倾斜炮孔，将上部斗颈扩大成喇叭状的放矿漏斗（图 6 – 15）。

按上述切割方法形成的漏斗斜面倾角，一般为 45° ~ 50°，每个漏斗担负的放矿面积为 30 ~ 40m²，最大不应超过 50m²。

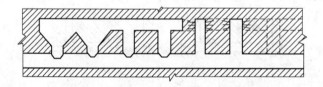

图 6 – 15　有底柱掘拉底平巷的切割方法

282. 采场底部结构要达到哪些要求，发展趋势如何？

采场底部结构应满足如下要求：

（1）在采场放矿过程中，应保证底部结构中的巷道稳定，能经受崩矿、放矿和二次破碎所引起的地压与动负荷作用，以便能按原计划安全采出矿石。

（2）底部结构中所需的巷道数及布置，要满足放矿、二次破碎及通风的要求，有较好的安全条件和良好的劳动条件，保证出矿质量，巷道结构简单，有利于机械化作业，施工方便，巷道工程量小。

（3）在保证底柱稳固的情况下，尽量减小底柱矿量，提高采场矿石回采率。

（4）要适应采场出矿能力的要求。

现阶段的发展趋势是：简化结构，由多层变为单层，由多种巷道变为一种水平巷道，重复使用已开掘的巷道；增加合格块度，扩大出矿巷道断面；采用大型的铲运设备；使用现代化的手段掘进底部结构工程，以尽可能的少留矿柱。

283. 何谓漏斗式底部结构?

漏斗式底部结构使用的是漏斗式受矿巷道,适用于各种矿石条件。由于对底柱切割较少,其稳固性较好,是目前应用最广泛的形式。底柱高度为 8 ~ 15m,底柱矿量占全矿块的 16% ~ 20%。漏斗间距为 5 ~ 7m,每个漏斗担负的放矿面积为 30 ~ 50m²,漏斗斜面角为 45° ~ 55°。

漏斗的形状有方形和圆形,对于受矿条件没有本质上的影响。为保证底柱的稳固性,漏斗颈和漏斗斜面的交点,应在电耙巷道顶板以上 1.5 ~ 2m。漏斗颈和斗穿的规格为 1.8m × 1.8m 或 2m × 2m。为减少漏斗堵塞,有些矿山加大到 2.5m × 2m 或 2.5m × 2.5m。漏斗颈与电耙巷道的关系,应使溜下的矿石自然堆积的斜面占耙道宽度的 $\frac{1}{2} \sim \frac{2}{3}$,此时电耙出矿最为有利。

在电耙巷道两侧布置漏斗时,可对称或交错布置(图 6 - 16)。交错布置时,漏斗分布较均匀,漏斗脊部残留矿石少,对底柱破坏较小,流入耙道的矿堆高度较低,便于耙斗运行,故在实际中应用较多。但当用木棚或金属支架维护耙道时,耙道与斗穿交叉处支护困难,流入耙道的矿堆,迫使耙斗折线运行,易将支护拉倒。

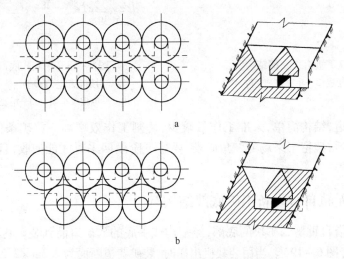

图 6 - 16　漏斗式布置方式
a—对称布置;b—交错布置

284. 何谓堑沟式底部结构?

堑沟式底部结构使用的是堑沟式受矿巷道,它将各漏斗沿纵向连通,形成一个 V 形槽(图 6 - 17)。这就把拉底和扩漏两项作业结合一起,可用上向中深孔同时开凿,故能提高切割工作效率。但堑沟对底柱切割较多,降低了底柱的稳固性。因此,它适用于矿石中等稳固以上的条件。

这种受矿巷道的放矿口宽度为 2 ~ 3.5m,漏口堵塞次数较少,漏口单侧布置较多。

285. 何谓平底式底部结构?

平底式底部结构使用的是平底式受矿巷道,特点是拉底水平和电耙巷道在同一高度上,采下的矿石在拉底水平形成三角矿堆,上面的矿石借自重经放矿口流入耙道(图 6 - 18)。放矿口尺寸为 2.5 ~ 3.1m,常布置在电耙巷道一侧。当矿石极稳固时,也可双侧布置放矿口。适用于矿石稳固的条件。

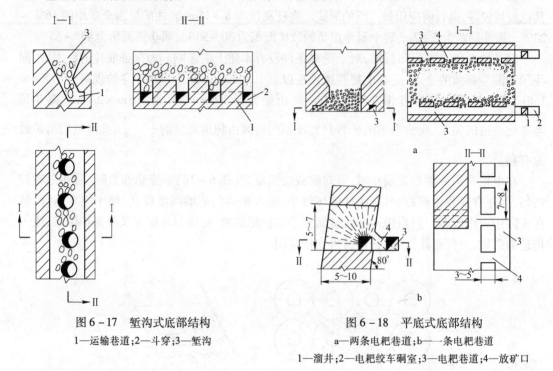

图 6 - 17　堑沟式底部结构

1—运输巷道;2—斗穿;3—堑沟

图 6 - 18　平底式底部结构

a—两条电耙巷道;b—一条电耙巷道

1—溜井;2—电耙绞车硐室;3—电耙巷道;4—放矿口

这种受矿巷道,结构简单,采准工作量较少,切割工作效率高。放矿条件好,底柱矿量小。但放矿结束后,残留于采场的三角矿堆,要待下阶段回采时才能回收,且矿石损失与贫化均较大。

286. 何谓无轨自行设备出矿底部结构?

回采的矿石借自重落到矿块的底部,经堑沟或平底的放矿口溜到装矿巷道的端部,用自行运搬设备出矿(图 6 - 19)。当用装载机出矿时,装矿巷道断面为 2.2m × 2.2m,间距 6 ~ 8m,

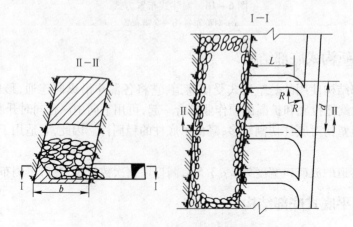

图 6 - 19　无轨设备运搬的底部结构示意图

长度为 6～10m。当用装运机或铲运机出矿时,装矿巷道规格较大,一般高度为 3～3.2m,宽度为 3～5m,长度为 8～10m,曲率半径为 10m。

287. 何谓拉槽,有哪几种方法?

拉槽也可以称为开切割槽,在分段凿岩阶段矿房法中,可以与拉底同时进行。切割槽的开掘质量,对崩矿时自由面的形成和回采崩矿的质量有直接影响。

拉槽有以下三种方法:

(1)浅孔拉槽法。切割槽宽度为 2.5～3m,并以此看作一个小矿房,用留矿法上采,切割天井作为通风人行天井,采下矿石从漏斗溜到电耙巷道,大量放矿后便形成切割槽。这种方法能保证槽的质量,但劳动强度较大,工作条件恶劣,效率太低。

(2)水平深孔拉槽法。这种方法如图 6－20 所示。

这种拉槽方法拉槽前先将槽底切开,形成出矿条件,在切割天井中打水平扇形中深孔(或深孔),分层爆破后形成切割槽,其宽度为 5～8m。这种拉槽方法槽宽较大,爆破夹制性小,拉槽质量较好,而且效率较高,作业条件好。

(3)垂直深孔拉槽法。这种拉槽法示意图如图 6－21 所示。

拉槽时先掘切割巷道,在切割巷道中打上向平行中深孔,以切割天井为自由面,爆破后形成立槽,炮孔可以逐排爆破,也可以多排或全部炮孔一次爆破。

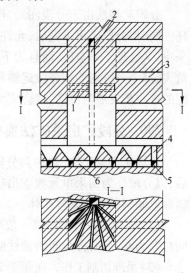

图 6－20　水平深孔拉槽法示意图
1—中深孔;2—切割天井;3—分段凿岩巷道;
4—漏斗颈;5—斗穿;6—电耙巷道

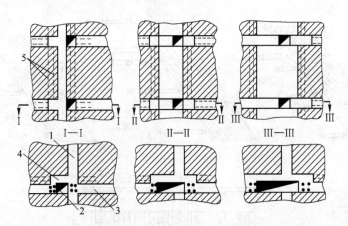

图 6－21　垂直深孔拉槽法示意图
1—分段巷道;2—切割天井;3—切割巷道;4—环形进路;5—中深孔

288. 何谓分段矿房采矿法,其适用条件是什么?

分段矿房采矿法是按矿块的垂直方向,再划分为若干分段,在每个分段上布置矿房和矿柱,各分段采下的矿石分别从各分段的出矿巷道运出,分段矿房回采结束后,可以立即回采本分段的矿柱并同时处理采空区。

分段矿房采矿法适用于倾斜和急倾斜的中厚到厚矿体。同时由于围岩暴露较小,回采时间较短,相应的可适当降低对围岩稳固性的要求。

289. 分段矿房采矿法有哪些优缺点?

分段矿房法由于分段回采,可使用高效率的无轨装运设备,应用时灵活性大,回采强度高。同时,分段矿房采完后,允许立即回采矿柱和处理采空区,这不仅提高了矿柱的矿石回采率,又处理了采空区,而且为下分段回采创造了条件。这种采矿方法的缺点在于采准工作量大,每个分段均要掘分段运输巷、切割巷道、凿岩巷道。这种采矿方法随着无轨设备在我国的进一步发展与推广,将会成为一种应用较广的方法。

290. 分段矿房采矿法典型方案参数如何选择,其适用条件是什么?

分段矿房采矿法(也称为分段凿岩分段出矿的分段采矿法)的特点是阶段划分为分段后,以分段作为回采单元独立出矿。分段内分为分段矿房与分段矿柱,灵活性大,适用于倾斜和急倾斜的中厚到厚矿体。

(1)结构参数。阶段高一般取 40 ~ 60m,分段高 15 ~ 25m,矿房沿走向长度为 35 ~ 40m,间柱宽为 6 ~ 8m,分段间斜顶柱的真厚度一般为 5 ~ 6m。

(2)采准切割工作。在每个分段水平上,掘下盘分段运输巷,在此巷中沿走向每隔 10 ~ 12m,掘装运巷道,通到靠近矿体下盘的堑沟平巷,靠上盘矿岩接触面掘进凿岩平巷。在矿房的一侧掘进切割横巷,连通凿岩平巷与矿柱回采平巷,由堑沟平巷到矿房最高点,掘切割天井在切割巷道钻凿环形深孔,以切割天井为自由面,爆破后便形成切割槽(图 6 - 22 中 A—A)。

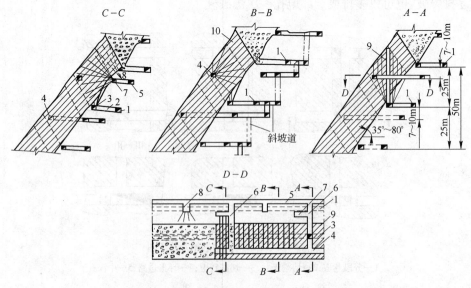

图 6 - 22　分段凿岩分段出矿的分段矿房法示意图

1—分段运输平巷;2—装运横巷;3—堑沟平巷;4—凿岩平巷;5—阶段运输巷道;6—切割横巷;

7—间柱凿岩硐室;8—斜顶柱凿岩硐室;9—切割天井;10—斜顶柱

(3)回采工作。从切割槽向矿房另一侧进行回采,当矿房回采结束后,立即回采一侧的间柱和斜顶柱。回采间柱的深孔凿岩硐室,布置在切割巷道靠近下盘的侧部,回采斜顶柱的深孔凿岩硐室,开在矿柱回采平巷的一侧。回采矿柱的顺序是:先爆间柱并将崩下矿石放出,然后再爆破顶柱,受爆力抛掷的作用力影响,崩下的矿石大部分矿石在堑沟处放出。

回采时在凿岩平巷中钻环形孔,崩下的矿石,从装运巷道用铲运机运到分段运输平巷最近的溜井,溜至阶段运输巷装车运出(图 6－22 中 B—B)。

本法回采率在80%以上,贫化不大,使用铲运机出矿时,矿房日产量可达800t。

291. 分段凿岩阶段矿房法典型方案参数如何选择,其适用条件是什么?

分段凿岩阶段矿房法在我国金属矿山应用相当广泛,其应用比重仅次于留矿法,分段凿岩阶段矿房法则由于近年来无轨先进设备的引进与研制得到了很好的发展,其生产能力高、灵活性好、回采时间短,工人劳动强度低、采矿强度大的优点,已越来越引起现场工程技术人员的重视与青睐。

分段凿岩阶段矿房法(也称为分段凿岩阶段出矿的分段采矿法)的特点是矿块内部分为几个分段,各分段保持垂直的回采工作面,分段凿岩,崩落的矿石借自重落到矿房底部放出(图6－23)。

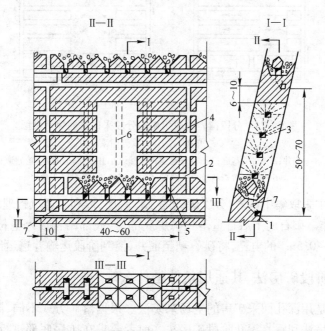

图6－23 分段凿岩阶段出矿的分段采矿法示意图

1—阶段运输巷道;2—拉底巷道;3—分段凿岩巷道;4—通风行人天井;5—漏斗颈;6—切割天井;7—溜井

(1)矿块结构参数。根据矿体的厚度不同,矿房走向可布置成沿矿体走向或垂直矿体走向的两种:一般当矿体厚度小于15m时,沿走向布置;当大于20m时,垂直走向布置。

阶段高度,一般取50~70m,在国外也有取120~150m为阶段高度的,大矿房可以增大矿房矿量的比重,减少矿柱矿石量及开拓和采准工程量,改善采矿方法的技术经济指标。

矿房长度及宽度,矿房长度一般取40~60m,需适合于电耙工作。当上盘倾角变缓时,长度要适当减小。宽度,对于沿矿体走向布置的矿房取为矿体的水平厚度;垂直矿体走向的情况下,根据矿岩允许暴露面积、凿岩设备的钻孔能力,一般取 15 ~ 20m。

间柱宽度,沿走向布置矿房取 8 ~ 12m,垂直走向布置取 10 ~ 14m。

顶柱高,一般取 6 ~ 8m;底柱高取 7 ~ 13m(包括电耙道底部结构)。分段高度根据凿岩设备的能力,中深孔时取 8 ~ 10m,深孔时取 10 ~ 15m。

(2)采准切割工作。采准工作包括掘进阶段运输巷道、通风行人天井、电耙巷道、放矿溜井、漏斗颈、拉底巷道、分段凿岩巷道及切割天井等。

(3)回采工作。矿房回采是以切割槽作自由面,在各分段凿岩巷道中同时用导轨式凿岩机向上打扇形孔,孔径 50 ~ 65mm,最小抵抗线 1.5 ~ 1.8m,打完后以 3 ~ 5 排孔为一组进行爆破。每次爆破后均要将槽内矿石基本出尽,爆破不允许下部分段超前于上部分段,而应保持上下分段工作面成一立面,或上分段超前下分段一排炮孔。

(4)通风过程。回采过程中采场的空气要求新鲜,分段凿岩巷道和电耙道都必须有新鲜的风流(图 6 - 24)。矿房回采方式分单侧回采和双侧回采两种。在电耙道内耙矿方向与风流方向必须是相反的。

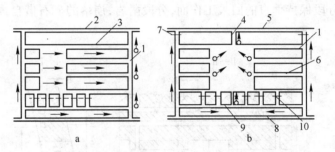

图 6 - 24　分段凿岩阶段出矿的分段采矿法通风示意图

a—单侧回采;b—双侧回采

1—天井;2—回风巷道;3—检查巷道;4—回风小井;5,8—阶段运输巷道;
6—分段凿岩巷道;7—风门;9—电耙巷道;10—漏斗颈

在作业过程中采取集中凿岩,分次爆破的工作顺序,以利于通风管理。

(5)出矿工作。矿石崩下后自重落到矿房底部,经底部结构溜入电耙巷道,用 30kW 或 50kW,斗容 0.4 ~ 0.5m³ 的电耙,将矿石耙至溜井,溜到阶段运输巷道运出。

292. 何谓阶段矿房法,其适用条件是什么?

阶段矿房法是用深孔回采矿房的空场采矿法。根据落矿方式不同,阶段矿房法可分为水平深孔阶段矿房法和垂直深孔阶段矿房法。前者要求在矿房底部进行拉底;后者除拉底外,尚需在矿房的全高开出垂直切割槽。近年来,又出现垂直深孔球状药包落矿的阶段矿房新方案。深孔崩落的矿石借自重可全部溜到矿块底部放出。

适用条件:阶段矿房采矿法是我国目前开采矿岩稳固的厚和极厚急倾斜矿体时,应用比较广泛的采矿方法;急倾斜平行极薄矿脉组成的细脉带,也可采用这种方法合采。

垂直深孔球状药包落矿阶段矿房法,适用于急极倾斜的厚大矿体或中厚矿体;矿体与围岩接触面规整,否则矿石贫化损失大;矿体无分层现象,不应有互相交错的节理或穿插破碎带;围岩中稳至稳固,矿石中稳以上。

293. 阶段矿房采矿法优缺点有哪些?

阶段矿房采矿法具有回采强度大、劳动生产率高、采矿成本低、坑木消耗少、回采作业安全等优点。但也存在一些严重缺点,如矿柱矿量比重较大(达35%～60%),回采矿柱的贫化损失大(用大爆破回采矿柱,其损失率达40%～60%),水平深孔落矿阶段矿房法崩矿时对底部结构具有一定的破坏性,垂直深孔分段凿岩阶段矿房法采准工程量大等。

294. 水平深孔落矿阶段矿房法典型方案参数如何选择?

水平深孔落矿阶段矿房法的特点是在凿岩硐室中,钻凿水平孔,向矿房底部拉底空间崩矿,如图6-25所示。

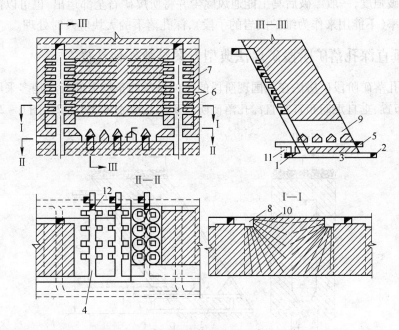

图6-25　水平深孔落矿阶段矿房法示意图

1—下盘沿脉巷道;2—上盘沿脉运输巷道;3—穿脉巷道;4—电耙巷道;5—回风巷道;6—凿岩天井;
7—凿岩联络平巷;8—凿岩硐室;9—拉底空间;10—炮孔;11—行人天井;12—溜井

(1)结构参数。阶段高度一般为40～60m,沿走向布置的矿房长为20～40m,垂直走向布置的矿房宽度取10～30m,间柱宽10～15m,顶柱取6～8m,漏斗式底部结构底柱取8～13m,平底结构时为5～8m。

(2)采准切割工作。阶段运输巷道一般布置在脉外,采用环形布置(即上、下盘脉外沿脉加穿脉布置),穿脉一般布置在间柱中心线位置。在穿脉巷道一侧掘凿岩天井,在天井垂向按水平深孔排距掘凿岩联络平巷通达矿房,然后再将其前端扩大为凿岩硐室(硐室平面直径3～4m,高3m)。切割工作主要是拉底(图6-26)和辟漏,如图6-26所示,一般用中深孔或深孔方法来完成。

深孔方法对底部结构的破坏性较大,中深孔拉底破坏性小一些,而且效率也不低,应多推广。

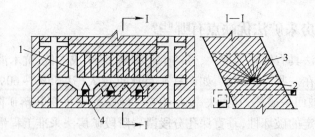

图 6 - 26　水平深孔阶段矿房法拉底示意图
1—切割槽；2—凿岩巷道；3—扇形炮孔；4—电耙巷道

（3）回采工作，切割结束后，按照在图 6 - 25 中已打好的炮孔先 1 ~ 2 排开始爆破，然后逐渐增加爆破强度，一般爆破后马上能通风除尘并将所爆矿石全部运出，也可以留一些用以调节出矿频率（不能用来作为维护围岩的手段），深孔落下的大块应及时处理。

295. 垂直深孔落矿阶段矿房法典型方案参数如何选择？

垂直深孔落矿阶段矿房法在我国现阶段的机械设备的条件下的特点是多采用分段凿岩法，沿走向布置、垂直走向布置垂直深孔落矿阶段矿房法分别如图 6 - 23、图 6 - 27 所示。

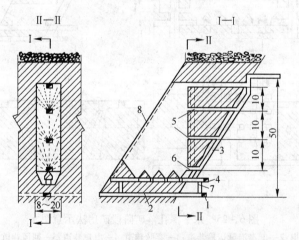

图 6 - 27　垂直走向布置垂直深孔落矿阶段矿房法示意图
1—阶段运输巷道；2—穿脉运输巷道；3—通风行人天井；4—电耙道；
5—分段凿岩巷道；6—拉底巷道；7—放矿溜井；8—切割天井

（1）结构参数。当矿体厚度小于 15m 时，矿房沿走向布置，当矿石与围岩稳固时，矿体在 20m 以下也可沿走向布置矿房。阶段高度一般取 50 ~ 70m，分段高采用中深孔时取 8 ~ 10m，用深孔时取 10 ~ 15m。矿房长度根据围岩的稳固性和矿石允许暴露面积决定，一般取 40 ~ 60m。矿房宽度当矿房沿走向布置时为矿体水平厚度，当矿房垂直走向布置时取 15 ~ 20m。间柱宽度沿走向布置时为 8 ~ 12m，垂直走向布置时为 10 ~ 14m。顶柱厚度一般取 6 ~ 10m，底柱高度为 7 ~ 13m。

（2）采准切割工作。阶段运输巷道一般沿矿体下盘接触线布置，行人通风天井布置在间柱中，从此天井掘进分段凿岩巷道和电耙巷道。回采工作是垂直推进的，因而矿房下部的拉底及其他工程可以随回采工作面的推进而逐渐进行。拉底用浅孔从拉底巷道向两侧扩帮,辟漏可从拉底空间向下或从斗颈中向上掘出。

对于分段凿岩巷道的开掘,当矿体为倾斜矿体时,分段凿岩巷道应靠近下盘;当矿体为急倾斜矿体时,分段凿岩巷道布置在矿体中间,偏下盘。

(3)回采工作。炮孔均在分段凿岩巷道中开凿,全部打完后,用微差雷管、秒差或导爆管分段爆破(每次3~5排),爆破作业时上分段应与下分段保持一致或上分段超前一排炮孔。矿石经斗穿溜至电耙道,通风及出矿与分段矿房法相同。

296. 何谓球状药包,如何确定其最佳埋置深度?

所谓球状药包是钻孔直径与装药长度之比不小于1:6,即直径与长度之比不小于6的药包。此时破碎原理和效果与球状药包相似。

球状药包的爆破效果,取决于药包的埋置深度。当药包爆下的矿石体积最大和破碎的矿石块度最优时,则此时的药包埋置深度称为最佳埋置深度(d_0)。

C. W. 利文斯顿根据试验把炸药能量与受到药包位置影响的介质体积,用应变能方程关联起来,提出了应变能经验方程。

$$d = EQ^{1/3} \qquad\qquad (6-1)$$

式中　d——药包临界埋置深度,在此深度上埋置药包刚好未爆成漏斗,只在自由面出现碎裂现象,通常凭目测确定此值;

　　　E——与炸药介质的性质有关的应变能系数,在炸药与岩石条件一定时为常数;

　　　Q——药包重量。

297. 垂直深孔球状药包阶段矿房法有哪些优缺点?

垂直深孔球状药包落矿阶段矿房法有下列显著优点:

(1)矿块结构简单,省去了切割天井,大大减少了矿块的采准工程量和切割工程量。

(2)生产能力高,是一种高效率的采矿方法。

(3)采矿成本显著降低,经济效果好。

(4)球状药包爆破对矿石的破碎效果好,降低了大块产出率,有利于铲运机装运。

(5)工艺简单,各项作业可实现机械化。

(6)作业安全可靠,可改善矿工的作业条件。凿岩工在凿岩硐室或凿岩巷道中凿岩,爆破工也可在凿岩硐室或凿岩巷道中向下装药,保证了施工的安全。

垂直深孔球状药包落矿阶段矿房法也存在下列缺点:

(1)凿岩技术要求较高,必须采用高风压的潜孔钻机钻大直径深孔,并需结合其他技术措施,才能控制钻孔的偏斜。

(2)矿层中如遇到矿石破碎带,则穿过破碎带的深孔易于堵塞,处理较困难,有时需用钻机透孔或补打钻孔。

(3)矿体形态变化较大时,矿石贫化损失大。

(4)要求使用高密度、高爆速和高威力炸药,爆破成本较高。

298. 垂直深孔球状药包落矿阶段矿房法典型方案参数如何选择?

垂直深孔球状药包落矿阶段矿房法是球状装药爆破技术在采矿工程中的应用,是一种高效并很有前途的地下采矿方法,典型方案如图6-28所示。

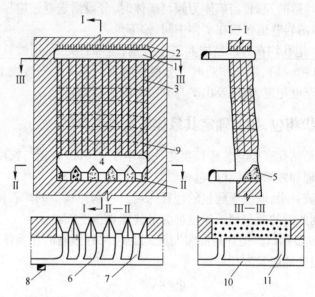

图6-28　垂直深孔球状药包落矿阶段矿房法示意图

1—凿岩硐室;2—锚杆;3—钻孔;4—拉底空间;5—人工假底;6—下盘运输巷;7—装运巷道;
8—溜井;9—分层崩落层位;10—进路平巷;11—进路横巷

(1)结构参数。矿房分沿走向布置和垂直走向布置两种方式,矿房宽度当岩石稳固时为10~15m,当矿岩不稳时取5~8m。阶段高度我国目前根据钻机的能力一般为40~60m,随着机械化水平的提高段高可提高到80~100m,甚至120m。间柱一般取8~12m,顶柱高度取6~8m,底柱的高度由底部结构的形式而定,当由铲运机出矿且在装运巷道出矿时取6~7.5m,若铲运机直接进入采场出矿,则用平底结构而不留矿柱。

(2)采准切割工作。在阶段水平开掘下盘运输平巷与装运横巷通达矿房的拉底层,装运横巷间距一般为8m,底柱的高度由底部结构的形式而定,当由铲运机出矿且在装运巷道出矿时取8m,断面为2.8m×2.8m,行车曲率半径为6~8m,底柱多用混凝土假底柱。人工假底是由拉底层的拉底巷道向两侧扩帮至矿房边界,再打上向平行孔至拉底设计高度进行爆破,底柱内矿石全部采出后再灌筑堑沟式或漏斗式人工假底。若不设人工假底则用平底结构或从底柱上开切堑沟式拉底空间。

凿岩水平设在顶柱下,硐室的长度与宽度应比矿房的实际长度与宽度分别长2m、宽1m。高度一般为4.2~4.5m,凿岩硐室的顶部应保持拱形,并用管缝式全摩擦锚杆加金属网保护,网度1.3m×1.3m,梅花形布置。

(3)回采工艺。该方法的成功与否主要是看回采效果及效率是否令人满意。钻孔一般现场多用大直径深孔,孔径约取150~160mm,孔深40~60m,垂直平行排列。目前国内使用的主要设备有瑞典ROC-306型履带钻机、国产DQ-150J型、美国产CMM-DHD-16型潜孔钻机,当孔深小于60m时,偏斜度应不超过1%。

炸药一般选用高密度(1.35~1.55g/cm³)、高爆速(4500~5000m/s)、高威力(150~200)及低感度的球形药包。北京矿冶研究总院汪旭光教授等研究出的CLH系列乳化炸药可供球形药包使用。

堵孔常用碗形胶皮堵塞,其一般是用一根 6～8mm 的绳将堵塞吊放入孔内直至下落到顶板孔口时,然后上提至炮孔内 30～50cm 胶圈向下翻转呈倒置碗形,紧贴孔壁,具有一定的承载能力,如图 6-29 所示。

装药,单分层爆破时,采取耦合装药,如图 6-30 所示。

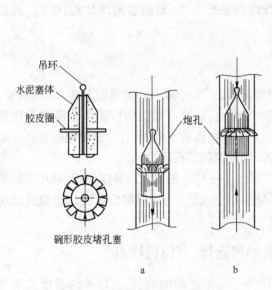

图 6-29 胶皮堵孔塞示意图

a—下放堵孔塞;b—上提堵孔塞

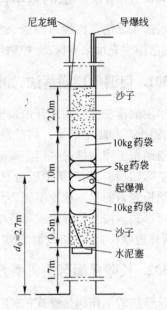

图 6-30 单分层爆破装药示意图

起爆药装在 5kg 的装药袋里,炮孔的堵塞长度为 2～2.5m,大于或等于炮孔抵抗线,可用细的河沙来完成;当多分层爆破时,其装药按最下一分层药包在最佳埋置深度,装二、三分层的球状药包时,间距要适当小于最佳埋置深度,药包间的填塞材料用 13～30mm 的碎矿面堵塞长度至少保持 2m。

起爆采用起爆弹-导爆索-导爆管-导爆索起爆系统,球状药包采用 250g50/50TNT-黑索今铸装起爆弹,中心起爆。

爆破,一般一次可崩 3～9 层,每分层推进约 3～4m,一次崩矿量可以根据矿石的可爆性、矿房顶板暴露面积的崩矿量,底部补偿空间及安全技术要求等设计确定。

出矿,现场一般采用铲运机出矿。广东凡口铅锌矿用德国 GHH 公司生产的 LF-4.1型铲运机(斗容 2m³)及与长沙矿山研究院联合研制的 YK-1 型铲运机。一般每次出矿占全部崩矿量的 40%,其余留在矿房内,崩矿全部结束后再大量出矿,也可以采取强采、强出、不限矿量出矿,以避免崩下矿石结块。

299. 垂直深孔球状药包落矿阶段矿房法的发展趋势及改进方向如何?

垂直深孔球状药包落矿阶段矿房法存在着巨大的潜力,应从下列几方面继续研究:

(1)垂直深孔球状药包落矿阶段矿房法成功的关键是应用球状药包理论。进一步完善球状药包爆破理论、爆破材料和爆破工艺,是推动本采矿方法发展的先决条件。

(2)在矿房中应用垂直深孔球状药包开切割槽、用垂直深孔柱状装药(铵油炸药)联合进行大量崩矿的方法,已在我国凡口铅锌矿试验成功。进一步完善球状药包和柱状装药联合崩矿的结构参数和爆破工艺具有很大的实用价值。

(3)研究用廉价炸药代替价昂的炸药,以降低爆破成本。

300. 崩落采矿法的基本特征有哪些?

崩落采矿法是以崩落围岩来实现地压管理的采矿方法,即随着崩落矿石,强制(或自然)崩落围岩充填采空区,以控制和管理地压。

301. 何谓单层崩落法,如何分类?

单层崩落法主要用来开采顶板岩石不稳固,厚度一般小于 3m 的缓倾斜矿层,如铁矿、锰矿、铝土矿和黏土矿等。将阶段间矿层划分成矿块,矿块回采工作按矿体全厚沿走向推进。当回采工作面推进一定距离后,除保留回采工作所需的空间外,有计划地回收支柱并崩落采空区的顶板,用崩落顶板岩石充填采空区,借以控制顶板压力。

顶板岩石的稳固程度不同,允许的暴露面积也不一样。根据允许暴露面积,采用不同的工作面形式。按工作面形式可将单层崩落法分为长壁式崩落法(简称长壁法)、短壁式崩落法(简称短壁法)和进路式崩落法三种。

302. 长壁式崩落法典型方案及参数如何选择,有何优缺点?

长壁法的工作面是壁式的,工作面的长度等于整个矿块的斜长,所以称为长壁式崩落法。矿块结构参数及采准布置矿块的采准布置如图 6-31 所示。

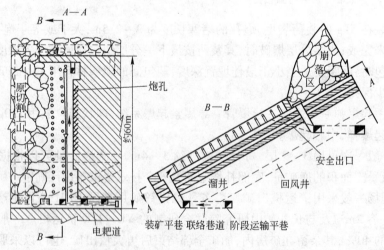

图 6-31　单层长臂式崩落采矿法示意图

(1)阶段高度。阶段高度取决于允许的工作面长度,而工作面长度主要受顶板岩石稳固性和电耙有效运距的限制。在岩石稳定性好,且能保证矿石产量情况下,希望加大工作面长度,这样可以减少采准工程量。工作面长度一般为 40~60m。

(2)矿块长度。长壁工作面是连续推进的,对矿块沿走向的长度没有严格要求。加大矿块长度可减少切割上山的工程量,因此矿块长度一般是以地质构造(如断层)为划分界限,同时考虑为满足产量要求在阶段内所需要的同时回采矿块数目来确定。其变化范围较大,一般为50~100m,最大可达200~300m。

(3)阶段沿脉运输巷道。该巷道可以布置在矿层中或底板岩石中。当矿层底板起伏不平或者由于断层多和地压大,以及同时开采几层矿层时,为了保证运输巷道的平直、巷道的稳固性和减少矿柱损失等,经常将运输巷道布置在底板岩石中。

(4)矿石溜井。沿装车巷道每隔5~6m,向上掘进一条矿石溜井,并与采场下部切割巷道贯通,断面为1.5m×1.5m。暂时不用的矿石溜井,可作临时通风道和人行道。

(5)安全道。采场每隔10m左右掘一条安全道,并与上部阶段巷道连通,它是上部行人、通风和运料的通道,断面一般为1.5m×1.8m。为了保证工作面推进到任何位置,都能有一个安全出口,安全道之间的距离,不应大于最大悬顶距。

优点:长壁法的采准工作和工作面布置比较简单,因此,与其他可用采矿方法比,它是一种生产能力大、劳动生产率高、损失贫化小、通风条件好的采矿方法。这种方法在国内外金属矿或非金属矿均得到比较广泛的应用。

缺点:目前支护材料仍以木材为主,坑木消耗量大(每千吨矿石消耗量常常大于10m³),支护工作劳动强度大,顶板管理复杂。

303. 单层进路式崩落法的典型方案参数如何选择?

当矿层稳定性更差,采用短壁式工作面回采也不允许时,将矿块用分段凿岩巷道或上山划分为沿走向的小分段或沿倾斜的条带,从分段巷道或上山向两侧(或一侧)用进路进行回采,这种方法称为单层进路式崩落法,如图6-32所示。

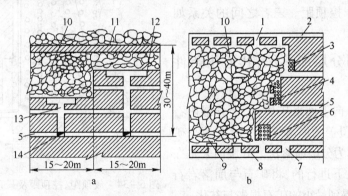

图6-32　进路式崩落法示意图

a—自上山向两侧开掘回采进路;b—自分段巷道开掘回采进路

1—安全口;2—回风巷道;3—窄进路;4—临时矿柱;5—分段巷道;6—宽进路;7—溜矿口;
8—运输巷道;9—隔板;10—崩落区;11—顶柱;12—壁面;13—上山;14—矿石溜井

进路的宽窄视顶板岩石稳固性而定。顶板岩石很坏时,采用宽度只有2.0~2.5m的窄进路;顶板条件稍好时,有时可将进路加宽到5~7m,以提高工作面的生产能力。进路采完后便放顶。有的为了避免贫化及改善进路的支护条件,在进路靠已采区的一侧留有宽为1.0~1.5m的临时矿柱,矿柱在放顶前进行回收。

304. 何谓放顶、放顶距、控顶距和悬顶距?

撤除支柱崩落顶板充填采空区的工作称为放顶。放顶能减少工作空间的压力,保证回采工作的正常进行,当工作面推进一定距离后,除了保证正常回采所需要的工作空间用支柱支护外,应将其余采空区中的支柱全部撤除,崩落顶板的岩石充填采空区。岩石崩落后,采空区暴露面积减少,工作空间顶压也随之减少,工作空间也会更加安全。工作面压力分布如图 6 - 33 所示。

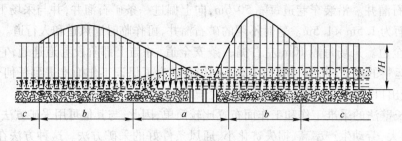

图 6 - 33　工作面由于采动影响的压力分布图
a—应力降低区;b—应力升高区;c—应力稳定区

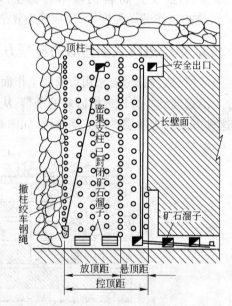

图 6 - 34　放顶距、控顶距及悬顶距关系示意图

每次放顶的宽度称为放顶距。

放顶后所保留的能维持正常开采工作的最小宽度称为控顶距,一般为 2 ~ 3 排支柱距离。

顶板暴露的宽度为悬顶距,放顶时的悬顶距为最大悬顶距,为放顶距与控顶距之和,最小的悬顶距等于控顶距。三者之间的关系如图 6 - 34 所示。

305. 何谓分层崩落法,其适用条件是什么?

按分层由上向下回采矿块,每个分层矿石采出之后,上面覆盖的崩落岩石下移充填采矿区。这种方法称为分层崩落法。分层回采是在人工假顶保护之下进行的,将矿石与崩落岩石隔开,从而保证得到最小的矿石损失与贫化。

分层崩落法适用条件:

(1)矿石价值高,此时降低矿石损失贫化的经济意义重大。

(2)矿石松散破碎不稳固,不允许在矿石暴露面下作业。

(3)围岩不稳固,暴露后可能自然崩落而充填采空区。若围岩不能随回采向下推进而自然崩落时,需要进行人工强制放顶,形成岩石覆盖层。

(4)矿体倾角与厚度须能使人工假顶随回采工作下移。倾角大时矿体厚度应不小于2m,缓倾斜时应不小于 4 ~ 5m。

(5)地面允许崩落。

(6)由于分层崩落法以回采巷道为最小单元进行回采,故可用来开采形状不规整的矿体。矿房充填后,有时用分层崩落法回采矿柱。

306. 分层崩落法的优缺点有哪些?

分层崩落法优点:

(1)该法的矿石损失率与贫化率很低,不损失富矿粉,矿石损失率为2%~5%,贫化率一般为4%~5%,少数达8%~10%。

(2)可在回采工作面进行选矿,将废石舍弃于已采的回采巷道中;可以分采矿石。

(3)该法对矿体形状适应性大。

分层崩落法缺点:

(1)木材消耗量大,常达0.03~0.05m³/t,这个缺点对木材不足的我国显得更为突出。

(2)矿块生产能力小,一般为1500~3000t/月。

(3)有火灾危险。

(4)回采工作面通风条件不好。

307. 如何选择分层崩落法的参数?

分层崩落法典型方案参数可进行如下选择:

(1)结构参数。如图6-35所示,当矿体倾角小不能借自重沿天井溜放矿石时,阶段高度取20~25m,当矿体倾角大和使用脉外天井时,阶段高取50~60m,脉内天井30~40m。矿块长度一般小于60m,矿块宽度通常小于30m。分层高度,当压力很大时可取2~2.5m,一般条件下可取3~3.2m;当开采条件比较好时,回采巷道宽度取3~3.5m,分层高度取3.5m。

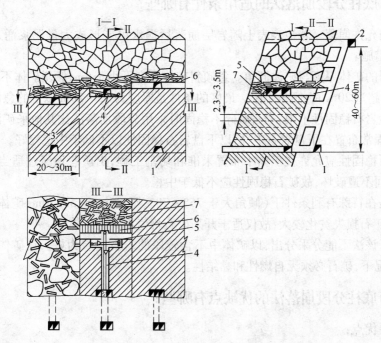

图6-35　分层崩落法典型方案示意图

1—阶段运输巷道;2—回风巷道;3—矿块边界;4—分层运输巷道;

5—回采巷道;6—垫板;7—人工假顶

（2）采准切割工作。当矿体厚度在 2～3m 以下时，在掘完阶段运输巷道与矿块天井之后，沿矿层全厚开掘分层平巷，并由此回采分层；当矿体较厚时，用脉内外联合采准、用分层横巷切割分层，并自分层横巷开掘回采巷道，采出矿石。

（3）回采工作。回采工作包括落矿、矿石运搬、支护回采巷道、铺垫板及放顶等工作。凿岩炮孔深度不大于 1.5～1.8m，崩下的矿石用两台双卷筒或一台三卷筒的电耙运搬，出矿后随着回采的推进，用每隔 1～1.5m 的立柱或木棚子支护回采巷道，放顶时每次 2～3 条回采巷道。一般用炸药炸毁立柱，使上分层垫板及其上面的假顶落下，岩石随之下移，采空区被充填，立柱操作合理的情况下可以回放，金属柱用绞车拉出。

分层崩落法不理想之处是通风问题，因此在回采巷道中应进行局部通风，用压入式局扇和风筒向工作面送新鲜风流，局扇设在回采分层下面最近的联络道上。

308. 有底柱分段崩落法的特点有哪些？

有底柱分段崩落法也称为有底部结构的分段崩落法。该方法的主要特征是按分段逐个进行回采，且在每个分段下部设有出矿专用的底部结构（底柱）。有底柱分段崩落法就是根据这两个特征命名的。分段的回采由上向下逐分段依次进行。依照落矿方式可分为水平深孔落矿有底柱分段崩落法与垂直深孔落矿有底柱分段崩落法两种。前者具有比较明显的矿块结构，每个矿块一般都有独立完整的出矿、通风、行人和运送材料设备等系统，在崩落层的下部一般都需要开掘补偿空间，进行自由空间爆破；后者的落矿大都采用挤压爆破，并且连续回采，矿块之间没有明显的界限。

309. 有底柱分段崩落法的适用条件有哪些？

（1）地表允许崩落。若地表表土随岩层崩落后遇水可能形成大量泥浆涌入井下时，必须采取预防措施。

（2）适用的矿体厚度与矿体倾角。急倾斜矿体厚度不小于 5m，倾斜矿体不小于 10m；当矿体厚度大，超过 20m 时，倾角不限。最好的条件是厚度为 15～20m 以上的急倾斜矿体。

（3）上盘岩石稳固性不限，岩石破碎不稳固时采用分段崩落法比其他采矿法更为合适。由于采准工程常布置在下盘岩石中，所以下盘岩石稳固性以不低于中稳较好。

（4）矿石稳固性应允许在矿体中布置采准和切割工程，出矿巷道经过适当支护后应能保持出矿期间不遭破坏，故矿石稳固性应不低于中稳。

（5）不是在特殊有利条件下（倾角大于 75°～78°、厚度大于 15～20m、矿体形状比较规整），此法的矿石损失贫化较大，故仅适于开采矿石价值不高的矿体。

（6）由于该法不能分采分出，以矿体中不含较厚的岩石夹层为好。在矿体倾角大回采分段高的情况下，矿石必须无自燃性和黏结性。

310. 有底柱分段崩落法的优缺点有哪些？

（1）主要优点：

1）由于该法具有多种回采方案，可以用于开采各种不同条件的矿体，故使用灵活和适应范围广。

2）生产能力较大，开采强度大于无底柱分段崩落法。年下降深度达 20～23m，矿体单位面积产量达 75 ~ 100t/(m² · a)。

3)采矿与出矿的设备简单,使用和维修都很方便,适应国内设备生产供应条件。

4)对比无底柱分段崩落法,通风条件好,有贯通风流;当采用新鲜风流直接进入电耙巷道的通风系统时,可保证风速不小于 0.5m/s。

(2)主要缺点:

1)采准切割工程量大,并且施工机械化程度低。其底部结构复杂,它的工程量约占整个采准切割工程的一半。

2)矿石损失贫化比较大,在矿体倾角不陡、厚度不大的情况下更大些。一般矿石损失率为 15% ~ 20%,矿石贫化率为 20% ~ 30%。

311. 水平深孔落矿有底柱分段崩落法的结构参数如何选择?

这种采矿法每个阶段可划分为 2 ~ 3 个分段、每个分段底部均有底部结构,崩矿前需在崩落矿石层下部拉底和开掘补偿空间,如图 6 - 36 所示。

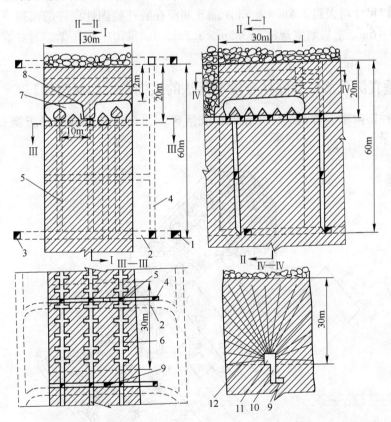

图 6 - 36　水平深孔落矿有底柱分段崩落法典型方案示意图

1—下盘脉外运输巷道;2—穿脉运输巷道;3—上盘脉外运输巷道;4—行人通风天井;5—放矿溜井;6—耙矿巷道;
7—补偿空间;8—临时矿柱;9—凿岩天井;10—联络道;11—凿岩硐室;12—水平深孔

进行自由空间爆破或限制空间爆破,由于对矿块底柱的稳固性破坏较大,炮孔也易变形,这种方案目前使用的不是很普遍。

(1)矿块结构参数。阶段高度主要取决于矿体倾角、厚度和形状规整程度,一般为 40 ~

60m。分段高度是一个重要参数,在生产实际中常用的为 15～25m。电耙道间距和耙运距离,一般为 10～15m。耙运距离一般为 30～50m,再加大耙运距离时,电耙效率显著降低。矿体厚度小于 15m 时,穿脉巷道间距可取 30m。在沿脉巷道装车时,可根据矿体厚度等条件取 2～4 条耙道为一个矿块。底柱高度主要取决于矿石稳固性和受矿巷道形式。采用漏斗时,分段底柱常为 6～8m;阶段底柱宜设储矿小井,以消除耙矿和阶段运输间的相互牵制,底柱高度可取 11～13m。

（2）采准工作。穿脉巷道间距要与耙道的布置形式、长度和间距相适应,一般为 25～30m。

溜井断面一般为 1.5m×2m 或 2m×2m。溜井的上口应偏向电耙道的一侧,使另一侧有不小于 1m 宽的人行通道。溜井多用垂直的,便于施工。倾斜溜井上部分段（长溜井）不小于 60°,最下分段（短溜井）不小于 55°。电耙巷道的布置,当矿体厚度小于 15m 时,多用沿脉布置耙道;当矿体厚度大,一般多用垂直走向布置;当矿体厚度变化不大形状比较规整时,也可采用沿走向布置耙道。此时矿石溜井等都布置在矿体内,可减少岩石工程量。把漏斗颈和放矿口尺寸增大到 2.5m×2.5m。漏斗间距在底柱稳固性允许的前提下以小一点为好,一般取 5～6m。凿岩硐室规格为 3.5m×3.5m×3m 采用中深孔爆破时。炮孔可自天井直接钻凿。

312. 垂直深孔落矿有底柱分段崩落法的结构参数如何选择?

这是一种钻凿垂直深孔,应用挤压爆破落矿的采矿方法。其典型方案如图 6－37、图 6－38 所示。

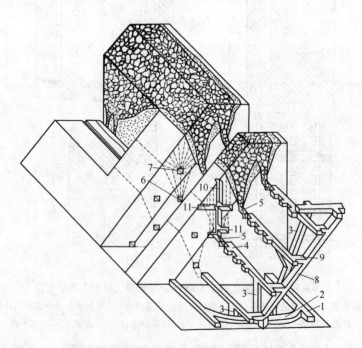

图 6－37　垂直深孔落矿有底柱分段崩落法立体图

1—阶段沿脉运输巷道;2—阶段穿脉运输巷道;3—矿石溜井;4—耙矿巷道;5—斗颈;6—堑沟巷道;7—凿岩巷道;
8—行人通风天井;9—联络道;10—切割天井;11—切割横巷;12—电耙巷道与溜矿井的联络道

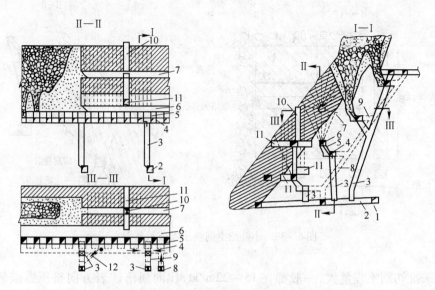

图 6 - 38　垂直深孔落矿有底柱分段崩落法投影图

（图注同图 6 - 37）

（1）结构参数。阶段高 50～60m，采场沿走向方向布置，长度为 25～30m，与耙运距离相同，分段高为 10～25m，在垂直走向剖面上每个分段开采矿体近于菱形。阶段运输也采用穿脉装车的环形运输系统，穿脉间距为 25～30m。

（2）采准切割。下盘一般采用单侧堑沟式受矿电耙道，斗穿间距 5～5.5m，斗穿斗颈规格为 2.5m×2.5m，堑沟坡面角 60°，每 2～3 个矿块设置一个通风人行天井，用联络道与各分段电耙道连通，兼作各个采场的回风井。沿走向 10～12m 开切割井与切割横巷，以保证有 20% 左右的补偿空间。

（3）回采工作。用 YG - 80、YGZ - 90 型凿岩机凿岩，钻凿孔径为 65mm，孔深 10～15m 的扇形中深孔，切割槽与落矿炮孔同期分段起爆，电耙用 30kW 的 0.3m³ 耙斗，放矿时遵循"由近而远，然后再由远而近"的单斗顺序放矿。

爆破使用挤压爆破，按崩落矿石获得补偿空间的条件，可以分为小补偿空间挤压爆破及向崩落矿岩挤压爆破两种方式。

313. 小补偿空间挤压爆破方案如何实现？

小补偿空间挤压爆破方案如图 6 - 39 所示，崩落矿石所需的补偿空间是由崩落矿体中的井巷空间所提供，常用的补偿空间系数为 15%～20%。过大，不但增加了采准工程量，而且还可能降低挤压爆破的效果；过小，容易出现过挤压甚至"呛炮"现象。

优点：

（1）灵活性大，适应性强，一般不受矿体形态变化、相邻崩落矿岩的状态、一次爆破范围的大小、矿岩稳固性等条件的限制。

（2）对相邻矿块的工程和炮孔等破坏较小。

（3）补偿空间分布比较均匀，且能按空间分布情况调整矿量，故落矿质量一般都较好，而且比较可靠。

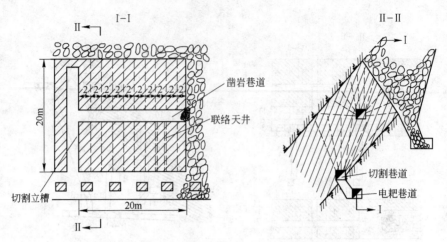

图 6-39　小补偿空间挤压爆破示意图

缺点：

(1)采准切割工程量大,一般都在 15~22m/kt,比向崩落矿岩方向挤压爆破的大 3~5m/kt。

(2)采场结构复杂,施工机械化程度低,施工条件差。

(3)落矿的边界不甚整齐。

适用条件：

(1)各分段的第一个矿块或相邻部位无崩落矿岩。

(2)矿石较破碎或需降低对相邻矿块的破坏影响。

(3)为生产或衔接的需要,要求一次崩落较大范围。

314. 侧向挤压爆破如何实现?

实施向相邻崩落矿岩挤压爆破(有时也称为侧向挤压爆破)时,在爆破前,对前次崩落的矿石需进行松动放矿,其目的是将爆破后压实的矿石松散到正常状态,以便本次爆破时借助爆破冲击力,挤压已松散的矿石来获得补偿空间,如此逐次进行,直至崩落全部矿石,如图 6-40 所示。

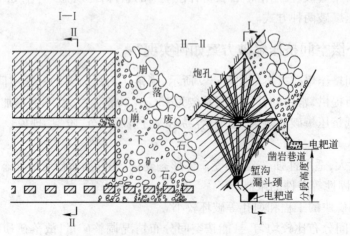

图 6-40　侧向挤压爆破示意图

该方法不需要开掘专用的补偿空间,但邻接崩落矿岩的数量及其松散状态,对爆破矿石数量及破碎情况具有决定性的影响,所以本法不如小补偿空间挤压爆破灵活和适应性大。此外采用该种挤压爆破时,大量矿石被抛入巷道中,需人工清理,劳动繁重,且劳动条件较差。

315. 无底柱分段崩落法的特点是什么?

无底柱分段崩落法自20世纪60年代中期在我国开始使用以来,在金属矿山获得迅速推广,特别是在铁矿山更为广泛,目前已占地下铁矿山矿石总产量的70%左右。

与有底柱分段崩落法比较,该法的基本特征是,分段下部未设由专用出矿巷道所构成的底部结构;分段的凿岩、崩矿和出矿等工作均在回采巷道中进行。因此,可大大简化采矿方法结构,给使用无轨自行设备创造了有利条件,并可保证工人在安全条件下进行工作。

典型方案示意图如图6-41所示。

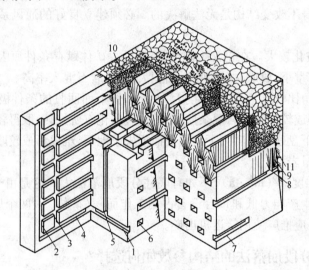

图6-41 无底柱分段崩落法典型方案的结构示意图

1—阶段运输巷道;2—电梯井;3—设备井;4—穿脉巷道;5—溜矿井;6—分段运输联络巷道;
7—回采进路;8—切割巷道;9—切割天井;10—上向扇形中深孔;11—切割炮孔

316. 无底柱分段崩落法的适用条件有哪些?

由于该法结构简单,可用范围是很大的。实践表明,该法适用条件为:

(1)地表与围岩允许崩落。

(2)矿石稳固性在中等以上,回采巷道不需要大量支护。随着支护技术的发展及喷锚支护的广泛应用,对矿石稳固性要求有所降低,但必须保证回采巷道的稳固性,否则,由于回采巷道被破坏,矿石将大量损失。下盘围岩应在中稳以上,以利于在其中开掘各种采准巷道;上盘岩石稳固性不限,当上盘岩石不稳固时,与其他大量崩落法方案比较,使用该法更为有利。

(3)急倾斜的厚矿体或缓倾斜的极厚矿体。

(4)由于该法的矿石损失率与岩石混入率较大,矿石价值不应很高,矿石可选性好或围岩含有品位。

(5)需要剔除矿石中夹石或分级出矿的条件,采用该法较为有利。

317. 无底柱分段崩落法的优缺点有哪些?

无底柱分段崩落法主要优点:

(1)安全性好,各项回采作业都在回采巷道中进行;在回采巷道端部出矿,一般大块都可流进回采巷道中,二次破碎工作比较安全。

(2)采矿方法结构简单,回采工艺简单,容易标准化,适于使用高效率的大型无轨设备,机械化程度高。

(3)由于崩矿与出矿以每个步距为最小单元,当地质条件合适时有可能剔除夹石和进行分级出矿。

无底柱分段崩落法的主要缺点:

(1)回采巷道通风困难。这是由于回采巷道独头作业,无法形成贯穿风流造成的,这个问题从采矿方法本身不改变结构是无法解决的。必须建立良好的通风系统,同时采用局部通风和消尘设施。

(2)矿石损失贫化较大。在正常生产情况下,除去矿体赋存条件原因之外,采矿方法本身原因是,每次崩矿量小,放矿时矿岩接触面积大,因此岩石混入率高。

只有当矿体倾角比较陡急、矿体厚度大,上面残留下面回收的条件极为有利时,可在多个分段回采之后,形成较厚的矿岩混杂层,矿石损失贫化有所好转,取得较好指标。否则,残留的矿石很快进入下盘残留区转为下盘损失而损失于地下,难以形成较厚的矿岩混杂层,使每次放矿时混入大量岩石。

(3)此法采矿强度$[t/(m^2 \cdot a)]$不如有底柱分段崩落法大。这是由于目前广泛使用的装运机(ZYQ-14)生产能力低和每台设备占用工作面积(矿体)大两个原因造成的。从提高矿块生产能力看,应推广使用铲运机出矿。

318. 无底柱分段崩落法的结构参数如何选择?

无底柱分段崩落法特点是在矿体内一般以 10m×10m 的网度开掘回采巷道,并在其中打上向扇形深孔落矿,随着放出崩下的矿石,崩落的围岩充满采空区。典型方案如图 6-42 所示。

(1)结构参数。分段高 10m,阶段高取 60~70m;在使用 ZYQ-14 型装运机且进路垂直矿体走向布置时,溜井间距为 60~80m;当采用铲运机出矿,进路垂直走向布置时为 100~150m,沿走向布置时可以达到 150~200m;进路规格:当采用 CZZ-700 型凿岩台车和 ZYQ-14 型装运机时,进路宽 3~4m,高 3~3.5m,当采用铲运机出矿时,一般进路宽为 4.5~5m,高 3~3.5m,当采用凿岩台架凿岩、装岩机出矿时,进路宽 2.6~2.9m、高 2.7m。

(2)采准切割工作。采准工作中最关键的参数是分段高度,一般以 10m 为佳。切割工程包括掘进切割天井、切割巷道及形成切割槽。常用的方法有三种:即切割平巷与切割天井拉槽法、天井拉槽法及无切割井拉槽法。

(3)回采工作。回采工作主要进行落矿、出矿和通风等项工作。炮孔扇形布置分段高度为 10~12m 时,扇形孔的深度一般为 12~15m,边孔角为 50°~60°,孔径 50~65mm 时,最小抵抗线为 1.4~2m,孔径为 80~105mm 时,最小抵抗线为 2~3m,每次爆破 1~2 排炮孔。出矿使用 ZYQ-14 型,斗容 0.3m³ 的气动装运机。

（4）通风工作。无底柱分段崩落法的工作面是独头巷道，无法采用贯穿风流通风，随着柴油驱动设备的大量使用，井下污染更加严重。目前，可使用电动铲运机解决此问题。

近年来，该方法在结构参数方面有很大改革，进路间距与阶段高度已改为 15m×12m、18m×12m、20m×15m，而且取得较好的效果。

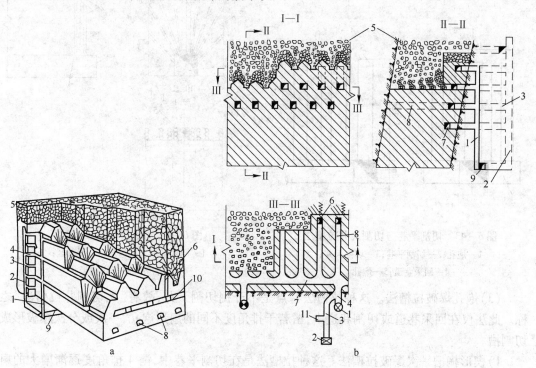

图 6-42　无底柱分段崩落法典型方案示意图

a—立体图；b—投影图

1—放矿溜井；2—人行通风天井；3—设备井联络道；4—溜井联络道；5—崩落矿石；6—切割井；7—分段联络巷道；8—回采巷道；9—阶段运输平巷；10—切割平巷；11—机修室

319. 无底柱分段崩落法有哪几种常用的拉槽方式?

（1）切割平巷与切割天井联合拉槽法。该种拉槽法如图 6-43 所示。沿矿体边界掘进一条切割平巷贯通各回采巷道端部，然后根据爆破需要，在适当的位置掘进切割天井；在切割天井两侧，自切割平巷钻凿若干排平行或扇形炮孔，每排 4~6 个炮孔；以切割天井为自由面，一侧或两侧逐排爆破炮孔形成切割槽。这种拉槽法比较简单，切割槽质量容易保证，在实际中广泛应用。

（2）切割天井拉槽法。这种拉槽法如图 6-44 所示。此法不需要掘进切割平巷，只在回采巷道端部掘进断面为 1.5m×2.5m 切割天井。天井短边距回采巷道端部留有 1~2m 距离以利于台车凿岩；天井长边平行回采巷道中心线；在切割天井两侧各打三排炮孔，微差爆破，一次成槽。

该法灵活性较大，适应性强并且不受相邻回采巷道切割槽质量的影响。沿矿体走向布置回采巷道时多用该法开掘切割槽。垂直矿体走向布置回采巷道时由于开掘天井太多，在实际中使用不如第一种方法广泛。

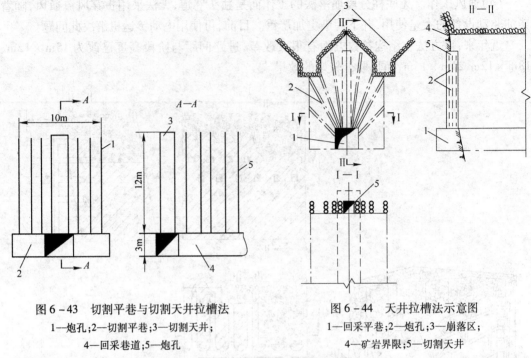

图 6-43 切割平巷与切割天井拉槽法
1—炮孔;2—切割平巷;3—切割天井;
4—回采巷道;5—炮孔

图 6-44 天井拉槽法示意图
1—回采平巷;2—炮孔;3—崩落区;
4—矿岩界限;5—切割天井

(3)炮孔爆破拉槽法。这种拉槽法特点是不开掘切割天井,故有"无切割井拉槽法"之称。此法仅在回采巷道或切割巷道中,凿若干排角度不同的扇形炮孔,一次或分次爆破形成切割槽。

1)楔形掏槽一次爆破拉槽法。这种拉槽法是在切割平巷中,凿 4 排角度逐渐增大的扇形炮孔,然后用微差爆破一次形成切割槽(图 6-45a)这种拉槽法在矿石不稳固或不便于掘

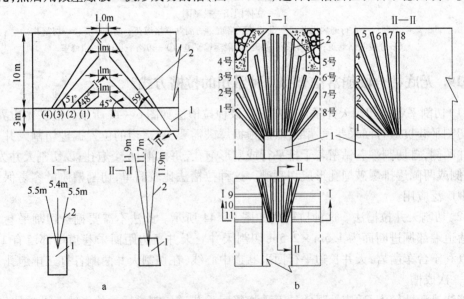

图 6-45 无切割井拉槽法示意图
a—楔型掏槽一次爆破法拉槽;b—分次爆破拉槽法
1—回采巷道;2—炮孔

进切割天井的地方使用最合适。

2)分次爆破拉槽法。这种拉槽法(图6-45b)在回采巷道端部4~5m处,凿8排扇形炮孔,每排7个孔,按排分次爆破,这相当于形成切割天井。此外,为了保证切割槽的面积和形状,还布置9、10、11三排切割孔,其布置方式相当于切割天井拉槽法。该拉槽法也是用于矿石比较破碎的条件下,在实际中用得不多。

320. 减少无底柱分段崩落法的损失贫化的措施有哪些?

(1)合理布置回采巷道,尽量减少分段脊部损失矿量,为此上下分段回采巷道应采用菱形交错布置,以便使每次崩落的矿石层为一菱形体,与放出椭球体轮廓相符,在下分段最大限度地回收脊部矿石,如图6-46所示。

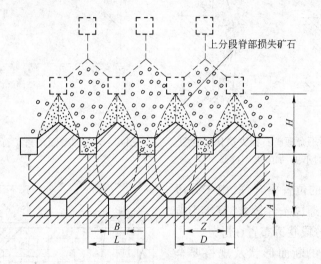

图6-46　上下分段回采巷道菱形分布示意图

H—分段高度;A—回采巷道高度;B—回采巷道宽度;D—巷道回采中心间距;

L—回采分条宽度;Z—回采巷道间柱宽度

(2)要有合理的分段高度及回采巷道间距。两者之间应满足如下关系:

$$L = 2H\sqrt{1 + \varepsilon^2} + B$$

式中　L——回采巷道的间距;

　　　H——分段高度;

　　　ε——放出椭球体偏心率;

　　　B——回采巷道宽度。

(3)崩矿步距要合理,当崩矿步距过小,放出椭球体提前伸入正面崩落废石,致使大量废石混入,上部矿石也被废石隔断无法放出,矿石损失严重;当崩矿步距过大,放出椭球体提前伸入上部崩落废石中,致使大量废石自上部混入,同时正面脊部损失也增加,因此合理的步距也是降低损失与贫化的主要途径,如图6-47所示。

(4)端壁倾角要合理,端壁倾角的最佳值为90°~100°,端壁倾角后倾对放矿非常有利,图6-48是在分段高度、崩矿步距、回采巷道中心间距及回采巷道规格不变的条件下,端壁倾角与矿石回收率之间的关系。

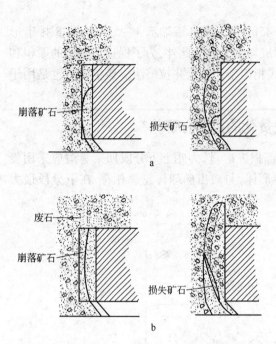

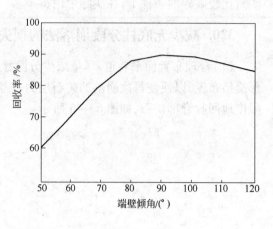

图 6－47　崩落步距不合理矿石损失贫化示意图
a—崩矿步距过小；b—崩矿步距过大

图 6－48　端壁倾角与矿石回收率的关系图

（5）分段巷道的位置要合理，由于分段巷道布置在脉内时通风条件较差，直接影响到生产，因而一般分段巷道布置在脉外。

（6）回采巷道的断面形状及规格要合理，回采巷道的宽度 B 应遵守：

$$B \geq 5D\sqrt{K}$$

式中　D——崩落矿石最大块度直径，m；

　　　K——校正系数，可按图 6－49 查取。

图 6－49 中区域 I 为大块的形状和所占比例，区域 II 及 III 为中块及小块所占有比例，区域 IV 为黏结性成分所占比例。

（7）铲取方式及铲取深度要合理，铲取时必须沿着整个巷道宽度按一定的顺序轮番铲取，这时矿岩接触线近于水平下降，防止了废石过早地进入回采巷道，减少了矿石损失与贫化。

321. 阶段崩落法是怎样分类的？

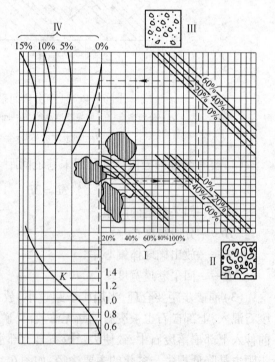

图 6－49　校正系数查算表

阶段崩落法是回采高度等于阶段全高，根据落矿方式的不同，可以分为阶段强制崩落法与阶段自然崩落法两种。

322. 阶段强制崩落法的使用条件有哪些?

阶段强制崩落法可分为两类,一类为有补偿空间的阶段强制崩落法,另一类为连续回采的阶段强制崩落法。

阶段强制崩落法使用条件主要有:

(1)矿体厚度大,使用阶段强制崩落法较为合适。矿体倾角大时厚度一般以不小于15~20m为宜;倾斜与缓倾斜矿体的厚度应更大些,此时放矿漏斗多设在下盘岩石中。

由于放矿的矿石层高度大,下盘倾角小于70°时,就应该考虑设间隔式下盘漏斗;当下盘倾角小于50°应设密集式下盘漏斗,否则下盘矿石损失过大。

(2)开采急倾斜矿体时,上盘岩石稳固性最好能保持矿石没有放完之前不崩落,以免放矿时产生较大的损失贫化,这一点有时是使用阶段崩落法与分段崩落法的界限。

倾斜、缓倾斜矿体的上盘最好能随放矿自然崩落下来,否则还需人工强制崩落。

下盘稳固性根据脉外采准工程要求确定,一般中等稳固即可;当稳固性稍差时,采准工程则需支护。

(3)设有补偿空间方案对矿石稳固性要求高些,矿石须具有中等稳固;连续回采由于采用挤压爆破,可以用于不够稳固的矿石中。

(4)矿石价值不高,也不需要分采,不含较大的岩石夹层。

(5)矿石没有结块、氧化和自燃等性质。

(6)地表允许崩落。

矿体厚大、形状规整、倾角陡、围岩不够稳固、矿石价值不高、围岩含有品位,是采用阶段强制崩落法的最优条件。

同分段崩落法相比较,阶段强制崩落法具有采准工程量小、劳动生产率高、采矿成本低与作业安全等优点;但还具有生产技术与放矿管理要求严格、大块产出率高以及矿石损失常大于分段崩落法等缺点,此外,使用条件远不如分段崩落法灵活。

323. 阶段强制崩落法参数如何选择?

(1)向水平补偿空间落矿强制崩落法。这种方法立体示意图如图6-50所示。

该方法矿块宽一般20~50m,长30~50m,阶段高50~80m,补偿空间开在矿块下部,高8~15m。阶段运输水平多数采用脉内外平巷与横巷的环行运输系统,运输横巷间距30m,电耙道沿走向布置,间距10~12m,斗穿对称布置,间距5~6m。凿岩天井与硐室的合理位置,应使炮孔深度差别不大,分布均匀并有利于硐室的稳固。

回采时应保证补偿空间的体积为崩落矿石体积的20%~25%,当矿石的稳固性较差时,可在矿块下部开掘2~3个小补偿空间,在小补偿空间之间留临时矿柱支撑拉底空间。

(2)向垂直补偿空间落矿阶段强制崩落法。这种采矿方法示意图如图6-51所示。

这种采矿方式一般阶段高70~80m,矿块宽度25~27m,矿块垂直走向布置时,其长度为矿体实际厚度。补偿空间开在矿块的一侧,高35~40m,宽10~12m,运输采取上下盘脉外沿脉巷道和穿脉装车的环形运输系统,出矿在底部结构内安放振动放矿机。在运输水平与拉底水平之间用倾角为12°的斜坡道连接,供无轨掘进设备行走。

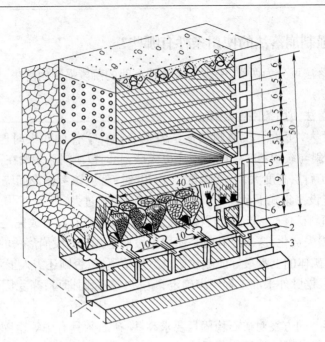

图 6 – 50　向水平补偿空间落矿阶段强制崩落法示意图

1—运输横巷;2—电耙道联络道;3—电耙道溜井;4—凿岩天井;5—脉外矿块天井;6—拉底水平

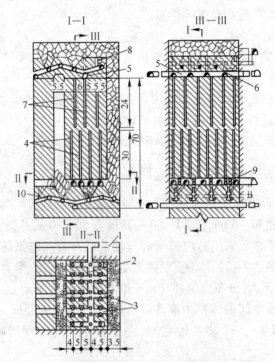

图 6 – 51　向垂直补偿空间落矿阶段强制崩落法示意图

1—无轨设备斜坡道;2—穿脉凿岩巷道;3—凿岩和拉底巷道;4—上向平行深孔;5—上部穿脉凿岩巷道;
6—凿岩硐室;7—下向深孔;8—顶向上部深孔;9—水平拉底深孔;10—检查、回风巷道

凿岩分两层进行,一层在拉底水平上,一层在上阶段运输水平上,补偿空间在矿块一侧,补偿空间宽 4 ~6m,长为矿体厚度,在上部凿岩水平向下打垂直下向深孔的方法扩展切割。

回采炮孔直径105mm,爆破时采用微差起爆落矿,深孔采取上下对打,在上部凿岩巷道往下打3排,在下部凿岩巷道往上打4排,以缩短落矿炮孔深度,减少孔底偏斜值,提高凿岩质量。

由于凿岩时间长,凿岩时应该注意以下问题:

1)凿岩时间应在相邻矿块落矿后的两个月内。

2)先打靠近补偿空间一侧的深孔,靠近崩落区的深孔最后凿出。

3)在平面上矿块凿岩推进方向应与补偿空间内爆破方向相反。

(3)无补偿空间侧向挤压爆破阶段强制崩落法。这种采矿方法与侧向挤压爆破的分段崩落法相似,所不同的是阶段崩落,且放矿范围大了。由于放矿方法的不同,有底部放矿和端部放矿两种方案。这两种方案的典型方案分别如图6-52、图6-53所示。

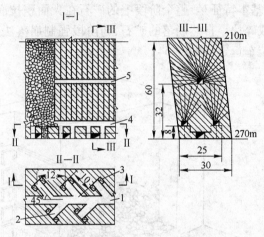

图6-52　侧向挤压爆破底部放矿阶段强制崩落法示意图

1—脉内运输巷道;2—装矿巷道;3—斗颈;4—堑沟巷道;5—凿岩巷道

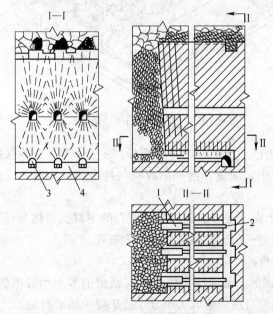

图6-53　侧向挤压爆破端部放矿阶段强制崩落法示意图

1—振动放矿机;2—振动运输机;3—回采出矿巷道;4—运输巷道

　　第一种方案阶段运输平巷开在矿体中央,并由此向两侧交错掘进装矿巷道,长 10 ~ 12m,断面 3.4m²。在装矿巷道的端头两侧掘进斗穿、斗颈、断面为 6m²,与堑沟巷道在底部连通,开采时从堑沟巷道凿岩巷道中打排间距为 2.5m、孔底距为 2.5 ~ 3m 的上向扇形孔,进行爆破作业。

　　第二种方案采用前倾式倾斜层落矿,振动给矿机与振动运输机运搬,在凿道中打向上和向下的扇形孔以缩短炮孔深度,改善爆破效果,临时矿柱用浅孔崩落,这种采矿方法工艺与有底柱端部放矿崩落法工艺基本相同。

324. 阶段自然崩落法的使用条件及优缺点有哪些?

　　阶段自然崩落法的基本特征是:整个阶段上的矿石在大面积拉底后借自重与地压作用逐渐自然崩落,并能破成碎块。自然崩落的矿石,与阶段强制崩落法一样,经底部出矿巷道放出,在阶段运输巷道装车运走(图 6 – 54)。

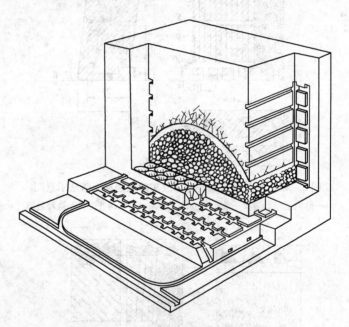

图 6 – 54　阶段自然崩落法结构示意图

　　崩落过程中,仅放出已崩落矿石的碎胀部分(约三分之一),并保持矿体下面的自由空间高度不超过 5m,以防止大规模冒落和形成空气冲击波。待整个阶段高度上崩落完毕之后,再进行大量放矿。

　　大量放矿开始后,上面覆盖岩层随着崩落矿石的下移也自然崩落下来,并充填采空区。崩落矿石在放出过程中由于挤压碰撞还可进一步破碎。

　　自然崩落法使用条件:

　　(1)矿石应是不稳固的。最理想条件是具有密集的节理和裂隙的中等坚硬的矿石,当拉底到一定面积之后能够自然崩落成大小合乎放矿要求的矿石块。

　　(2)矿体的厚度一般不小于 20 ~ 30m。其他适用条件与阶段强制崩落法基本相同。

　　优点:生产能力大,生产成本低,工人生产效率高,炸药、木材消耗少。适用于矿石价值不高,矿石松软破碎的厚大矿体的开采。

缺点:适用的矿床地质条件苛刻,建设初期基建投资大,建设周期长。同时,对施工质量和管理的要求比较严格。我国现在缺少这方面经验,因此很少使用。

325. 阶段自然崩落法有哪几个典型方案?

阶段自然崩落法典型方案主要有三个,即:矿块崩落、盘区崩落和全面连续崩落。

(1)矿块自然崩落法,如图6-55所示。阶段高度一般取60~80m,最大可达150m,矿块长取决于矿石性质及地压大小,当矿石破碎且地压很大时取30~40m,否则取50~60m,在矿块的四个边角上开掘四条天井,自切帮天井底部起每隔8~10m高,沿矿块的周边掘进切帮巷道,阶段上、下部分高度可到10~15m。

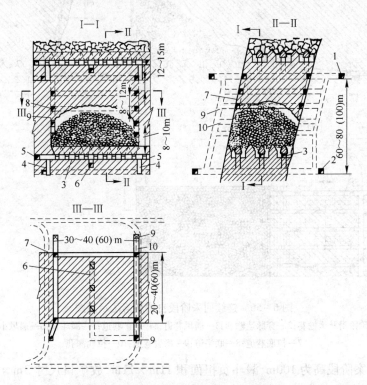

图6-55　矿块阶段自然崩落法示意图

1,2—上、下阶段运输巷道;3—耙矿巷道;4—溜井;5—联络道;6—回风巷道;
7—切帮天井;8—切帮平巷;9—观察天井;10—观察人道

在距矿块四角8~12m处观察天井,由观察天井掘观察道,以观察崩落的过程,矿块拉底时,如果矿块沿矿体走向布置,从矿块中央向两端;如果矿块垂直走向布置,由下盘向上盘,用炮孔分块爆破,以免上盘过早崩落。本方法用于回采矿石软弱、节理、裂隙发育、崩落矿石块度小的矿体。

这种方法易于实现快速出矿,避免出现增大地压破坏采准巷道。

(2)连续回采阶段自然崩落法,这种开采方法为了增加同时回采的采场数目,将阶段划分为尺寸较大的分区,在分区的一端沿宽度方向掘进切割巷道,再沿长度方向拉底,拉底到一定面积后矿石开始自然崩落,随着拉底工作的不断向前扩展,矿石自然崩落范围也随着推进,矿石顶板逐渐形成一个斜面,并以斜面形式推进,该方法要求矿石节理稀疏,矿石较稳定需要较大的拉底面积才能发生初始崩落和持续崩落的情况下使用,如图 6 - 56 所示。

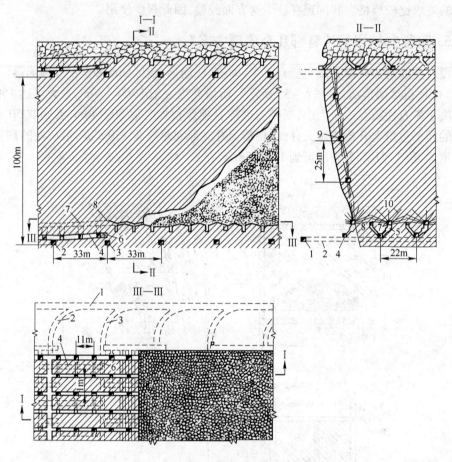

图 6 - 56　连续回采阶段自然崩落法示意图
1—阶段沿脉运输巷;2—穿脉运输巷;3—通风巷道;4—耙矿巷道;5—漏斗颈;6—通风小井;
7—拉底巷道;8—联络道;9—凿岩巷道;10—拉底深孔

该典型方案阶段高为 100m,漏斗负担面积 11m × 11m,放矿口尺寸 3m × 3m,出矿巷道用混凝土支护,电耙出矿。

（3）盘区阶段自然崩落法。这种方法是将矿体走向或垂直矿体走向划分为盘区,以盘区为单元回采,盘区间留与不留矿柱,根据盘区巷道所处的矿岩稳固性和采场内崩落围岩能否重新压实、结块及便于回收而定。这种方法一般用于矿体规模较大,节理裂隙稀疏的中等稳固矿体,放矿采取控制放矿,崩落矿岩接触面呈现斜面均匀下降。

在上述三种阶段自然崩落法中,矿块崩落方案已几乎很少用,后两种方案应用相对广泛一些,阶段自然崩落法是一种生产能力大、生产成本最低的采矿方法,如果能应用好的话将非常有价值,在价值不高,矿石松软破碎的厚大矿体中应积极试验推广。

326. 充填采矿法如何分类?

充填采空区的目的,主要是利用所形成的充填体,进行地压管理,以控制围岩崩落和地表下沉,并为回采工作创造安全和方便条件。有时还用来预防有自燃性矿石的内因火灾。

按矿块结构和回采工作面推进方向,充填采矿法可分为:单层充填采矿法、上向分层充填采矿法、下向分层充填采矿法和分采充填采矿法。根据所采用的充填料和输出方法不同,充填采矿法又可分为:(1)干式充填采矿法,用矿车、风力或其他机械输送干充填料(如废石、砂石等)充填采空区;(2)水力充填采矿法,用水力沿管路输送选矿厂尾砂、冶炼厂炉渣、碎石等充填采空区;(3)胶结充填采矿法,用水泥或水泥代用品与脱泥尾砂或砂石配制而成的胶结性物料充填采空区。

327. 何谓垂直分条充填采矿法?

垂直分条充填采矿法是在阶段中,将矿体沿走向方向划分垂直分条,连续回采,分条采后进行充填。这种方法适用于高品位贵金属矿石,薄至中厚、产状稳定的矿床。

该采矿法有以下三种方案:

(1)连续垂直分条充填采矿法。这种方法适合于开采缓倾斜薄及中厚矿体。开采时矿体划分垂直分条,连续推进,分条上向回采,回采后进行充填,采场用锚杆支护。

这种方案,一般将矿块沿走向划分为 6 ~ 12m 的分条,在中间或在靠充填体一侧开掘一条天井,用向上浅孔回采分条,回采结束后进行充填。分条的侧面不垂直于顶底板,而与水平面成 60° ~ 70° 的夹角,使水砂充填体得以稳定,一般矿体长度 50 ~ 150m,分条斜长可达 150m。

(2)壁式垂直分条充填采矿法。这种采矿方法适用于开采薄及中厚缓倾斜矿体。工作面沿走向方向连续推进,分条充填采空区,充填体与工作面间留有工作空间,用木柱或金属支柱支护顶板。

这种方案经常采用脉外采准,脉内开一条拉底巷道,经放矿溜井与脉外运输巷道相连,在矿块一侧开掘上山,作切割用,回采面向另一侧推进。一般工作面斜长为 30 ~ 40m,矿块沿走向长 60 ~ 80m,用浅孔落矿,电耙出矿。

(3)阶段垂直分条充填法。这种采矿方法适宜于开采倾斜或缓倾斜的中厚矿体,其特点是把阶段划分成分段,利用分段巷道分段分条落矿、出矿,全阶段分条充填。

这种方法将阶段划分为 15m 左右的分段。在分段巷道用中深孔落矿,并用铲运机在分段巷道内端部出矿。各分段均采完一个分条后,再用胶结材料充填,全阶段采后分条充填。

垂直分条充填采矿法回采安全,矿石损失率和贫化率低,生产能力和劳动强度高是该方法最大的优点,当然,回采工艺复杂,一些方案木材消耗大也是这种采矿方法的不足之处。

328. 何谓上向水平分层充填采矿法?

这种方法用于开采急倾斜矿体,其基本特征是将矿块分成矿房和矿柱,分两步骤回采,先采矿房,后采矿柱。矿房自下而上分层回采,采出后立即进行充填,等采到最上面一个分层时,要进行接顶充填。留下的矿柱等采完若干个矿房或整个阶段矿房后,用充填或其他相适合的方法回采。回采矿房的充填方法,可用干式、水砂及胶结充填。

根据矿体厚度的不同这种采矿方法可分为两种:当矿体厚度小于 10 ~ 15m 时,矿房长轴方向沿走向布置;当矿体厚度大于 10 ~ 15m 时,矿房长轴方向垂直走向布置。

典型方案如图 6 - 57 ~ 图 6 - 59 所示。

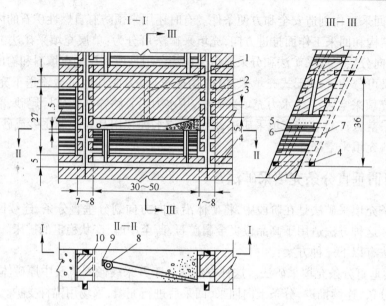

图 6-57　沿走向布置的干式充填采矿法典型方案示意图

1—充填井；2—行人通风天井；3—天井联络道；4—运输平巷；5—混凝土垫板；
6—废石充填料；7—通风井；8—溜矿井；9—电耙绞车；10—混凝土隔墙

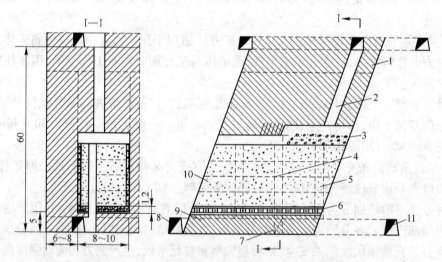

图 6-58　垂直走向布置水力充填采矿法典型方案示意图

1—顶柱；2—充填天井；3—矿石堆；4—行人滤水井；5—放矿溜井；6—钢筋混凝土底板；
7—行人滤水井通道；8—上盘运输巷；9—横巷；10—充填体；11—下盘脉外运输巷道

（1）阶段高度一般取 30~60m（国外最大取到 150m），一般而言矿体倾角较大，厚度和倾角变化不大，矿体较规整时取大值。沿走向布置时矿房长度取 30~60m，垂直走向布置时矿房宽度取 8~10m，这是指一般的常规设备，当按机械化分层充填时，矿房长度可达到 100~120m 或更大。当阶段运输巷道布置在脉内时，一般留顶底柱，底柱一般取 4~7m，顶柱取 3~5m。

（2）采准工作包括掘进阶段运输巷、行人通风天井、充填天井、溜矿井下口、联络道及拉底巷道。切割工作主要任务是拉底。开掘时先从溜矿井下口开始，利用拉底巷道作自由面扩帮至矿房边界,形成2m高的拉底空间,再向上挑顶2.5~3m。崩下的矿石经溜矿井放到运输巷,然后在拉底水平浇灌一层0.8~1.2m厚的钢筋混凝土,结构如图6-60所示。

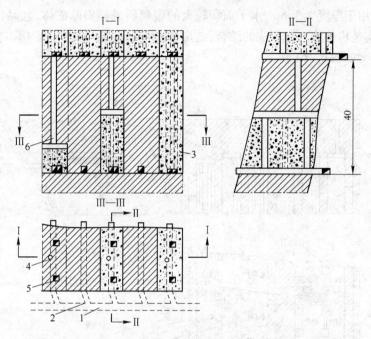

图6-59　矿房垂直走向布置胶结充填采矿法典型方案示意图
1—运输巷道;2—横巷;3—胶结充填体;4—溜矿井;5—行人天井;6—充填天井

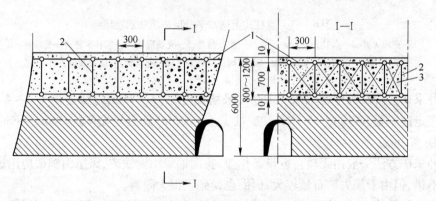

图6-60　钢筋混凝土底板结构示意图
1—主钢筋(12mm);2,3—副钢筋(8mm)

　　但对于不留底柱的拉底方法则是由运输平巷或横巷沿矿房底面全部拉开后,挑顶至6m高,运出全部矿石并冲洗岩壁,再立模板浇灌成混凝土人工假巷,壁厚取250~300mm,内有1~2层钢筋,在假巷两侧捣制0.6~0.8m厚的混凝土底板,然后充填3.5~4m形成人工底柱。

　　(3)分层高度一般取1.8~3m,大时可以达到4~6m,即可以采取两采一充。

　　回采工作主要指落矿、护顶、出矿、浇灌混凝土等主要工作,充填是回采结束后需要进行的主要工作,也是这种采矿方法不同于其他方法的不同之处。

　　在我国这种充填方法应用相当广泛,红透山铜矿、三山岛金矿、凡口铅锌矿等重点矿山均采用此法。

329. 何谓点柱式上向水平分层充填法?

这种方法用于厚度大于8m,水平面积较大的缓倾斜或倾斜厚矿体,且品位不高时的矿体开采,它其实是房柱法与充填法的结合,是房柱法与垂直走向布置时矿房矿柱回采方案的发展。典型方案如图6-61所示。

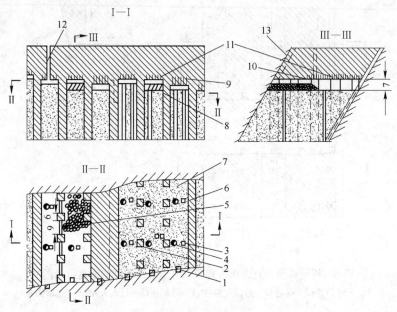

图6-61　点柱式上向水平分层充填法示意图

1—充填天井;2—点柱;3—行人天井;4—矿石溜井;5—充填隔墙;6—条状矿柱;7—充填体;
8—崩下矿石;9—炮孔;10—金属网;11—锚杆;12—充填钻孔;13—通风天井

这种采矿法阶段高度常取75~150m,采场长度为55~75m,每采场划为2~4个矿房,矿房垂直走向布置,矿房宽14~15m,矿柱宽6~6.5m,最后损失矿柱为6m×6m,底柱高20m,分层高3m。

这种采矿方法一般用无轨自行设备作业,我国铜绿山铜铁矿、凤凰山铜矿应用这种方法的效果不错,但由于损失矿石量较大,因而也受到了很大限制。

该方法与其他方法不同的是,一次回采充填工作量大,回采充填要求配合密切,充填常以1~2个矿房依次进行,充填料可采用尾砂或低标号尾砂胶结料。

330. 何谓上向倾斜分层充填法?

这种方法是一种变形方案,其主要特点是回采分层改用倾角为40°左右的倾斜分层,利用重力搬运矿石和充填料,适用于干式充填的矿山。这种方法可以分为矿块回采和阶段连续回采两种,如图6-62、图6-63所示。

当用矿块回采时,一般是每个矿块先掘一条供充填及回风使用的充填井,然后分三个阶段回采,先回采三角形底部矿石,形成倾斜工作面;然后在工作面倾斜回采,矿石靠自重溜入溜矿井;最后采出上部剩余的三角形矿石,在回采过程中溜井逐渐延续,而充填井逐渐减短。

当采用连续回采时,一般是用自行设备出矿,也同样是在阶段边界先掘一条切割井,然后使刚开始充填形成倾斜的工作面,顺序向另一侧推进,矿石沿斜面溜下后用自行设备运走,充填料由回风水平靠自重溜下并整平,在上面铺设垫板,然后进行下一循环。

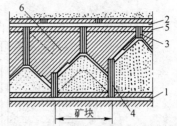

图 6-62　矿块回采倾斜分层充填法示意图

1—运输巷道;2—回风巷道;3—充填天井;

4—行人、溜矿井;5—顶柱;

6—上一层回采边界

用这种方法开采时,要求矿体不宜太厚,倾角为 60°~70°,矿石稳固,矿体规整。这种方法只用于干式充填,由于工艺上铺设垫板比较困难,因而应用并不多见。

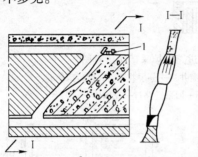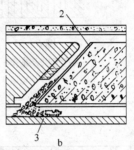

图 6-63　连续回采倾斜分层充填法示意图

a—充填;b—落矿

1—自行矿车;2—垫板;3—自行设备

331. 何谓上向进路充填采矿法?

这种方法一般不划分矿房和矿柱,一个步骤回采,其特点是自下而上分层回采,每一分层的回采是在掘进分层联络道后,以分层全高沿走向(或垂直走向)划分进路,间隔地进行进路采矿,第一批进路回采结束后立即充填接顶,然后再回采并充填另一批进路,待整个分层的回采与充填工作结束后再用进路回采上一层。

这种方法应用于开采矿石与围岩不稳固或仅矿石不稳固而品位、价值都很高的矿体。典型方案如图 6-64 所示。

这种方法回采安全,矿石回收率高,贫化率低。采场两侧各布置一个人行通风井,中央布置一个放矿溜井。人行天井随着分层进路自下而上地回采,逐渐被构筑在充填料中的顺路天井所取代,其上部未经回采地段的人行通风天井可并作充填井用。

该法一般段高 60m,采场沿走向长度 100~150m,矿体厚度小于 5~6m 时,布置一条进路;大于 5~6m 时布置两条或多条进路;进路断面一般为宽 4~5m,高 4m。

其进路布置图如图 6-65 所示。

回采过程包括凿岩、装药爆破、通风、处理松石、出矿、进路支护及充填。

进路充填前,在进路口端应架设木挡墙,滤水或阻止漏浆及跑砂。为保证充填接顶,充填工艺应分两个阶段进行,第一阶段充完,停一个班,再进行第二阶段充填(第二阶段充填用挡墙应移出到分层联络道口)。当在挡墙上开口处观察到充填已接顶时,在进路口处将管锯断,停止充填。

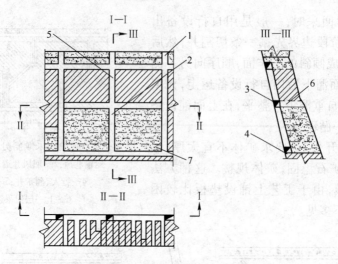

图 6 - 64　上向进路充填采矿法示意图

1—人行通风天井;2—矿石溜井;3—分层巷道;4—阶段运输巷;

5—充填天井;6—回采进路;7—充填体

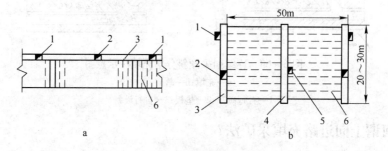

图 6 - 65　进路布置示意图

a—进路直交走向布置;b—进路沿走向布置

1—人行通风天井;2—矿石溜井;3—分层巷道;4—充填巷道;5—充填天井;6—回采进路

充填料一般用配比为 1∶10 的尾砂胶结料,也可对进路上下采用不同配比。充填后 24h,拆除挡墙,一周以后,开始相邻进路回采。

332. 何谓盘区机械化分层充填法?

这种充填采矿方法是将几个采场组合成一个大的回采单元——盘区,利用盘区内分层矿量多的特点,使用高效率机械设备——无轨凿岩台车、装药车、铲运机等,机械化程度和设备利用率高。该方法生产能力比较大,在广东凡口铅锌矿有应用的先例,如图 6 - 66 所示。

该法回采采用由底盘推向顶盘的方法,两采一充,分层高 4m,充填 4m,管道输送尾砂胶结充填。盘区内三采场凿岩、出矿、充填平行作业,交叉进行。

333. 上向分层充填法有何优缺点?

优点:

适用条件广泛,回采方案多,方法机动灵活,结构简单,矿石损失贫化率较低,采用自行设备生产能力高,木材消耗少,采准切割工程量小。

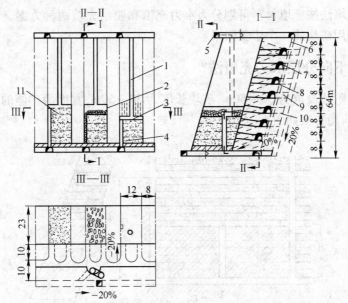

图 6－66　盘区机械化上向分层充填采矿法示意图（尾砂）

1—通风充填井；2—出矿采场；3—凿岩采场；4—行人滤水井；5—回风平巷；6—溜井；
7—分段平巷；8—采场联络道；9—分段联络道；10—斜坡道；11—充填采场

缺点：

（1）落矿、出矿和充填等为间断多循环作业，矿块生产能力受到限制。

（2）国内目前机械化设备不配套，多数矿山缺乏采矿钻车、装药车、铲运机及辅助设备，因而工效还不高。

（3）在一些矿山中，留有底柱，而且在矿体中有服务于全阶段的巷道，使顶底柱不能及时回收，造成矿石损失较高。

（4）少数矿山矿石品位高而采用点柱式上向分层充填法，实际矿石总损失率在 30% 以上。

（5）由于目前大部分矿山采用的灰沙比高，输送浓度低，充填计量、检测还不能有效控制，导致充填成本高，每立方米胶结充填体成本在 25 元以上。

（6）一般矿山对顶板没有进行支护，顶板还没有科学的预测预报，人员在 6～7m 空顶下作业，对安全生产不利。

适用于：矿石品位高或稀有、贵重金属矿床；有自燃发火危险及有放射性危害的矿床；露天和地下要同时生产的矿床；矿体形态复杂，厚度、倾角变化大，含夹石多的矿床；急倾斜或倾斜的薄到极厚矿体；薄及孤立的小矿体可用干式充填，中厚以上矿体用水砂或胶结充填；地表有河流、铁路、建筑物等需要保护及开采深度较大的矿床。

334. 何谓下向分层充填采矿法?

下向分层充填采矿法，用于开采矿石很不稳固或矿石和围岩均很不稳固，矿石品位很高或价值很高的有色金属、稀有金属矿体。这种采矿方法的实质是：从上往下分层回采和逐层充填，每一分层的回采工作，是在上一分层人工假顶的保护下进行。回采分层为水平的或与水平成 4°～10°（胶结充填）或 10°～15°（水力充填）倾斜。倾斜分层主要是为了充填接顶，同时也有利于矿石运搬，但凿岩和支护作业不如水平分层方便。

下向分层充填法按充填材料可划分为水力充填和胶结充填两种方案,但不能用干式充填。两种方案均用矿块式一个步骤回采。

335. 何谓下向分层水力充填法?

该方法一般阶段高取为 30~50m,矿块长度为 30~50m,宽度为矿体的水平厚度,不留顶、底及间柱。典型方案如图 6-67 所示。

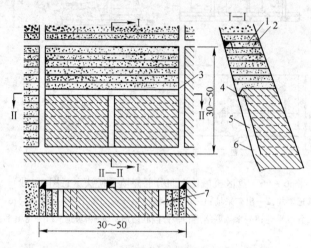

图 6-67　下向分层水力充填法示意图

1—人工假顶;2—尾砂充填体;3—矿块天井;4—分层切割平巷;
5—溜矿井;6—运输巷道;7—分层采矿巷道

运输巷道布置在下盘接触线或下盘岩石中,天井布置在矿块两侧的下盘接触带,矿块中间布置一个溜矿井。随回采分层的下降,行人天井逐渐为建筑在充填料中的混凝土天井所代替,溜矿井从上往下逐层消失。

回采时分为巷道回采,当矿体厚度小于 6m 时,沿走向布置两条采矿巷道;先下盘、后上盘回采,当厚度大于 6m 时,采矿巷道垂直或斜交切割巷道,且采取间隔回采;也可用壁式回采,按回采顺序划分为区段,以壁式工作面沿区段全长推进。回采工作面以溜井为中心按扇形布置,每一分区的面积控制在 100m² 以内。

回采后即可进行充填,充填工作面如图 6-68 所示。

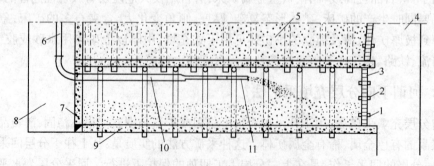

图 6-68　充填工作面布置示意图

1—木塞;2—竹筒;3—脱水砂门;4—矿块天井;5—尾砂充填体;6—充填管;7—混凝土墙;
8—人行材料天井;9—钢筋混凝土底板;10—软胶管;11—楠竹

充填管紧贴顶梁,在巷道中央并向上倾斜5°架设,以利充填接顶,其出口距充填地点不宜大于5m。如果下砂方向与泄水方向相反,则采用由远而近的后退式充填。整个分层巷道或分区充填结束后,再在切割巷道底板上,铺设钢筋混凝土底板和构筑脱水砂门,然后充填。这样可以进行下一个分层的切割采准工作。

336. 何谓下向分层胶结充填采矿法?

它与下向分层水力充填采矿法的区别,仅在于充填料不同,从而取消了钢筋混凝土底板和钉隔离层,只需在回采巷道两端构筑混凝土模板,这样就大大简化了回采工艺。矿块结构、采准及回采工艺,与下向分层水力充填采矿法基本相同。

一般采用巷道回采,其高度为3~4m,宽度3.5~4m甚至可达7m,主要取决于充填体的强度。巷道的倾斜度(4°~10°),应略大于充填混合物的漫流角。回采巷道间隔开采(图6-69)逆倾斜掘进,便于运搬矿石;顺倾斜充填,利于接顶。上下相邻分层的回采巷道,应互相交错布置,防止下部采空时上部胶结充填体脱落。

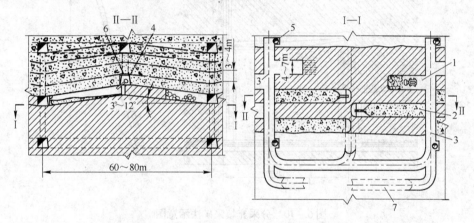

图6-69　下向分层胶结充填采矿法示意图

1—巷道回采;2—进行充填的巷道;3—分层运输巷道;4—分层充填巷道;
5—矿石溜井;6—充填管路;7—斜坡道

用浅孔落矿,采用轻型自行凿岩台车凿岩,自行装运设备运搬矿石。自行设备可沿斜坡道进入矿块各分层。

从上分层充填巷道,沿管路将充填混合物送入充填巷道,以便将其充填至接顶为止。充填尽可能连续进行,有利于获得整体的充填体,在充填体的侧部(相邻回采巷道),经5~7昼夜,便可开始回采作业,而其下部(下一分层),至少要经过两周才能回采。

337. 下向分层充填法的适用条件及优缺点有哪些?

这种采矿方法适用于复杂的矿山开采条件,如围岩很不稳固,围岩和矿石很不稳固,以及地表和上覆岩层需保护等。此法目前应用虽然不广泛,但实践表明,用它代替分层崩落法,可取得良好的技术经济效果。

它突出的优点,就是矿石损失很小(3%~5%),一个步骤开采简化了结构。但是,这种采矿法目前的生产能力较低(60~80t/d),采矿工作面工人的劳动生产率不高,约为

5 ~ 6t/(工·班)。国外的实践表明,采用自行设备进行凿岩和装运,矿块的技术经济指标,完全可以达到较高的水平。

338. 何谓分采充填采矿法?

当矿脉厚度小于 0.3 ~ 0.4m 时,只采矿石工人无法在其中工作,必须分别回采矿石和围岩,使其采空区达到允许工作的最小厚度(0.8 ~ 0.9m),采下的矿石运出采场,而采掘的围岩充填采空区,为继续上采创造条件,这种采矿法称为分采充填法(也有叫削壁充填法)。

这种采矿法常用于开采急倾斜极薄矿脉,矿块尺寸均不大(阶段高 30 ~ 50m,天井间距 50 ~ 60m),掘进采准巷道便于更好的探清矿脉。运输巷道一般切下盘岩石掘进。为了缩短搬运距离,常在矿块中间设顺路天井(图 6 – 70)。

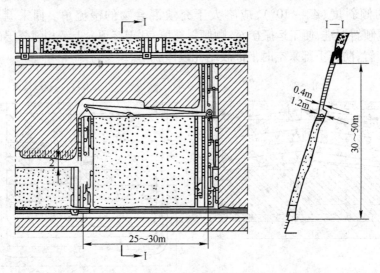

图 6 – 70　分采充填采矿法示意图

这种方法开采效果好坏,成功与否关键在于垫板铺设的质量,如果垫板铺设达不到要求则矿石损失较大,贫化率较高。

该方法回采时应根据具体条件决定先采矿石还是先采围岩。当矿石易于采掘,有用矿物又易被震落,则先采矿石;反之,先采围岩(一般先采围岩),落矿之前应铺好垫板,爆破时采用小直径炮孔,间隔装药,进行松动爆破。

该方法开掘的围岩,最好正够采场充填。开掘厚度则成为该方法回采过程中最重要的问题。一般而言应符合下列条件:

$$M_y K_y = (M_q + M_y)k$$

即

$$M_y = M_q \frac{k}{K_y - k} \tag{6 – 2}$$

式中　M_y——采掘围岩的厚度;

　　　M_q——矿脉厚度;

　　　K_y——围岩崩落后的松散系数,一般取 1.4 ~ 1.5;

　　　k——采空区需要充填的系数,一般取 0.75 ~ 0.8。

由于矿脉一般而言均较薄,因而开掘的围岩往往多于采空区所需的充填的废石,此时应设废石溜井运出采场。

用该法开采缓倾斜极薄矿脉时,一般逆倾斜作业,充填采空区常用人工堆砌,采幅高度一般比急倾斜矿脉大。

339. 如何选择充填材料?

充填法对于充填材料有以下要求:

(1)应具有一定的强度,以便有效地维护采空区和在其上作业。

(2)成本低廉,来源丰富,最好能就地取材。

(3)无发火危险物质,无有毒、有害物质,无亲水性物质。

(4)采用水力输送充填料时,要求充填料能够迅速脱水,以保证回采作业能持续正常地进行。

第七章 矿井提升与运输

340. 矿山提升和运输的任务是什么?

矿山运输和提升的任务,是将采掘工作面采下的矿石运到地表选矿厂或贮矿场,将废石运到废石场以及运送材料、设备、人员等,是矿山生产的重要环节。

341. 何谓矿井提升,如何分类?

矿井提升是用一定的装备沿井筒运出矿石、废石及升降人员、材料和设备的运输环节。

按提升物料采取的方式可分为两大类:一是有绳提升(钢绳提升),二是无绳提升(如带式输送机提升、水力提升和气力提升)。

342. 何谓竖井矿井提升方式?

所谓矿井提升方式是指采用单绳提升机提升还是采用多绳提升机提升,是采用罐笼提升还是采用箕斗提升,或是两种提升容器均在一个井筒内布置的问题。

343. 矿井提升设备由哪些主要部分组成?

矿井提升设备主要有:提升容器、提升钢丝绳、提升机、井架和天轮以及装卸载等附属装置。提升容器,对于竖井,有罐笼提升设备和箕斗提升设备,分别见图7-1、图7-2。对于斜井有箕斗提升、罐笼提升、串车提升(图7-3)三种提升容器(方式),与竖井提升容器的区别在于斜井提升设备的容器有轮子在轨道上运行。

如图7-1所示,在井底车场用人工或推车机将重矿车推入罐笼,与此同时向在地面井口车场的罐笼推入空矿车。钢丝绳2与井口提升机卷筒1相缠绕,卷筒1转动即可使两个罐笼上下运动,完成升降货物的功能。罐笼除用来提升矿(岩)外,还用于升降人员及下放材料和设备。

图7-2中,在井底车场卸载站底卸式矿车6卸下的矿石,经破碎后通过矿仓底部的气动闸门7以及振动给矿机、皮带运输机运至箕斗计重装矿闸门8,然后经计重装矿闸门装入位于井底的箕斗4中。与此同时,另一箕斗借安装在井塔上的卸载直轨使箕斗底门开启,矿石卸入地面矿仓,其他部分原理与罐笼提升相同。

344. 竖井提升应符合哪些规定?

(1)提升容器和平衡锤,应沿罐道运行。

(2)提升容器的罐道,应采用木罐道、型钢罐道或钢丝绳罐道。

(3)竖井内用带平衡锤的单罐笼升降人员或物料时,平衡锤的质量应符合设计要求,平衡锤和罐笼用的钢丝绳规格应相同,并应做同样的检查和试验。

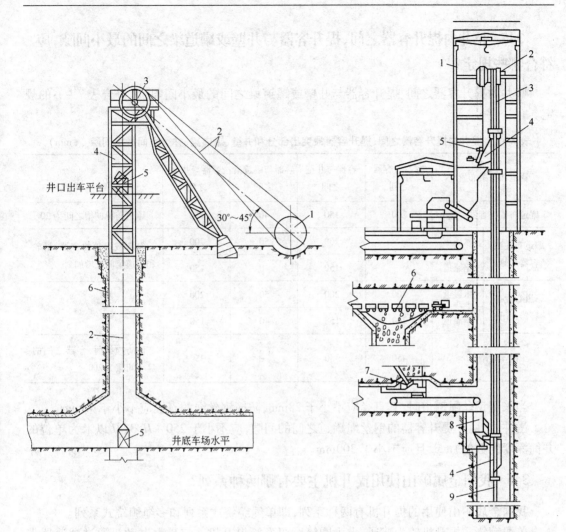

图7-1 竖井普通罐笼提升示意图

1—提升机卷筒;2—提升钢丝绳;
3—天轮;4—井架;5—罐笼;6—井筒

图7-2 竖井多绳箕斗提升设备示意图

1—井塔;2—多绳摩擦式提升机;3—首绳;
4—底卸式箕斗;5—卸载直轨;6—底卸式矿车;
7—闸门;8—计重装矿闸门;9—尾绳

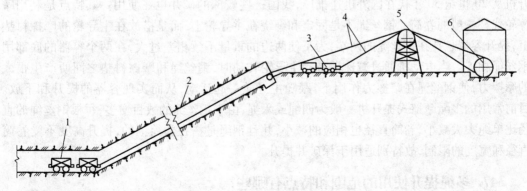

图7-3 斜井串车提升系统示意图

1—重矿车;2—斜井井筒;3—空矿车;4—钢丝绳;5—天轮;6—提升机

345. 竖井内提升容器之间、提升容器与井壁或罐道梁之间的最小间隙,应符合哪些规定?

竖井内提升容器之间、提升容器与井壁或罐道梁之间的最小间隙,应符合表 7 - 1 的规定。

表 7 - 1　竖井内提升容器之间、提升容器最突出部分和井壁、罐道梁、井梁之间最小间隙　(mm)

罐道和井梁布置		容器与容器之间	容器与井壁之间	容器与罐道梁之间	容器与井梁之间	备　注
罐道布置在容器一侧		200	150	40	150	罐道与导向槽之间为 20
罐道布置在容器两侧	木罐道	—	200	50	200	有卸载滑轮的容器,滑轮和罐道梁间隙增加 25
	钢罐道	—	150	40	150	
罐道布置在容器正门	木罐道	200	200	50	200	
	钢罐道	200	150	40	150	
钢丝绳罐道		450	350		350	设防撞绳时,容器之间的最小间隙为 200

当采用钢丝绳罐道时,其直径应不小于 28mm,防撞钢丝绳的直径应不小于 40mm。

凿井时,两个提升容器的钢丝绳罐道之间的间隙,应不小于 $250 + H/3$(H 以米为单位的井筒深度的数值)mm,且应不小于 300mm。

346. 我国金属矿山使用提升机主要有哪两种系列?

我国金属矿山使用的提升机有两种系列,即单绳缠绕式系列和多绳缠绕式系列。

单绳缠绕式提升机较为普通,多为圆筒形双卷筒提升机。它是由电动机通过减速器带动卷筒旋转的,在两个卷筒上以相反的方向各缠绕着一条钢丝绳,并在他们的端部连接提升容器(罐笼或箕斗),卷筒转动,就可使两个提升容器一升一降。

随着开采深度的不断增加,单绳缠绕式提升机已经不能满足提升要求。多绳摩擦式提升机从 20 世纪 50 年代在国外迅速推广,我国一些较深的矿井也在使用。其特点是利用摩擦轮代替一般的卷筒。钢丝绳不是固定和缠绕在主导轮上,而是搭放在主导轮的摩擦衬垫上,提升容器悬挂在钢丝绳的两端,为了使两边的重量不致相差过大,在两个容器的底部用钢丝绳相连。当电动机通过减速器带动主导轮转动时,钢丝绳和摩擦衬垫之间便产生很大的摩擦力,使钢丝绳在摩擦力作用下,跟随主导轮一起运动,从而实现容器的提升和下放。目前常用的多绳摩擦式提升机一般为四绳或六绳,由于钢丝绳的数目增多,每根钢丝绳的直径比单绳大大减小,卷筒直径也相应的减小,并且钢绳是搭在卷筒上的,提升高度不受卷筒直径和宽度的限制,故特别适用于深矿井提升。

347. 多绳提升使用的范围和特点有哪些?

(1)多绳提升用于井深超过 300m 最为有利,但也可以用于浅井,由于多绳提升难以调整高度,故在多水平提升时,宜采用单容器带平衡锤提升;如单水平提升时,仍应采用双容器提升;在浅井(井深小于300m)多水平提升时,宜采用单绳提升。

(2)尽量设法使多绳提升机钢丝绳最大静拉力差不超过许用值。

(3)必须保证启动和制动的加速度、减速度平滑。

(4)尽可能使每根钢丝绳的载荷平衡。

(5)由于多绳提升机具有许多优点,故除应使用大的多绳提升机代替卷筒直径3m以上的提升机以外,还可采用较小的多绳提升机代替卷筒直径3m以下的单绳提升机。对于坑内盲竖井应尽可能采用多绳提升,可减少硐室开拓量。

348. 提升钢丝绳悬挂时的安全系数应符合哪些规定?

(1)单绳缠绕式提升钢丝绳:

1)专作升降人员用的,安全系数不小于9。

2)升降人员和物料用的,升降人员时安全系数不小于9,升降物料时安全系数不小于7.5。

3)专作升降物料用的,安全系数不小于6.5。

(2)多绳摩擦提升钢丝绳:

1)升降人员用的,安全系数不小于8。

2)升降人员和物料用的,升降人员时安全系数不小于8,升降物料时安全系数不小于7.5。

3)升降物料用的,安全系数不小于7。

4)作罐道或防撞绳用的,安全系数不小于6。

349. 井下运输有哪几种形式?

矿山井下运输有运输机运输、无轨运输和有轨运输等几种形式。

目前我国金属矿山井下主要为有轨运输,也称轨道运输。有轨运输主要设备是轨道、电机车和矿车。

350. 井下轨道运输有哪些优缺点?

轨道运输一般指机车运输,它是矿山的主要运输方式,常与耙矿设备、带式输送机或无轨运输设备组成有效的运输系统,在生产过程中运送矿石、废石、材料、设备和人员。

其优点是用途广,生产率高,运距不受限制,经济性好,调度灵活;缺点是运送是间断性的,生产效率依赖于组织水平发挥情况,只能在坡度0.3%~0.5%以下使用。

351. 地下矿用矿车种类主要有哪些?

矿车按车厢结构和卸载方式不同分为固定式矿车、翻转式矿车、前卸式矿车、侧卸式矿车和底卸式矿车。

(1)固定式矿车(图7-4)坚固耐用、结构简单、自重小,只能在固定地点借助于翻车机卸载,矿石运输中广泛运用。

（2）翻转式矿车（图7-5）靠车厢翻转卸载，可在线路上任一地点卸载，适用于运送废石，在中小型矿山也可以用于运送矿石。

图7-4　固定式矿车示意图

图7-5　翻转式矿车示意图

（3）侧卸式矿车（图7-6）一侧有滑轮，在卸载处滑轮经过导轨使侧帮打开卸载。这种矿车坚固耐用、卸载方便，列车不必解体。

（4）前卸式矿车（图7-7）容积一般都很小，主要用于小型矿山人力运输；这种矿车在轨道尽头的翻车装置上卸载，目前矿山很少使用。

图7-6　侧卸式矿车示意图

图7-7　前卸式矿车示意图

（5）底卸式矿车（图7-8）的车底一端是活动的，在卸载处车底一端的滑轮经过一段下凹的曲轨使车底打开卸载。这种矿车卸载方便，清扫车厢容易，漏粉矿少，是较好的车型。

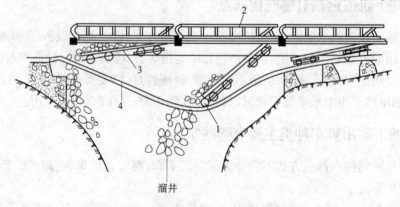

图7-8　底卸式矿车示意图

1—滑轮；2—车厢；3—活动车底；4—卸载曲轨

352. 何谓翻车机?

翻车机又叫翻笼,是固定式矿车卸载用的设备,其外形如图7-9所示。固定式矿车推入翻车机后,翻车机旋转一周将矿石卸至下部储矿仓,然后用重车将空车从翻车机中顶出,继续卸载。

353. 矿车车厢损坏的原因有哪些?

(1)车厢钢板锈蚀。矿车尤其是在酸性水的矿井中工作,其化学性腐蚀更严重。4.5mm厚度的1t矿车车厢钢板严重的锈蚀使铁锈除掉后,其厚度还不到1mm,无法修复。

图7-9　翻车机外形

(2)车厢被矿料,尤其是被大块的矿料和废石碰砸成凸凹不平、裂纹,当钢板锈蚀后,易砸成破洞。

(3)硬翻车或其他硬性碰撞,包括用大锤敲打车厢清扫矿车,都容易造成严重变形。

354. 矿车车架损坏的原因有哪些?

(1)当两个满载矿车撞击时,车架两端的缓冲器将冲击力直接传递给车架,易使车架弯曲变形,甚至纵梁(槽钢)断裂。

(2)车架与缓冲器、车厢、轴瓦架用铆钉连接,经常处于振动、冲击的工作条件下,易使铆钉松动。牵引状态下,这些松动的铆钉逐渐将铆钉孔径扩大,拆修时常见钉孔扩大为椭圆形(长轴在和引力方向)。尤其在车架与车厢连接部位的铆钉孔的扩大,更为严重。

(3)车架处于矿车底部,工作条件差,极易锈蚀,使车架槽钢厚度减薄、强度降低。

355. 矿车清底措施有哪些?

(1)人工清底。用锄头挖和大锤打,劳动强度大、效率低,又易损坏车厢,不宜使用。

(2)用风锤冲击。在翻车机上安装风动冲击锤,矿车翻转后风锤冲击车底。此方法有一定效果,但易损坏矿车,也不宜使用。

(3)用高压水冲洗。此方法清底效果较好,但会造成矿仓和后续运输设备的黏结,特别在井下还牵涉到泥浆的沉淀和排除问题,使用时应慎重考虑。

(4)在车底铺胶带防止结底。用废旧胶带铺在固定式矿车底部,一边用压板螺栓固定于车底,另一边用压板及螺栓夹紧,通过链条悬吊在车帮上。翻车卸载时胶带翻出,矿车转正时,胶带复位。这种方法防结底效果很好,但胶带容易损坏(图7-10)。

(5)用与翻车机联动的振动器清扫。矿车推入翻车机的笼体内固定,当笼体翻转到105°时,橡胶滚轮进入曲轨,活动架带着振动器及支撑板,沿活动架导轨压紧矿车,在压紧弹簧的同时,摩擦力使滚轮旋转,通过增速机构使偏心轮高速转动,产生高振动,使黏结矿石脱落。当笼体回转到225°时,滚轮离开曲轨,停止振动。此方法清洁效果很好,但翻车机构复杂,易损坏。

（6）用电效应清底。这种方法一般向结底的矿车装入水沟中的水，直至浸没结层为止。从架空线向每个矿车的水引入导线并通直流电，电流从架空线（电源正极）→导线→含水矿物→车厢壁→钢轨（电源负极）形成回路。流体离子导电产生电化学效应，黏结矿物电子导电产生电热效应，削弱了车厢壁对矿物的黏附力。一般通电 3～5min，用电机车将列车牵引到卸载站，依次用翻车机将每个矿车翻转，再对车底施加一定的冲击力，黏结矿石脱离车底自动下落。

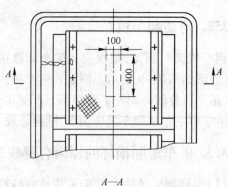

356. 矿用电机车分哪几类?

矿用电机车按照电源形式不同分为两类：一类是从架空线取得电能的架线式电机车；另一类是从蓄电池取得电能的蓄电池式电机车。这两种电机车比较，架线式结构简单、操纵方便、效率高、生产费用低，这种电机车有 3t、7t、10t、14t、20t 等几种。蓄电池式通常只在有瓦斯或矿尘爆炸危险的矿井使用。

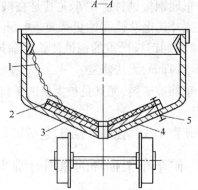

图 7 - 10　胶带衬铺车底示意图
1—悬吊链；2—压板及螺栓；3—胶带；
4—加强钢板；5—固定压板螺栓

357. 矿用电机车启动前需要哪些准备工作?

（1）检查一切要移动的盖子是否盖上，开关、电机、防震前灯的一切螺钉是否拧紧。

（2）检查电机车机械部分是否正常，在所有润滑处是否有足够的润滑剂，其制动系统是否完善，要求制动瓦在过度磨损后，厚度不应小于 10mm。

（3）检查保护导线外的紧密来判断导线完善情况。

（4）调整制动手轮，使制动瓦与轮箍间的空隙控制在 2～3mm 之内，制动瓦应在轮端的向心位置上。此后，司机再按下述步骤检查机车：

1）检查制动器的制动与缓解是否正常。

2）试验沙箱在两个方向上散沙时，工作是否良好。

3）检查导电弓架的升降机构是否灵活。

4）检查前灯是否正常。

5）扭紧制动器手轮，将控制器换向手柄轮流放置在"向前"、"向后"等位置，再将控制器主手柄放在第一位置后立即退回至 0 位置，并轻微的推动感觉电动机是否有电流。

6）闭合控制箱第一位置，检查电灯是否继续明亮。

358. 矿用电机车常见的故障有哪些,如何排除?

矿用电机车的常见故障及排除方法见表 7 - 2。

表7－2　矿用电机车常见故障及其排除方法

故障现象	故障原因	排除方法
启动时电动机不转动或拖不动	(1)启动电阻短路 (2)控制器接线松脱 (3)电动机绕组烧坏 (4)传动齿轮卡住	(1)检查修理电阻箱 (2)检查并紧固接线端子 (3)修理更换已损绕组 (4)清除障碍物或更换已损坏齿轮
在行车中电动机内发生不正常的噪声	(1)滚动轴承磨损严重 (2)轴承缺少润滑油 (3)电刷压力过大	(1)更换磨损超限的轴承 (2)加足润滑油 (3)调整弹簧压力
齿轮运转时发生不正常的噪声	(1)齿轮严重磨损 (2)缺少润滑油 (3)齿轮或罩壳固定装置松弛 (4)电机轴承间隙过大	(1)更换磨损超限的齿轮 (2)加足润滑油 (3)紧固连接螺丝 (4)检查调整轴承间隙
电动机发热	(1)过载 (2)电刷压力过大 (3)绕组绕圈短路 (4)轴承缺油或油量过多	(1)减少牵引矿车数量 (2)调整弹簧压力 (3)检查修理或更换绕组 (4)加注适当油量
轴承箱内轴承发热	(1)轴承间隙过小或过大 (2)润滑油脏、缺油或过多 (3)轴承磨损严重	(1)调整纸垫厚度,使间隙适当 (2)清洗、适当注油 (3)更换磨损超限的轴承
控制器内产生过大的火花	(1)触头表面不平或不干净 (2)电机炭刷弹簧压力过大或过小 (3)控制器接触片间或电枢线圈之间短路 (4)电枢电路断线	(1)修理或更换触头 (2)适当调整弹簧压力 (3)检查修理烧损点 (4)检查修理并去掉废线
控制器操纵不灵活	(1)控制器的铰轴处润滑不良 (2)接触弓子弹簧质量不好或损坏 (3)可逆鼓轮的接触片松脱 (4)固定接触弓子弹簧损坏	(1)向铰轴处注油,加强润滑 (2)更换失效或已损弹簧 (3)检查和紧固连接螺丝 (4)更换已损弹簧
控制器闭锁装置失灵	(1)闭锁装置的弹簧损坏 (2)滚柱严重磨损 (3)润滑不良	(1)更换已损弹簧 (2)更换磨损超限的滚柱 (3)适当地点滴润滑油
集电弓子工作不正常	(1)弓子铰销润滑不良 (2)滑板磨损超限 (3)弓子与接触导线之间的压力不合适	(1)检查铰销并注油 (2)更换滑板 (3)测试并调整滑板
撒沙系统工作不正常	(1)沙子在沙箱中硬结或沙管不畅通 (2)撒沙系统开放操作沉重或不返回原位 (3)沙子落不到轨面上	(1)扫清沙箱及沙管,并采用筛过的干燥清洁沙子 (2)润滑传动杆铰销,并检查和调整弹簧拉力 (3)校正沙箱位置并拧紧固定螺丝

359. 电机车运行时司机应注意哪些事项?

(1)检查轴承箱与牵引电动机的轴承、轴、连接轴瓦是否发热,轴承发热到开始烧着以前就可以发觉气味。

(2)检查接头处的完整性。

(3)要特别注意任何不正常的声音和气味,一旦发现,应及时报告车库负责人,并及时检修。

360. 电机车运行时应遵守哪些规定?

(1)司机不应将头或身体探出车外。

(2)列车制动距离:运送人员应不超过 20m,运送物料应不超过 40m;14t 以上的大型机车(或双机)牵引运输,应根据运输条件予以确定,但应不超过 80m。

(3)采用电机车运输的主要运输道上,非机动车辆应经调度人员同意方可行驶。

(4)单机牵引列车正常行车时,机车应在列车的前端牵引(调车或处理事故时不在此限)。

(5)双机牵引列车允许 1 台机车在前端牵引,1 台机车在后端推动。

(6)列车通过风门、巷道口、弯道、道岔和坡度较大的区段,以及前方有车辆或视线有障碍时,应减速并发出警告信号。

(7)在列车运行前方,任何人发现有碍列车行进的情况时,应以矿灯、声响或其他方式向司机发出紧急停车信号。司机发现运行前方有异常情况或信号时,应立即停车检查,排除故障。

(8)电机车停稳之前,不应摘挂钩。

(9)不应无连接装置顶车和长距离顶车倒退行驶;若需短距离倒行,应减速慢行,还应有专人在倒行前方观察监护。

361. 电耙设备由哪几部分组成?

电耙设备由绞车、耙斗、钢绳、滑轮四部分组成。绞车是电耙动力装置,耙斗是直接耙矿的部件,钢绳是连接绞车与耙斗传递动力牵引耙斗运动的部件,滑轮是实现钢绳转向的部件。

362. 电耙有哪些耙运方式,各应用于什么情况?

电耙可作直道耙运和拐弯耙运。

图 7-11a 所示为单向直道耙运,绞车设在溜井后方,耙斗单向运动将矿石耙至溜井;图 7-11b 所示也是单向耙矿,但溜井附近不易安装绞车,绞车设在拐弯巷道中,用滑轮引导钢绳使电耙单向运动,将矿石耙入溜井;图 7-11c 所示为两侧直道耙运,绞车设在工作台上,只需改变耙斗方向就可以双侧耙矿;图 7-11d 所示为利用一台电耙两次直道耙矿;图 7-11e 所示为利用两台电耙直道耙矿;图 7-11f 所示为在宽工作面上利用双卷筒绞车直道耙矿,滑轮固定在一根安装于工作面的铁链上,通过滑轮的悬挂点,改变耙斗的耙运方向;图 7-11g 所示为在宽工作面上用三卷筒绞车耙运,耙斗有一根首绳和两根尾绳,通过改变首绳和尾绳

的长度,即可改变耙斗的耙运方向;图7-11h所示为在宽工作面的溜井侧面铺设平行于工作面的铁轨,绞车装在平板车上,随着耙矿逐渐移动,另一台电耙平行工作面耙矿至溜井。

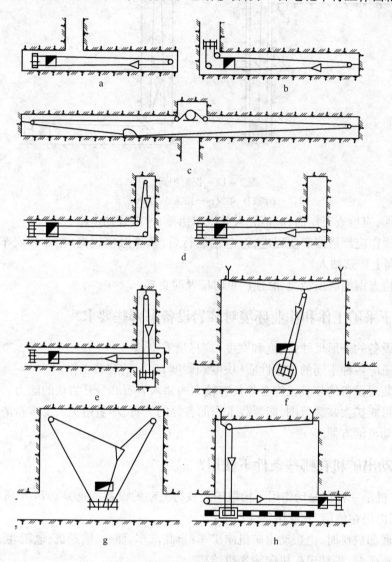

图7-11 电耙直道耙运示意图

电耙拐弯耙运有两种形式,图7-12a所示为利用三卷筒绞车拐弯耙矿。首先开动两个主卷筒,让首绳1、2牵引耙斗,至拐弯处,则开动主卷筒,首绳牵引耙斗半拐弯至直耙道,右主卷扬及左副卷扬向外放绳。图7-12b所示为利用双卷筒绞车和星形滑车拐弯耙矿。

由于种种原因电耙拐弯耙运工作不可靠,因此一般使用直道耙运,利用两台电耙接力通过弯道。

363. 电耙耙矿操作时应注意哪些事项?

(1)耙矿前应检查绞车及滑轮的固定情况,耙斗与钢丝绳的连接状况,一切正常后才能开始工作。

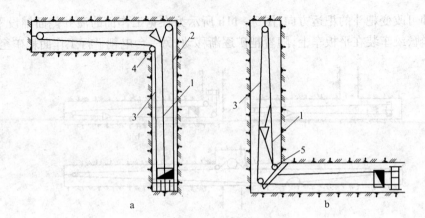

图 7 - 12　拐弯耙运

1,2—首绳;3—尾绳;4—托辊;5—星形滑车

(2)开机前,应检查工作面,确信无人并发出信号,才能开动电耙。

(3)绞车操作应严格按照规程进行,电耙运行后,禁止触摸钢绳、耙斗和绞车的运动部位,在耙运方向上严禁站人。

(4)及时检查钢绳磨损情况,磨损严重时应及时更换。

364. 井下采矿工作和作业环境对装岩设备有哪些要求?

(1)装岩设备的外形尺寸(高度和宽度)应尽量缩小。

(2)应能适应各种不同的物理性质(块度和硬度)矿岩的装载工作。

(3)要求装岩设备的装载机构必须具有较大的插入岩石和分开岩块的能力。

(4)要尽可能扩大装载范围,能装载工作面各处的岩石、尽量避免人工重新清理。

(5)要移动灵活方便。

365. 振动出矿机在哪些条件下使用?

振动出矿机是一种在振动作用下松散矿石获得流动的设备。我国 1974 年研制成功,现在我国许多矿山仍在使用,其使用条件如下:

(1)矿块底部放矿时,由振动出矿机向矿车、自卸汽车、溜井、输送机、电耙巷道给矿。

(2)端部放矿时,振动出矿机向输送机给矿。

(3)在溜井下部代替漏口闸门,由振动出矿机向矿车装矿。

366. 振动出矿机分哪几类?

振动出矿机可以分为无向的和有向的两种(图 7 - 13)。

振动出矿机向矿车装矿时,振动机台面的倾角为 12°～17°,向溜井送矿时,其倾角达 22°～24°,倾角越大,生产率越高,但倾角大于 24°时,大块矿石可能自行滚动。振动器用电力驱动,电动机安装在基础上;如用风力驱动,则驱动装置应固定在振动机的下面。振动机用钢丝绳固定在岩帮上,常用刚性结构的金属振动台。

有向振动设备不仅能沿下坡移动矿石,还能沿水平(甚至沿较小的上坡)移动矿石。工作机构固定在减震器上或弹性吊架上,端部放矿时,可采用有向振动出矿机向输送机给矿,再送

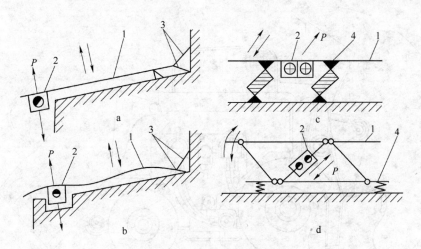

图 7 – 13　振动给矿机示意图

a,b—无向振动；c,d—有向振动

1—振动台；2—振动器；3—固定用钢绳；4—缓冲器

至溜井。振动机装有 300t 拉力的油缸,可将振动机从崩落区拉出,进行下一步距的放矿。

367. 使用振动出矿机时应注意哪些问题?

(1)工作前,应检查振动器与台面的连接螺栓有无变形、松动,保证螺栓处于紧固状态。调整偏心块,使激振力达到要求的数值。

(2)工作中要注意,有无异常声响,台面振动是否正常,有无漏矿,电动机电流是否过载,电动机是否过热,发现问题应立即停机处理。

(3)矿车到位并停稳后才能开机,工作时操作人员不能正对出矿口。

(4)除非特殊需要,不应空载运转。因空载时振幅增加,同时系统的固有频率增大,设备可能处于共振状态,造成损坏。必须空载运转时,应将激振力调小,空转时间不宜超过 1min。

(5)落矿前,台面上必须有 30 ~ 40cm 厚的碎矿层,防止矿石冲出砸坏台面。

(6)遇有大块卡漏,用爆破法处理时,一次用药量不应大于 0.6kg,并禁止将炸药包直接与台面接触。

368. 井下运搬矿石的自行无轨设备有哪几种?

自行设备运搬矿石,有以下几种:装运机、铲运机、电铲和自卸卡车、装岩机和自行矿车等。

(1)装运机。以 ZYQ – 14 型装运机为例。铲斗容积 0.3m³,车厢容积 1.8m³。最小工作断面 2.8m × 3.0m;工作时用铲斗将矿石装入自身带有的自卸车厢中,运至溜井卸矿(图 7 – 14)。每台设备由一名司机操作,完成装、运、卸三种作业。

这种设备操作灵活可靠,装运效率较高,但拖有风绳,限制了运搬距离(平均运距不超过 50m),且风绳磨损大,磨损严重处,容易爆裂。装运效率受矿石块度、运距、巷道曲率半径以及路面的平整程度以及工作组织、设备的完好程度和司机的操作水平等因素影响。

(2)铲运机。铲运机是无轨采矿的核心设备,这种设备具有"运输—举升—卸载"的功

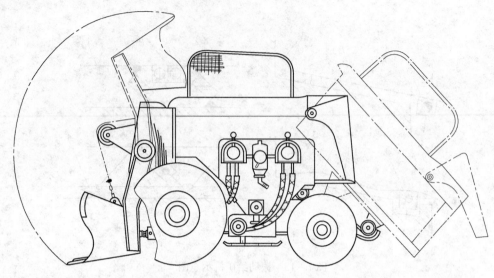

图 7 – 14　ZYQ – 14 型装运机

能(图 7 – 15),有柴油机和电动机两种驱动形式。矿石铲入铲斗后,将铲斗提起运至溜井处,翻转铲斗卸出矿石。车体为前后两半,中央铰接,液压转向,操作轻便,转弯灵活,前后轴均为驱动轴,爬坡能力大。

由于柴油铲运机的尾气净化和通风问题,使电动铲运机成为地下铲运机的主要发展方向。

(3)电铲。水平或缓倾斜厚矿体采场中,用小型电铲装矿,自卸汽车将矿石运至溜井处卸矿或直接运至地面,配以推土机集矿。

图 7 – 15　铲运机"运输—举升—卸载"状态图

(4)自行矿车。用蟹爪式装载机或其他类型装矿机将矿石装入自行矿车中,接通电源后,自动绕放电缆卷筒上的电缆,使矿车在一定距离内自动运行,将矿石卸入溜井。

369. 井下运输汽车有哪几类?

井下运输汽车从结构上可分为铰接式和整体结构式;按卸载方式可分为推卸式、侧卸式和后卸式。根据 Caterpillar Elphinstone 公司的产品目录,整体结构的推卸式汽车主要用于地下范围的运输,地下与地表之间的运输,一般选用铰接结构的举升卸载(侧卸式或后卸式)汽车。

370. 井下汽车运输有哪些优缺点?

优点:

(1)机动灵活、应用范围广、生产潜力大。可将采掘工作的矿岩直接运行各个卸载场地。能在大坡度、小弯道等不利条件下运输矿岩、材料、设备及人员等。

(2)在一定的条件下,采用地下矿用汽车运输可以适当节省设备、钢材和人员。

(3)在竖井全套设施建成前,有可能提前出矿。

(4)也便于采区边缘和零星矿体采矿运输工作。

(5)在运距合理条件下,地下矿用汽车运输生产环节少,显著提高劳动生产率。

缺点有:

(1)地下矿用汽车虽然有废气净化装置,但柴油发动机排出的废气污染井下空气,目前仍不能彻底解决,因此,必须加强通风,增加了通风设备等方面的费用。

(2)由于地下矿山道路路面质量不好,轮胎消耗量大,备件费用增加。

(3)维修工作量大,需要技术熟练的维修工人和装备良好的维修车间。

(4)为了便于地下矿用汽车的行驶,要求的巷道断面尺寸较大,增加了开拓费用。

371. 井下使用无轨运输设备,应遵守哪些规定?

(1)内燃设备,应使用低污染的柴油发动机,每台设备应有废气净化装置,净化后的废气中有害物质的浓度应符合 GBZ1、GBZ2 的有关规定。

(2)运输设备应定期进行维护保养。

(3)采用汽车运输时,汽车顶部至巷道顶板的距离应不小于 0.6m。

(4)斜坡道长度每隔 300～400m,应设坡度不大于 3%、长度不小于 20m 并能满足错车要求的缓坡段;主要斜坡道应有良好的混凝土、沥青或级配均匀的碎石路面。

(5)不应熄火下滑。

(6)在斜坡上停车时,应采取可靠的挡车措施。

(7)每台设备应配备灭火装置。

372. 矿山胶带运输机由哪几部分构成?

胶带运输机是一种连续运输设备,具有很高的生产能力。它的种类很多,均由机头、机尾和机身三部分组成。机头即传动装置,包括电动机、减速箱和带动胶带旋转的主动滚筒;机尾即拉紧装置由拉紧滚筒和拉紧装置组成;机身包括胶带、托辊和托架。

胶带由托辊支托着,绕过主动滚筒和拉紧辊,使用胶带卡子把两端连接起来,形成一个环形带。当主动滚筒旋转时,带动胶带连续运转,将胶带上的矿石或废石运至卸载地点。因此要求胶带要有足够的强度而且要有适当的挠性和耐磨性。

373. 使用带式输送机,应遵守哪些规定?

(1)带式输送机运输物料的最大坡度,向上(块矿)应不大于 15°,向下应不大于 12°;带式输送机最高点与顶板的距离,应不小于 0.6m;物料的最大外形尺寸应不大于 350mm。

(2)人员不得搭乘非载人带式输送机。

(3)不应用带式输送机运送过长的材料和设备。

(4)输送带的最小宽度,应不小于物料最大尺寸的 2 倍加 200mm。

(5)带式输送机胶带的安全系数,按静荷载计算应不小于 8,按启动和制动时的动荷载计算应不小于 3;钢绳芯带式输送机的静荷载安全系数应不小于 5～8。

（6）钢绳芯带式输送机的滚筒直径,应不小于钢绳芯直径的 150 倍,不小于钢丝直径的 1000 倍,且最小直径应不小于 400mm。

（7）装料点和卸料点,应设空仓、满仓等保护装置,并有声光信号及与输送机连锁。

（8）带式输送机应设有防胶带撕裂、断带、跑偏等保护装置,并有可靠的制动、胶带清扫以及防止过速、过载、打滑、大块冲击等保护装置;线路上应有信号、电气连锁和停车装置;上行的带式输送机,应设防逆转装置。

（9）在倾斜巷道中采用带式输送机运输,输送机的一侧应平行敷设一条检修道,需要利用检修道作辅助提升时,带式输送机最突出部分与提升容器的间距应不小于 300mm,且辅助提升速度不应超过 1.5m/s。

374. 何谓矿山地面运输?

矿山地面运输包括内部运输和外部运输。内部运输是指矿山企业总平面布置范围内,各个工业设施之间的矿石、废石、材料和设备等的运输。外部运输则是矿山企业向外部运送产品(精矿或矿石)和由外部向矿山运送材料和设备等。

375. 选择矿山地面内部运输方式及运输系统时应考虑哪些因素?

矿山地面内部运输方式常用的有:窄轨运输、架空索道运输、汽车运输及胶带运输机运输等。应考虑以下因素:

（1）矿山企业的年产量。年产量是决定矿石或其他运输量的主要依据。矿石运输量大,宜尽量采用机车运输;反之,根据地形的起伏情况,采用汽车或架空索道运输。

（2）井口(平硐口)至选矿厂的距离。井口与选矿厂之间的运输量最大,应尽量简化运输方式,减少运输环节。当选矿厂的破碎筛分车间布在靠近井口时,可用胶带运输机直接将矿石从井矿仓运到破碎筛分车间;而当选矿厂离井口较远时,宜用机车运输或架空索道运输。

（3）地面地形条件。地面地形平坦,有利于采用机车运输;当地面起伏变化很大,或用机车运输迂回绕行过大时,可考虑选用架空索道运输。

若矿石采出后不经选矿而直接运往冶炼厂,其内部运输系统最为简单;若矿石采出后需经分级运出或经选矿后运出精矿,中间要用几种设备、几道转运,运输系统就复杂。井巷采用中央式布置,运输线路比较集中,便于实现机械化运输和管理;而采用对角式布置,设施分散,线路复杂运距长,管理也复杂。

地面的废石运输,常由运出废石井口附近的地形来决定,一般用窄轨运输。各辅助车间之间的运送材料、设备等可用汽车运输。

总之,内部运输方式与运输系统线路的选择,需要联系场址的选择、地面设施的布置,开拓系统的确定以及外部运输条件等综合考虑确定。

376. 选择矿山外部运输方式及运输系统时应考虑哪些因素?

外部运输主要考虑矿山企业与国家铁路、公路或水路运输之间的联系,由铁路、公路、水路连通用户。

　　常用的外部运输方式有准轨铁路运输、窄轨铁路运输、汽车运输、架空索道运输和水路运输。选择时应考虑地形条件、交通条件、货运量及货运方向等。

　　一般当矿山运输量较大,矿山服务年限在 15 年以上,距准轨铁路网不超过 20km,且地形平坦时,则用准轨铁路。其他情况下尽可能用汽车运输。水路运输运费低,如果矿区有水运条件,则应尽量使用。在地形陡峻、高差变化大的山岭地区,宜采用架空索道运输。

第八章 井巷掘进与支护

377. 何谓井巷工程?

为采矿或其他目的在地下开掘的井筒、巷道和硐室等工程,总称为井巷工程。井巷工程主要包括矿山建设工程、矿井生产准备工程、矿井延深工程和矿井辅助工程等。

其中,为了将矿石从地下采出,要从地表开始,开凿一系列的井筒、巷道与硐室到达矿体,这个阶段开掘的这些工程称为矿山建设工程;移交生产后,随着采矿工作面的不断推进,还要及时准备新巷道,以保证采矿工作面的正常接续,这个阶段开掘的水平或倾斜准备巷道、硐室等工程称为矿井生产准备工程或开拓工程;在上一生产水平矿体开采完之前,就要着手进行井筒延深和新水平的开拓,以保证水平的及时接替,这个阶段开掘的井筒或巷道、硐室等工程称为矿井延深工程;为保证采矿生产安全,防止水、火、矿尘等危害,还需要开凿一系列运输、排水、通风及行人等巷道,这些工程称为矿井辅助工程。

378. 平巷断面有哪几种,各有何特点?

按构成巷道轮廓线的不同,平巷断面形状可划分为折线形和曲线形两大类。折线形(矩形、梯形、不规则形)巷道的特点是断面利用率高,开挖工程量小,支架架设容易;缺点是木材或金属作支架,不能抵抗较大的围岩压力。曲线形(半圆拱形、圆弧拱形、三心拱形、马蹄形、椭圆形和圆形)巷道的稳定性较好,故使用较普遍,如图8-1所示。

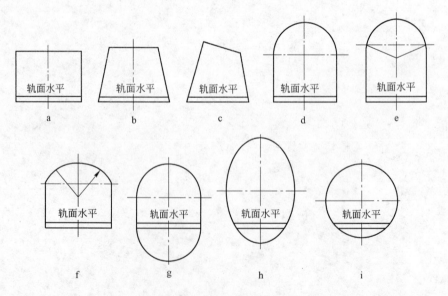

图 8-1 巷道断面形状

a—矩形;b—梯形;c—半梯形;d—半圆拱形;e—圆弧拱形;f—三心拱形;g—封闭拱形;h—椭圆形;i—圆形

379. 如何选择平巷断面的形状?

巷道断面形状的选择,主要应考虑巷道所处的位置及穿过的围岩性质、作用在巷道上的地压大小和方向、巷道的用途及其服务年限、选用的支架材料和支护方式、巷道的掘进方法和采用的掘进设备等因素,也可以参考邻近矿井同类巷道的断面形状及其维护情况等。

(1)一般情况下,作用在巷道上的地压大小和方向,是选择巷道断面形状时需考虑的主要因素。当顶压和侧压均不大时,可选用矩形或梯形断面;当顶压较大、侧压较小时,则应选用直墙拱形断面(半圆拱形、圆弧拱形或三心拱形);当顶压、侧压都很大,同时底鼓严重时,就须选用马蹄形、椭圆形或圆形等封闭式断面。

(2)巷道的用途和服务年限也是考虑选择巷道断面形状不可缺少的重要因素。服务年限长达几十年的开拓巷道,采用砖石、混凝土和锚喷支护的各种拱形断面较为有利;服务年限10年左右的准备巷道以往多采用梯形断面,现在采用锚喷支护的拱形断面日趋增多;服务年限短的回采巷道,多采用梯形断面。

(3)通常,矿区富有的支架材料和习惯使用的支护方式,往往也直接影响巷道断面形状的选择。木支架和钢筋混凝土支架,多适用于梯形和矩形断面;砖石、混凝土和喷射混凝土支架,适用于拱形等曲线断面;金属支架或锚杆支护适用于任何形状的断面。

(4)掘进方法与掘进设备对于巷道断面形状的选择也有一定的影响。目前,岩石平巷掘进仍以钻孔爆破方法占主导地位,它能适应任何形状的断面。近年来,由于锚喷支护的广泛应用,为了简化设计和有利于施工,巷道断面多采用半圆拱形和圆弧拱形,三心拱形已有淘汰之势。在使用全断面掘进机组掘进岩石平巷时,选用圆形断面无疑是更为合适的。

(5)在通风量很大的矿井中,选择通风阻力小的断面形状和支护方式,既有利于安全生产,又具有显著的经济效益。

上述选择巷道断面形状时应考虑的诸因素,彼此是密切联系而又相互制约的,条件、要求不同,影响因素的主次位置就会发生变化。对于主要巷道宜采用拱形断面,采区巷道可选用拱形、矩形和梯形断面,在特殊地质条件下可选用圆形、马蹄形和带底拱的断面。

总之,平巷的合理形状,是在不同的地层压力条件下,使结构能处于良好的受力状态。它可保证巷道安全和材料最省,同时在满足使用的情况下断面开凿工程量最少,且便于施工。

380. 平巷断面尺寸如何确定?

《金属非金属矿山安全规程》规定,巷道净断面必须满足行人、运输、通风和安全设施及设备安装、检修、施工的需要。因此,巷道断面尺寸主要取决于巷道的用途,存放或通过它的机械、器材或运输设备的数量与规格,人行道宽度与各种安全间隙以及通过巷道的风量等。

设计巷道断面尺寸时,根据上述诸因素和有关规程、规范的规定,首先定出巷道的净断面尺寸,并进行风速验算;其次,根据支护参数、道床参数,计算出巷道的设计掘进断面尺寸,并按允许加大值(超挖值),计算出巷道的计算掘进断面尺寸;最后,按比例绘制包括墙脚、水沟在内的巷道断面图,编制巷道特征表和每米巷道工程量及材料消耗量表。半圆拱形巷道断面尺寸如图8-2所示。

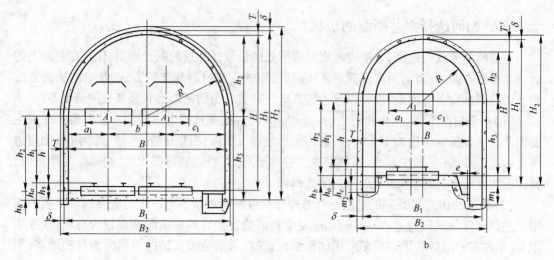

图 8 - 2　半圆拱形巷道断面尺寸图

a—锚喷；b—砌碹

B—巷道净宽度；B_1—设计掘进宽度；B_2—计算掘进宽度；H—巷道净高度；H_1—设计掘进高度；H_2—计算掘进高度

381. 平巷掘进有哪些工序，如何进行？

平巷掘进主要工序有：钻孔、爆破、装岩和支护；辅助工序有：撬浮石、通风、铺轨、接长管线等。

(1)平巷掘进中凿岩工作是第一道工序，凿岩通常用气腿式凿岩机，也可以采用凿岩台车作业，炮孔直径为 38 ~46mm，深度为 1.2 ~2.5m，炮孔在 20 ~40 个之间。

(2)平巷掘进中装药爆破是第二道工序，炸药一般采用硝铵类炸药，过去多采用导火索起爆法，其安全系数低，爆破效果不理想今后应推广导爆管起爆法。每个炮孔的装药深度是孔深的 2/5 ~2/3，掏槽孔要比其他炮孔多 15% ~20%。为了减少巷道表面凹凸不平的现象发生，减少对围岩过多的破坏，减少支护费用，达到光滑的要求，现场多采用光面爆破，即密集布置周边孔，减少周边孔的装药量，严格控制周边孔的起爆顺序。

(3)通风工作在爆破后必须及时进行，以便能迅速排除工作面的有害气体及粉尘，一般通风时间为 15 ~25min，采用轴流式局扇完成。

(4)通风工作结束后立刻要进行装岩工作，装岩工作占掘进循环的 35% ~50% 的时间。目前广泛使用的装岩机械有铲斗后卸式装岩机、耙斗式装岩机、蟹爪式装岩机。使用较多的是第一种，这种装岩机有气动和电动两种。

另外现在有的矿山在平巷机械化作业中，也有用梭式矿车的，这种矿车是一种底部有运输机的大容积矿车，通过刮板运输机的移动使矿车逐步装满。当一次爆破量较大时，也可用梭式矿车组来装载矿岩。

(5)装岩工作结束后，应进行巷道支护。支护是指在巷道内采取措施以便使巷道稳定，保证正常生产需要。

平巷支护分临时支架和永久支架。临时支架比较简单，永久支架主要有木材支架、混凝土支架、石材支架、锚杆和喷射混凝土支架。

382. 平巷掘进的发展趋势如何?

巷道的掘进长期以来,多数为钻孔爆破,这种掘进方法工序多而复杂、劳动强度大、工效低、掘进速度不高。因此多年来科研人员一直试图用其他办法代替该法,于是便出现了平巷一次成巷掘进机(又称岩石掘进机)。

全断面巷道掘进机的开发研究可以追溯到 19 世纪中叶,而与现在的掘进机大致相同的雏形则形成于 20 世纪 50 年代,进入 60 年代以后,全断面巷道掘进机在一些国家进入了普及与提高阶段,应用也逐渐走向成熟。

我国 1966 年生产出第一台直径 3.4m 的掘进机,在杭州人防工程中进行过试验;70 年代进入到工业试验阶段,试制出 SJ55、SJ58、SJ64、EJ30 型掘进机;80 年代进入实用性阶段,研制出 SJ58A、SJ58B、SJ40/45、EJ30/32、EJ50 型掘进机,在河北引滦、福建龙门滩、青岛引黄济青、云南羊厂煤矿、贵阳煤矿、山西古交和怀仁煤矿等工程中使用。但与国际水平相比,差距甚大,主要表现在掘进速度上,国产掘进机的月平均进尺为 100m 左右,仅为国际水平的1/10~1/5,显示不出优越性。目前,我国研制的岩石掘进机,基本上处于闲置状态。问题的症结不在机械掘进法本身,而是我国岩石掘进机的设计制造等综合水平还不够。

岩石掘进机是靠旋转刀盘上的盘形滚刀破碎岩石而使巷道一次成型的大型机械设备,由于它集开挖、出矸和衬砌于一体,能实现破岩、装岩、运输、支护、喷雾除尘等全部工序,因此是自动化程度较高的地下工程施工设备,广泛应用于矿山、铁路隧道、煤矿巷道、水利水电隧道、涵洞和城市地下工程等的建设。岩石掘进机具有机械化程度高、施工速度快、效率高和工作安全等优点,国内外的一些较长的隧道工程已广泛使用。

通过对钻孔爆破法与掘进机法两种施工方法的适用范围、掘进速度、人员配备、准备工作、支护衬砌、大修周期、安全、质量进行技术和经济比较,结论为:对于长度超过 3km 的长巷道,应首选掘进机法。

383. 平巷掘进中遇到不稳定岩层怎么办?

平巷掘进中有时会遇到一些不稳定岩层,如断层破碎带、破碎岩层,易风化、潮解的岩层,疏松的含矿层或松散状的矿石等。这些岩层,开巷后很易产生片帮冒顶,威胁工人生命安全,影响施工进度,使掘进成本大大提高。特别是一些松散性岩石为水所饱和时,具有很大的流动性,比如流沙,其危害更大,甚至使巷道不得不改道。对于这些含水较多的不稳定岩层,可根据具体情况采用排或堵的方法或排、堵结合的方法首先治理水。所谓排,即利用放水巷道或钻孔将水放出,降低水位;堵,一般是用注浆法堵住涌水进入正在掘进的巷道。

遇不稳定岩层时的具体施工方法很多。常用的有:

(1)利用喷锚支护过松软破碎岩层。这种方法只适用于不含水或含水不多的松软破碎岩层,不适用于流沙。它施工速度快、安全、成本低,是一种较好的施工方法。具体方法为:掘进时采用光面爆破,尽量减小爆破对围岩的影响;爆后立即喷拱,厚度不小于 5cm;之后,再出渣、喷墙,完成临时支护。喷射临时支护到下次爆破的时间不应小于 4h,以免爆破震坏临时支护。进行第二循环时,同样先爆破、喷拱、出渣、喷墙,而后在前一循环的临时支护处打锚杆、挂网、喷混凝土至永久支护厚度(15cm)。之后,进行第三循环。切不可使用单一的喷射混凝土支护这种地段,这已为许多失败的教训所证明。为确保工程质量,喷锚网应伸展到冒顶区两端外不小于3m处。

（2）撞楔法。这种方法主要适用于撞楔容易打入的松软不稳定岩层中，如断层破碎带、流沙层、含水沙层、极易风化的粉状岩石、黏性小的土和沙砾层，但这些松散状岩石中不能有较多的坚硬大块。一般而言，松软破碎岩石中含水少时，这种方法更为有效，含水越多，越困难。工作面围岩情况不同，撞楔法施工时采用的具体方式也不同。

当巷道顶部岩层极不稳定而两帮及底板岩石允许暴露一定时间时，可在近松软岩层的棚梁上，打入一排撞楔。撞楔一般为长2.5m左右、直径80~120mm的圆木或方木，头部削尖，尾部套上一块铁垫，也可使用金属撞楔。撞楔向上仰角15°~20°，岩石越不稳定，仰角应越大。撞楔打入岩层中的长度为撞楔全长的1/2~1/3。打撞楔可用大锤敲打，也可在距工作面适当位置的棚梁上，系一根麻绳或铅丝，横吊一根直径200~250mm、长约2.5m、前端包铁皮的圆木，人操纵圆木沿巷道轴线前后摆动，冲击撞楔尾部，如图8-3所示。

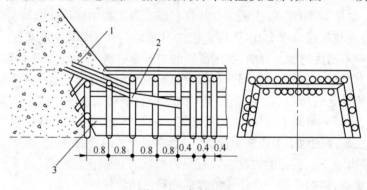

图8-3　打撞楔法
（单位：m）
1—撞楔；2—吊锤；3—拉杆

打撞楔时应从顶板的一边开始到另一边依次将每根撞楔打入0.2~0.3m，而后再开始从一边到另一边依次逐根打入0.2~0.3m，如此反复多次，将撞楔按预定长度打入岩层。打完一排撞楔后，即可在它的保护下清理岩渣。此时，应先清理安棚腿的柱窝，依次安好棚腿，装上顶梁，打好木楔，背上背板，最后清理工作面中间的岩渣。清渣后，在新架设的顶梁上打第二排撞楔。

当巷道顶板和两帮均为不稳定松散岩石时，顶板和两帮都要打撞楔。支架最好用完全棚子，工作面用木板封闭。打两帮撞楔时应自上而下进行。排岩渣时，先取掉靠近顶棚的木板，排除巷道上部的部分岩渣后将其封闭；再拆除靠帮的木板，清理靠帮部分的岩渣和柱窝，架上棚腿，然后封闭，安上顶梁。排除工作面的岩渣时每次拆除小部分木板，随即清理，马上封闭。这样多次拆木板、排岩渣、又封闭，直至除去一个棚距范围内的全部岩渣，随后安装底梁。最后在新棚子前面封闭、打撞楔，开始新的循环。

当巷道通过流沙层或巷道周围全系松软破碎的岩层、巷道顶底板、两帮都不允许暴露时，巷道四周都要打撞楔。方法大致相同，但工作更为困难，应更小心谨慎地进行。

在缺乏设备的情况下，撞楔法是通过断层破碎带、含水流沙层比较有效的方法。其缺点是施工速度慢，耗费人力、物力较多。若遇流沙层含水较多、压头较大，用撞楔法难以通过时，就必须如前所述先治水而后掘进。

384. 井筒断面的形状和尺寸如何确定?

断面的形状决定于井筒的用途、岩石的性质和井筒的服务年限,常见的多为圆形和矩形。矩形断面的竖井多用木材支护,抵抗地压能力较差,一般开掘在坚硬的岩层中,服务年限为 15 年以下,断面不大。圆形断面的竖井一般用石材或混凝土支护,井壁承受地压能力较大,且有封水性,能适应地质条件复杂的地层,服务年限在 15 ~ 20 年以上。

竖井井筒断面的形状结构示意图如图 8 - 4 所示。

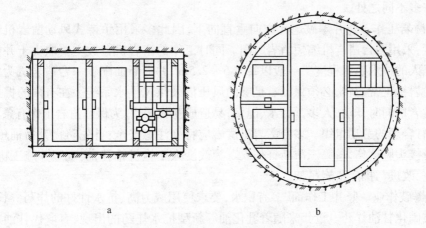

图 8 - 4　竖井断面形状示意图
a—矩形断面木材支护;b—圆形断面混凝土支护

竖井断面的尺寸取决于井筒内提升容器的类型、尺寸、数目以及其布置方式,各种装备排列方式及其安全间隙、梯子间、管缆间的尺寸。通过井筒的风流速度,不应超过安全规程的规定。决定净断面后,再加上支架所占有的面积,就得出井筒掘进断面面积。

385. 竖井掘进有什么特点?

竖井工程是矿山主要井巷工程之一,采用竖井开拓的矿山在金属矿山及煤矿中都占有将近一半的比例,且多为大、中型矿山。加快竖井施工速度提高竖井工程质量,对保证基建矿山早日投产具有决定性意义。

竖井是垂直的,断面较小,穿过的岩层地质、水文情况复杂,施工又多由地表开始,自上而下进行,因此,竖井施工具有工作面狭小、设备多、工作条件及安全条件差、施工组织复杂等特点。

竖井施工包括竖井掘进、竖井永久支护(砌壁)和井筒装备安装三项工作。

一般采用 YT - 25 型或 7655 型凿岩机进行凿岩作业,掘进圆形断面时,炮孔呈同心圆状排列。为提高凿岩机械化水平,可用带有环形式伞形钻架的凿岩机组作业。

如果井筒掘进涌水量较大时,采用胶质炸药或采用防水硝铵类炸药。一般采用电雷管起爆法。

竖井掘进通风比较容易,一般通风时间为 15 ~ 30min,常用局部扇风机进行压入式通风。装岩工作,一般常用抓岩机装入吊桶,装满后由绞车提升至地表。工作面的积水利用吊桶或吊泵排至地表。

每次爆破的岩石装完后,为防止井壁岩石塌落,应及时进行临时支护,一般采用支架支护。

当井筒掘进一定距离后,就从下向上砌筑永久支架,并逐渐将临时支架拆除。

永久支架用木材或混凝土,架设永久支架时有专门的吊盘,吊盘上有各种专门的孔洞。

386. 竖井普通法施工有哪些主要工序?

竖井掘进,目前多采用以凿岩爆破为主的普通施工法。但由于其特殊条件,它又与平巷掘进有许多不同之处。

(1)凿岩工作。竖井爆破炮孔方向垂直向下,因此多采用手持式风动凿岩机。为提高掘进速度,采用多台凿岩机缩短凿岩时间。同时工作的凿岩机台数主要取决于井筒断面的大小和工人的技术熟练程度。一般以每 $1.5 \sim 2.5m^2$ 井筒断面配置一台凿岩机为宜。为确保多台凿岩机正常运转,必须保证有足够的风压以及供风供水系统。在有限的掘进工作面内多台凿岩机同时开动,人多、风、水、绳多,易造成互相干扰,为保证凿岩工作有条不紊地进行,必须有合理的劳动组织。多台凿岩机凿岩应特别注意安全:首先防提升吊桶压人;其次防风水管接头脱落伤人;第三防断钎伤人。为改变人工抱机钻孔,实现竖井施工机械化,应积极研究、改进与推广凿岩吊架。

(2)爆破作业。竖井工作面,多有积水,要求使用威力高、抗水性好的炸药。长期以来,多用胶质硝化甘油炸药。近年来随着乳化油等新型抗水炸药的出现,有取代甘油炸药的趋势。起爆材料,多用秒延期或毫秒延期电雷管;起爆电源多用交流动力线,容量大而电压低,因此一般使用并联网路,少数情况下采用串并联网路。为缩短装药时间,应推广采用"串装药"的方法。即将每个炮孔应装的全部药卷先在地面用特制纸筒(或塑料袋)或竹片等捆扎成长药卷,工作面装药时将长药卷一次装入孔内。这种方法既安全又可保证爆破效果,同时可缩短装药时间。爆破参数及炮孔布置原则与平巷基本相同,但由于竖井断面多为圆形,因此竖井掘进的炮孔多是同心圆布置,根据井筒掘进直径及岩石坚固性,一般可布置 $3 \sim 5$ 圈。

(3)装岩工作。装岩工作是一项既繁重又费时的工序,一般约占整个循环时间的 60%,通常成为影响井筒掘进速度的主要因素。目前,国内竖井掘进中推广使用液压靠壁式、中心回转式抓岩机和长绳悬吊大抓斗,改变了过去抓岩机形式单一的落后局面,为加快建井速度创造了有利条件。

(4)通风。竖井掘进爆破后的炮烟温度高,有沿井筒自然上升的趋势,因此多采用压入式通风,只有在有瓦斯逸出煤矿竖井掘进时才采用抽出式通风。在深井掘砌平行作业施工时,为迅速排走炮烟,可采用混合式通风。

(5)排水。涌水量小于 $6m^3/h$,可采用吊桶排水。即在提升矸石的同时,利用吊桶内矸石的空隙,将水和矸石一起排出。当涌水量大时,应采用吊泵排水。

(6)临时支架。长期以来,圆形井筒掘进的临时支架,多采用挂圈、背板支护。由于喷锚支护的推广和使用,基岩掘进中挂圈背板有逐步被取代的趋势。

387. 竖井普通法施工有哪些经验?

我国广大建井工作人员通过几百个竖井施工的实践,积累了一系列宝贵经验,归纳为

"竖井井筒施工20项经验"，它是在我国现有技术水平下，提高竖井施工速度的一整套行之有效的措施，应当因地制宜，积极推广。其内容如下：

（1）利用永久设备及建筑物凿井，包括利用副井永久井架、永久提升机和副井多绳提升井塔凿井。

（2）单绳悬吊压气管。

（3）管路井内无绳吊挂。

（4）多层吊盘，推广双层和三层吊盘的使用。

（5）湿式凿岩和多台凿岩机钻孔。

（6）直孔爆破和串装药。

（7）光面爆破。

（8）多台抓岩机抓岩。

（9）多钩提升。

（10）井盖门和卸矸门开闭的机械化。

（11）自动卸矸和大矸石仓。

（12）混凝土井壁。

（13）金属模板和薄壳模板。

（14）金属滑块模板。

（15）管子下混凝土。

（16）注浆封水。

（17）井筒截水。

（18）正规循环作业。

（19）工种岗位责任制。

（20）综合工作队及多工序平行交叉作业。

388. 什么是注浆法凿井，适用于什么条件？

当井筒需要过含水的断层破碎带、裂隙性地层、岩溶地层或含水的表土冲积层，难以用普通凿井法通过时，可以采用注浆法凿井。即预先将具有胶结、充填性能的材料配制成浆液，用注浆泵经布置在井筒周围的注浆钻孔注入裂隙或溶洞中，封闭水源，加固地层，然后在经过改善的施工条件下用普通凿井法施工。

常用的浆液有两类：一类为水泥浆液，它主要用于在富水的裂隙性岩层中封水和加固岩体；另一类为水玻璃－铝酸钠、铬木素等化学浆液，主要用在不稳定的表土冲积层中，防止发生涌水、涌沙、塌帮等事故。

根据注浆地点的不同，井筒预注浆有地面预注浆与工作面预注浆之分。前者是在井筒施工之前，在井筒周围由地面向下钻一圈注浆孔，向注浆地段注浆，全部工作在地面进行，工作条件好，进度快。但钻孔工作量大，且易因钻孔偏斜而影响注浆效果；后者是在井筒掘进工作面距设计注浆地层一定距离时，停止掘进，由工作面向斜下方钻一圈注浆孔，对设计注浆地层注浆。这种方法钻孔工作量小，不需大型钻孔设备，但施工现场狭小，施工不方便，且占用建井工期。

根据注浆的进行方式，预注浆可分为全段一次注浆与分段注浆。前者适用于注浆地段为单一的薄含水层且裂隙比较均匀时;后者适用于注浆地段含水层较厚或有多层含水层,且裂隙大小不均时。分段注浆可以由上而下(下行式)进行,即在注浆孔钻到含水层时,开始第一段注浆,注好一段后,加深一段钻孔,再注浆,一段一段加深钻孔、注浆……直至全深。这种方式注浆效果好,但复钻工作量大,工期长。多用于岩溶地层、冲积层破碎带和裂隙极发育的地层中。分段注浆也可以由下而上进行(上行式),即一次将注浆孔钻至全深,然后由下而上分段注浆。它的钻孔工作量小,工期短,但注浆效果不如下行式。

在井壁局部出现裂缝并有渗水、漏水发生时,也可使用壁后注浆的办法封水、堵水和加固井壁。

389. 何谓冻结法凿井和沉井法凿井,各用于什么条件?

当井筒需要穿过松软不稳定的含水冲积层时,特别是厚度较大的流沙层,用普通法及其他特殊凿井法(如注浆法等)无法施工时,可以使用冻结法凿井。冻结法凿井是在井筒开工之前,预先在井筒周围钻一圈冻结孔,孔距一般为 1~1.2m,孔径 200~250mm,孔深穿过含水层进入下部稳定岩层 5~10m。在冻结孔内安装冻结管。用盐水泵将地面冻结站制成的 −20~−25℃ 的低温盐水经冻结管内的供液泵送至冻结管底部,再经回液管返回冻结站,形成盐水循环。在低温盐水的不断循环过程中,使井筒周围形成一个坚固的冻土圆筒,然后在冻土圆筒保护下,用普通法进行井筒施工。待井筒顺利穿过冻结地带后,停止冻结,并在冻土柱尚未解冻前回收冻结管。冻结法凿井可顺利通过各种松软不稳定的含水表土层,施工安全可靠,是一种“万能”的特殊凿井法。但成本较高,且井筒掘、砌作业需在低温条件下进行。

沉井法是通过含水不稳定表土层的另一种特殊施工法。它实质上是先将预先做好的整体永久井壁(沉井)在重力作用下沉入土中,在其保护下进行挖掘。沉井法不需要特殊的专用设备,操作比较简单,劳动强度低,作业比较安全。但随深度的增加,沉井受到的侧面阻力和沉井下部刃角受到的正面阻力都随之增大。因此沉井法使用深度受到限制,一般只在含水不稳定浅表土层中应用。

390. 天井的形状和尺寸如何确定?

天井的断面尺寸和形状主要取决于其用途和格间数目。断面形状通常为矩形,溜矿井和通风井常为圆形。

圆形天井直径一般 2m 左右,矩形天井常以梯子间的长度作为天井断面的短边,一般是 1.5~2m。矩形天井的长边按格间数目、排列及大小来确定,一般为 2.0~2.5m 左右。梯子间尺寸按安全规程的要求确定,放矿间的最短边应大于所放矿岩最大块度的三倍,提升间应保证材料设备顺利通过。

391. 天井掘进方法有哪几种,各有何特点?

天井掘进法多采用普通掘进法、吊罐掘进法、爬罐掘进法、深孔爆破成井法、天井钻机一次成井法。

(1)普通掘进法。其掘进方法是由下而上架设梯子和工作平台,工人站在距工作面 1.5~2m 处的工作台上凿岩,随着向上掘进,随着安装梯子,架设支架,工作台上移。用

YSP-45型等伸缩式凿岩机钻凿上向孔,每个炮孔均需一组钎子来钻凿。采用电雷管起爆法或导爆管起爆法。爆破前必须在梯子间和提升间顶部架设倾斜的落矿台,以防止梯子间被破坏,并使崩落的矿岩借自重溜入放矿间。天井采取向上反掘的方式掘进,通风比较困难,需要的通风时间也较长,一般须采用抽出式机械通风。

普通法掘进天井缺点比较多,工作台架设劳动强度较大,掘进速度慢,效率低,通风时间长,材料消耗也多,成本高,操作不太安全。在不稳固岩石或短天井掘井时,还使用这种方法,在其他条件下已被吊罐法取代。

(2)吊罐掘进法。吊罐掘进法是在天井全高上沿中心线先钻一直径100~150mm的钻孔,在天井上部水平安设游动绞车,通过中央钻孔用钢丝绳沿天井升降吊罐,如图8-5所示。

人员可以站在吊罐上进行凿岩、装药。爆破时将吊罐下放到下部水平,距天井4~5m处。

吊罐法有如下特点:

1)由于中心孔的存在,改善了通风条件,缩短了通风时间。

2)爆破下来的矿岩借自重落至下部水平巷道底板上,然后用装岩机装入矿车。

3)不设梯子、工作台,工作简单。

(3)爬罐法。当上部水平尚未开

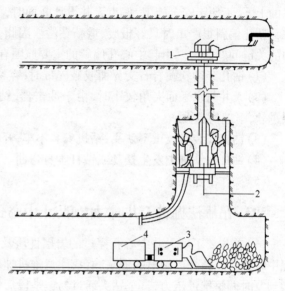

图8-5　吊罐法掘进天井示意图
1—游动绞车;2—折叠式吊罐;3—装岩机;4—矿车

掘,或天井倾角有变化时,则不能使用吊罐而应使用爬罐。爬罐分为气动、电动和液压的。

工人乘爬罐上升到工作面,在钢板下进行凿岩作业。在钻孔、装药、连线后,再乘爬罐由工作面下降到巷道,将爬罐放置在安全位置即可进行爆破,然后通风,用导轨后面的风水管喷出风水混合物清洗工作面。而后,工人进入爬罐,操纵驱动装置,上升到工作面,撬浮石后,进行下一个工作循环。

此法可掘垂直、倾斜天井。

(4)深孔法掘进。其特点是在天井的全断面中钻凿若干个贯穿全高的炮孔,自下而上逐次分段爆破。

凿岩一般用YQ-100,炮孔个数根据需要钻进,一般孔距为0.3~0.6m左右。

深孔法掘进简化了生产工序,安全可靠,工作效率高,成井速度快,工人劳动强度低,只是要求凿岩技术比较高,另外炸药消耗也较大。

(5)天井钻机一次成井法。该法是在近年天井钻机的性能不断提高、成本费用不断降低的基础上发展起来的。它完全取消了凿岩爆破工序,使破岩、装岩平行作业,全面实现了机械化、安全、劳动条件好、掘进速度快、节省劳动力、管理方便,井巷周壁规整光滑易于维护,该方法很有前景。

392. 吊罐法掘进天井时,引起中心孔偏斜的原因有哪些?

天井中心孔的钻凿可以采用地质钻机或潜孔钻机。地质钻机自上而下钻孔,中心孔偏斜较小,工作作业条件好;但速度慢、工效低,且必须在天井上部开凿较大的硐室。潜孔钻机自下而上钻凿天井中心孔,下部安装钻机的硐室即可作为天井下部的一段,而且钻进速度快。因此,除高度大于 60m 的天井外,一般多使用潜孔钻机。

潜孔钻机钻中心孔,钻孔容易偏斜,天井越高,偏斜越严重。钻孔偏斜较大时,不便于吊罐的上下,不便于安全施工,偏出天井设计断面时,为了找孔还必须增加开凿工程量。

钻孔偏斜很严重时只好报废,重新钻凿。因此,防止中心孔偏斜是吊罐法掘进天井施工中的关键问题之一。引起中心孔偏斜的主要原因有:

(1)钻孔穿过软硬岩石交界面或破碎带时,容易偏斜。

(2)天井与水平面夹角较小时,由于冲击器、钻头、钻杆的重量,使中心孔向下偏斜,岩层越软,下偏值越大。

(3)钻机安装时校正不认真,钻机安装不牢,开钻后钻机震动使某些部分松动。

(4)钻杆在钻进中发生摆动或钻杆本身弯曲。

(5)操作不熟练等。

393. 吊罐法掘进天井时,如何防止中心孔偏斜?

(1)首先要了解天井中心孔穿过的岩层性质及其变化,以便提前采取措施;其次钻进过程中时刻注意钻孔内淌出的泥浆颜色,注意推进速度是否发生突变,注意卡钻情况的发生,做到及时调整推进压力,直至钻头通过易偏地段后再开足推力,正常钻进。

(2)钻进倾斜孔时,向可能偏斜方向加一校正角进行钻孔。岩石越软,钻孔与水平面的夹角越小,钻孔越长,则校正角越大。

(3)开孔时不要加过大的推进压力,待钻头将岩石磨平,钻进 300mm 并经校正无误后,再给足全压钻进。

(4)在钻杆上套上几根导向管,有助于防止钻杆摆动。导向管由长度 100 ~ 150mm 的无缝钢管制成,外壁上焊 3 ~ 4 根圆钢,其内径应大于钻杆外径 1 ~ 2mm,外径小于钻头直径 3 ~ 5mm。为防止导向管沿钻杆下滑,可在钻杆的方形断面处加一个马蹄形小叉托住导向管。

(5)经常检查钻杆是否弯曲,对已弯钻杆必须校正后才能使用。

(6)确保钻机的安装质量,位置、角度要准,安装要牢。

(7)其他措施,如加强工人技术培训,制定必要的操作规程,提高操作工人的技术水平和责任感等,对防止钻孔偏斜都是必要的。

394. 斜井掘进有什么特点?

斜井与水平面之间有一定的夹角,斜井掘进自上而下进行。这就决定了它的掘进工作有别于竖井及平巷,而另具特点。

(1)凿岩爆破。斜井工作面大都有水,因此爆破应使用抗水炸药,如胶质炸药、乳化油炸药等。在使用非抗水炸药时,应进行防水处理。为保证斜井按设计倾角掘进,应严格掌握炮孔的倾角,底眼角度应比斜井倾角大 3° ~ 5°,深度应较其他炮孔深 100 ~ 200mm。其他凿岩爆破作业与平巷掘进大致相同。

（2）装岩。到目前为止，斜井掘进仍有不少地方使用人工装岩，因斜井有一倾斜角度，工作面又有积水，人工装岩不仅劳动强度大，而且作业条件差。为改变这种局面，有的矿山将平巷掘进使用的装岩机改装后用于倾角较小的斜井掘进，也有的矿山使用耙斗装岩机，都收到了较好的效果。

（3）排水。斜井掘进，工作面在下方，井筒中的涌水自然集中到工作面，严重影响凿岩爆破与装岩。因此在确定斜井位置时应尽可能避开含水层，使井口处于地平面较高的位置，并在井口周围挖环形排水沟，防止地表水流入井内。同时要采用注浆法堵水，抑制透水岩层大量涌水流入井内。同时，还必须根据斜井内涌水量的大小，采用不同的排水方法，及时排除工作面积水。

当涌水量在 $5m^3/h$ 以内时，可利用潜水泵配合提升容器排水。即用潜水泵将工作面积水排入提升容器，随同矸石一同提升到井外。当涌水量大时，则需使用卧泵排水。为减少卧泵的移动次数，可用水力喷射泵将水排到放有卧泵的中间转水站，再用卧泵排至地表。

（4）提升。斜井掘进时，为排除渣石、下放材料，一般可用矿车或箕斗提升。斜井提升中不小心可能发生跑车事故，严重威胁安全生产，必须采取可靠的"防跑"措施，这在使用矿车提升时更为重要。

国内一些矿山采用的防跑措施主要有：

1）在井口平车场处设置阻车器。这种阻车器由两根 8~15kg/m 的钢轨弯曲成 L 形，焊接在同一根转动轴上。L 型钢轴的一端加有配重，经常置于底板上，另一端（阻车端）扬起，阻止矿车跑入井内。当矿车需要下放时，把钩工踩动与阻车器转动轴连在一起的踏板，使 L 型钢轨有配重的一端扬起，另一端放下，使矿车通过。矿车通过后，把钩工放开踏板，阻车器恢复到阻车状态。

2）可转动的型钢挡车门，又称为保险门，用 15~18kg/m 的钢轨或槽钢、工字钢制成。安装在两根直径 200mm 以上木柱做的框架上，木柱两端伸入斜井顶底板内。挡车门借自重经常处于关闭状态，防止跑车时矿车通过。矿车需要通过时，用牵引绳通过滑轮将挡车门拉开。这种挡车器简单、可靠，但移动不便。

3）常闭式型钢阻车器，如图 8-6 所示。它由重型钢轨制成，一端有配重，另一端通过钢丝绳经滑轮可上提。当矿车需要通过时，人工拉起阻车器，让矿车通过，之后，借自重落

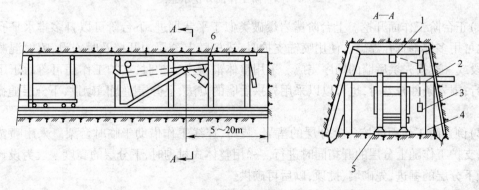

图 8-6　常闭式型钢阻车器
1—滑轮；2—可伸缩横梁；3—平衡锤；4—立柱；5—挡车器；6—配重

下。一旦发生跑车,即可阻止矿车冲到工作面。这种阻车器可安在距工作面 5m 处,工作面每推进 10~15m 移动一次。

395. 大断面硐室掘进时如何安排工作面的开挖顺序?

硐室长度小、断面大而多变,又常与井筒、巷道或其他硐室相连,无论是受力状况或施工条件,都比平巷复杂得多,因此,必须根据围岩情况、支护形式及断面大小,选择合理的掘进方案,才能保证工程进度、工程质量和施工安全。

(1)直壁式工作面全断面开挖。与普通巷道掘进相同,但由于断面比较大,所以可适当加大孔深,使用小型风动凿岩设备钻上部炮孔时,采用蹬渣作业,装药连线则必须用梯子。目前条件下,这种方法只宜在高度小于 5m 围岩比较稳定的硐室掘进时使用。

(2)阶梯工作面全断面开挖。当岩层稳定或比较稳定,但由于硐室高度较大不便操作时,可将硐室分成两三个分层,形成阶梯工作面。根据台阶形状,又有正台阶与倒台阶之分,如图 8-7、图 8-8 所示。

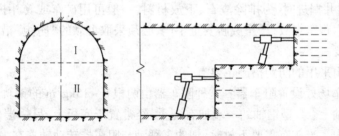

图 8-7　正台阶工作面开挖示意图

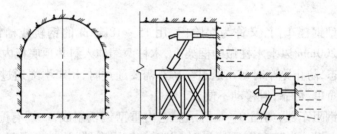

图 8-8　倒台阶工作面开挖示意图

1)正台阶工作面开挖。上台阶凿岩爆破类似于平巷掘进,下台阶可以打多排水平孔爆破,也可用多排垂直孔爆破。使用喷锚支护时,锚杆随上分层的开挖及时安设,喷射混凝土可分段或一次按先拱后墙的顺序完成。采用整体混凝土支护时,支护工作面可落后于下分层进行;围岩条件较差时,也可以采用先拱后墙的方法,上分层随掘随砌拱,下分层随掘随砌墙。

2)倒台阶工作面开挖。上分层的凿岩、装药、连线工作借助于临时台架。采用喷锚支护时,支护工作随上分层的开拓同时进行。采用整体式衬砌时,下分层的高度一般为设计墙高,随下分层的掘进,先砌墙、挑顶,以后再砌拱。

(3)下导坑开挖法。在中等稳定的岩层中,开挖 5~7m 高的硐室,采用喷锚支护时,常用下导坑开挖法。即先在硐室断面的下部掘进一条或两条辅助巷道——导坑,而后再扩帮挑顶,将断面刷大到硐室的设计断面。导坑断面一般为 $4\sim8m^2$,中等稳定的岩层中,不需临时支护。

硐室跨度较小时,下导坑布置在硐室下部中央。导坑掘进完毕后,挑顶扩帮,可以先挑顶后扩帮,也可以先扩帮后挑顶。当硐室跨度较大时,可采用两侧下导坑开挖法(图8-9)。喷锚支护按先拱后墙的顺序进行。拱部的锚杆随拱部的开挖及时安放。喷射混凝土可分段与拱部开挖交替进行;岩石条件较好时,也可待拱部开挖结束后一次喷完拱部。边墙的喷锚作业最后进行。

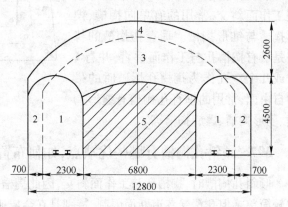

图8-9　两侧下导坑的开挖顺序图
1—两侧下导坑;2—墙部光面层;3—挑顶;
4—拱部光面层;5—中心岩柱

两侧下导坑开挖掘进硐室时,拱、墙进行开挖与支护后,最后开挖中心岩柱。

下导坑开挖法施工简单,灵活性大,应用较广。

(4)上导坑开挖法。在松软破碎的围岩中,使用整体式混凝土衬砌时,硐室掘进常采用上导坑开挖法。即利用上导坑先开挖拱部,浇筑混凝土拱顶,而后在拱顶的保护下开挖下部断面并砌墙接拱。这种施工方法工序多,相互干扰大,施工速度慢,拱顶易沉降而影响断面尺寸,且拱与墙的连接处整体性差。但在松软破碎的围岩中易保证硐室施工的安全。

(5)侧壁导坑开挖法。即首先在硐室边墙位置掘进两侧下导坑,然后沿边墙逐层向上挑顶,直至拱脚,砌筑边墙。边墙施工结束后,进行拱部开挖。拱顶衬砌的浇注根据围岩的稳定情况,可以待拱部全部开挖后一次浇筑,也可以分段交替掘砌。整个硐室墙、拱全部拆模后,最后开挖中心岩柱。这种方法有助于克服上导坑开挖法混凝土衬砌整体性不强的缺点,在冶金矿山整体式混凝土衬砌的硐室施工中常用。

此外,还有上下导坑开挖法以及留矿法开挖硐室等。

应当指出,在硐室施工中,应用光面爆破、喷锚支护及相适应的开挖工艺,与整体浇灌混凝土支护及与之相应的开挖方法相比,具有施工速度快、机械化程度高、材料消耗少、施工安全的优点,条件适宜时应大力推广。

396. 井巷掘进工作面爆破为何要掏槽,常用哪种掏槽方式?

井巷掘进时,只有一个狭小的自由面,四周岩石的夹制性很强,爆破条件比较差。因此井巷掘进爆破时,总是让工作面的一部分炮孔(称为掏槽孔)先爆,在工作面上崩出一个凹槽,作为其他炮孔爆破时的第二自由面,以利于爆破效率的提高。

除掏槽孔外,井巷掘进工作面的其他炮孔可分为辅助孔与周边孔。对于水平巷道和斜井而言,周边孔又分为顶孔、底孔和帮孔(图8-10)。

掏槽孔爆破时只有一个自由面,爆破条件最差。掏槽孔的爆破又起着为其他炮孔创造第二自由面的作用,因此,掏槽孔爆破效果的好坏,是整个工作面爆破成败的关键。

根据井巷断面形状规格、岩石性质和地质构造等条件,掏槽孔的排列形式有很多种。它们可以分为倾斜孔掏槽与垂直孔掏槽两大类。

倾斜孔掏槽的特点是掏槽孔与掘进工作面斜交,常用的有单向掏槽、楔形掏槽与锥形掏槽。垂直孔掏槽的特点是所有掏槽孔与工作面垂直,并有 1 个或几个空孔作为掏槽孔爆破时的最初自由面,常用的垂直孔掏槽有缝形掏槽、菱形掏槽、螺旋掏槽等。

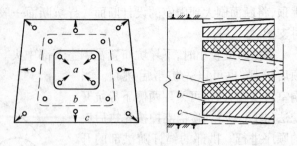

图 8-10　各种炮孔
a—掏槽孔;b—辅助孔;c—周边孔

397. 倾斜孔掏槽有哪些优缺点,如何布置?

倾斜孔掏槽时,掏槽孔与工作面斜交,因此掏槽比较可靠,对钻孔的精度要求不高,操作比较简单。但孔深受巷道断面限制,特别是在金属矿山小断面巷道掘进中只能打浅孔,钻孔时工作面凿岩机布置较乱,不利于多台凿岩机作业。

各种倾斜孔掏槽的布置方法分述如下:

(1)单向掏槽。单向掏槽的特点是所有掏槽孔向同一方向倾斜,掏槽孔与工作面的夹角依岩石的可爆破难易程度取 50°~70°。它适用于软岩石或有明显的层理、节理、软夹层的岩石。布孔的原则是尽量使掏槽孔与岩层垂直或斜交,避免平行。根据岩石的赋存情况可分别采用顶部掏槽、底部掏槽及侧向掏槽,如图 8-11 所示。

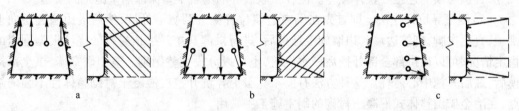

图 8-11　单向掏槽
a—顶部掏槽;b—底部掏槽;c—侧向掏槽

(2)锥形掏槽。锥形掏槽的特点是所有掏槽孔以相同角度向孔底集中,孔底相距 10~20cm 而不互相贯通。通常可排列成三角锥形或圆锥形等,如图 8-12 所示。后者适用于圆形断面的井筒掘进。

掏槽孔与工作面夹角 α 一般为 55°~70°,相邻掏槽孔孔口距离 a 为 0.4~1.0m。锥形掏槽是一种比较可靠的掏槽方式,通过调整 α 角及间距 a 可适用于任意坚固性岩石(岩石越坚硬,α、a 取值越小)。

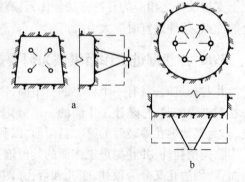

图 8-12　锥形掏槽
a—三角锥形掏槽;b—圆锥形掏槽

(3)楔形掏槽。掏槽孔通常由 2~4 对相向的倾斜孔组成。每对炮孔孔底相距 10~20cm,对与对之间保持平行,对间距离 a = 0.3~

0.5m，掏槽孔与工作面夹角 $\alpha = 60° \sim 70°$。楔形掏槽常用于中硬及中硬以上岩石、断面大于 $4m^2$ 的巷道掘进。岩石越坚硬，α 及 a 取值应越小。

楔形掏槽又分为垂直楔形（图8-13a）与水平楔形（图8-13b）两种。垂直楔形掏槽钻孔方便，应用较广。岩层具有明显的水平层理、节理时，为避免掏槽孔与层理、节理平行才使用水平楔形掏槽。

当岩石特别坚硬难爆、巷道断面大、孔深又超过2m时，为保证掏槽效果，可增加2~3对深度较小的掏槽孔，形成双楔形掏槽，如图8-13c所示。

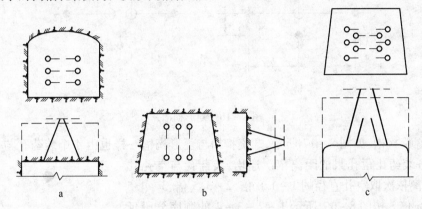

图8-13　楔形掏槽

a—垂直楔形掏槽；b—水平楔形掏槽；c—双楔形掏槽

（4）扇形掏槽。适用于工作面有软夹层可利用的情况。它由布置在软夹层中的一排掏槽孔组成，各掏槽孔具有不同的倾角和深度，如图8-14所示。

398. 直孔掏槽有哪些掏槽方式？

倾斜孔掏槽，掏槽孔与工作面斜交，钻孔深度受巷道断面限制，岩石越坚硬，要求掏槽孔与工作面的夹角越小，问题越突出。因此，在坚硬岩石小断面巷道掘进中，要想加大炮孔深度以加大循环进尺，就只有使掏槽孔与

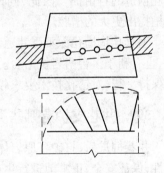

图8-14　扇形掏槽

工作面垂直布置，这就是垂直掏槽。此时，为保证掏槽孔的爆破效果，必须在装药孔附近打几个不装药的空孔，作为装药孔爆破时的最初自由面。

常见的垂直孔掏槽方式有：

（1）缝形掏槽，又称平行龟裂掏槽。这种掏槽法是在工作面中部打一排相互平行的炮孔，孔距8~15cm，装药孔与空孔相间布置，爆破后掏出一条狭缝。它适用于整体性好的中等硬度以上岩石中的小断面巷道掘进，如图8-15所示。

缝形掏槽孔数目多，掏出的槽腔体积小，生产中较少单独使用。

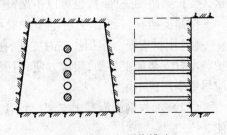

图8-15　龟裂掏槽法

（2）桶形掏槽，又称角柱形掏槽。它由若干个装药孔与空孔组成，形式多种多样，其中

应用较多的为菱形掏槽,如图 8 - 16a 所示。

菱形掏槽由两对对称布置的装药孔与一个中心空孔组成。孔距 $a = 100 \sim 150mm, b = 200 \sim 250mm$,依岩石性质而定,岩石越坚硬,$a$、$b$ 取值越小。两对装药孔分两段起爆,距离近的一对先爆,距离远的一对后爆。在坚硬难爆的岩石中,为获得较好的掏槽效果,一般采用较大的空孔直径或用两个空孔代替一个中心空孔,如图 8 - 16b 所示。

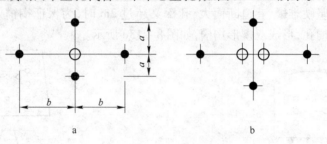

图 8 - 16　菱形掏槽

(3)螺旋掏槽,如图 8 - 17 所示,螺旋掏槽与菱形掏槽一样也由 4 个装药孔与一个空孔组成,但各装药孔距孔眼的距离依次递增,装药孔与空孔孔壁间的距离依次取空孔直径的 1 ~ 1.8 倍、2 ~ 3.5 倍、3 ~ 4.5 倍、4 ~ 5.5 倍。按图 8 - 17 所示 1 - 2 - 3 - 4 的顺序分段延期起爆,槽腔体积也依次扩展,后爆的炮孔充分利用了先爆炮孔创造的自由面。因此,同样条件下,螺旋掏槽可比菱形掏槽掏出更大的槽腔。

垂直孔掏槽孔深不受巷道断面限制,有利于加大循环进尺,也有利于多台凿岩机凿岩。垂直孔掏槽时各炮孔必须严格保持平行,对钻孔技术要求较高。

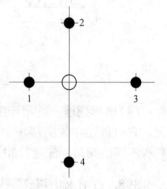

图 8 - 17　螺旋掏槽

399. 井巷支护有哪些类型,各有何优缺点?

井巷掘进后,打破了原岩体的应力平衡,会出现一系列地压现象。为保持井巷围岩的稳定性,保证安全、正常地进行生产,在井、巷、硐室开挖后,应根据具体条件进行维护。架设支架是目前维护井巷的主要方法。

按照作用的不同,支架可分为临时支架与永久支架。临时支架的作用是在进行永久支护之前保证掘进工作的安全进行。随着永久支架的施工,就要拆除临时支架,当围岩稳定或永久支护紧跟掘进面时,也可以不架设临时支架。

按照支架材料和结构,井巷支护又可分为:

(1)木材支架。多用作临时支架,在断面不大、服务时间不长的井巷中也可用作永久支护。木材支架加工容易,架设方便,但服务时间短,难以支撑较大的地压,要消耗大量木材,应尽量少用或不用。

(2)装配式钢筋混凝土支架。可代替木材支架,服务时间也较长,但构件笨重,架设不便。

(3)金属支架。承载能力大,架设方便,在地压不太大的情况下还可以回收,经整形后复用。金属支架可根据巷道断面形状及大小分为几段,加工成装配式的、可缩性的支架,以便于架设及承受更大的地压。但要消耗大量钢材,不宜过多使用。

(4)砖石、混凝土块及整体浇灌的混凝土支架。施工复杂,材料消耗大。但其整体性好,承压能力大,防火性能好,通风阻力小,材料来源广,因而广泛应用于大跨度重要的井、巷、硐室的永久支护。

(5)喷射混凝土与锚杆支护。喷锚支护改变了其他支架被动受压的状况,充分利用和加强了围岩自身的支承作用,是支护技术的一大进步。喷射混凝土不需要模板,没有壁后充填,简化了支护施工工序,提高了支护施工的机械化程度。与整体浇灌混凝土支护比较,支护厚度、混凝土用量、岩石开挖工作量、支护成本都大为降低。锚杆支护,节约了大量钢材和坑木,降低了支护成本,减少了掘进断面,且施工工艺简单有利于一次成巷施工和加快施工速度。喷射混凝土与锚杆,可用作临时支护,也可用作永久支护;可以单独使用,也可以配合使用,具有很强的灵活性与适应性,是有效而经济的支护方法。

400. 如何保证混凝土支护的强度?

整体浇筑混凝土支护是井巷支护的重要形式之一。多用于重要的井、巷、硐室中。混凝土支护的承载能力,除与支护厚度、井巷断面形状及尺寸有关外,还主要取决于混凝土自身的强度。井巷支护用的混凝土,以水泥(胶结材料)、细沙(细骨料)、石子(粗骨料)按一定比例混合制成。因此,混凝土的强度受到各组分材料的性质、配比以及施工条件等多方面的影响。

(1)水泥标号与水灰比。在其他条件相同时,水泥标号越高,混凝土强度越高,但成本也越高。一般选取的水泥标号为混凝土28天强度的2~3倍。水泥的水化反应,需要一定量的水,施工中为使混凝土具有较好的和易性,设计的水灰比总要比水泥水化反应需要的水灰比略大一些。但过量的水,会使水泥颗粒间距加大,增大水泥中的空隙量,减慢水泥的硬化,混凝土强度降低。因此,施工中必须按设计确定的水灰比,严格控制加水量,且不可为了搅拌容易而加入过多的水。

(2)粗骨料(石子)的影响。粗骨料是指混凝土中粒径大于5mm的骨料。通常采用卵石和碎石。卵石依产地不同有山卵石、河卵石和海卵石。山卵石常掺有较多的杂质,海卵石常掺有贝壳,河卵石比较洁净。碎石是用坚硬的岩石,如花岗岩、辉绿岩、砂岩、石灰岩等破碎而成。卵石制成的混凝土和易性好,易捣实,孔隙较少,因而防透水性较好,但水泥的黏结力较差,卵石混凝土的强度比碎石混凝土的强度较低,因此配制高标号混凝土时多用碎石作粗骨料。

石子的形状以接近球形为好,其次为卵形,针状或片状的最差。针状或片状的颗粒本身易折断,会降低混凝土的强度,而且易使粗骨料的孔隙率增大,拌和物的和易性降低,不易捣实。因此针片状颗粒的含量按质量计不得超过15%。

良好的颗粒级配(各级尺寸颗粒的搭配关系)可以使石子的空隙及总表面积缩小,减少充填于石子空隙间的水泥砂浆用量,增加混凝土的密实度和强度,并节约水泥。

石子中常含有黏土、淤泥、杂草、硫酸盐、硫化物、有机物等有害物质。这些杂质会降低混凝土的强度,它们的含量必须低于规范的要求。

(3)细骨料(沙子)的影响。混凝土一般以天然沙为细骨料,有时也用碎石屑或矿渣料。天然沙有河沙、江沙、海沙和山沙,其中河沙、江沙的质量较好。

按照平均粒径的大小,沙子可分为粗沙、中沙和细沙。用粗沙配制混凝土,用水量少,强度高,但和易性差,细沙则相反,中沙最适宜。

天然沙中常含有泥土、云母、硫化物及有机杂质等,它们会降低混凝土的强度,含量必须低于规范要求。

(4)沙率的影响。沙率是指混凝土中沙子实体积和沙石总体积的比率。沙率过小时,水泥砂浆的体积不足以充填石子的空隙,在混凝土中形成许多细小空隙,影响其强度和密实性。沙率过大,粗骨料相对减少,也有损于混凝土的强度。塑性混凝土常用的沙率为27% ~ 35%,最佳为30% ~33%。

(5)混凝土搅拌与振捣。充分的搅拌与振捣,对保证混凝土的密实与强度十分重要。否则,会出现蜂窝、麻面,影响其强度。一般来说,振捣时间越长,力量越大,混凝土越密实,质量越高。对于干硬性混凝土宜采用加压振动方法。但过分的振捣也不好,对于流动性较大的塑性混凝土,振捣时间过长,力量过大,会使混凝土产生泌水离析现象,强度降低。一般以混凝土表面呈现水泥浆和不再沉落为佳。

(6)养护温度与湿度。混凝土浇灌后,必须保持经常的潮湿和一定的温度,以保证混凝土强度的正常发展。湿度不够,混凝土的强度发展缓慢。混凝土的浇水养护时间,普通水泥混凝土,不得少于 7 昼夜;火山灰质水泥、矿渣水泥或掺用塑性附加剂的混凝土,有抗渗性要求的混凝土不得少于 14 昼夜。

在水分充足保持一定湿度的条件下,温度越高,强度增长越慢。施工中采用蒸汽养护可加速硬化,缩短工期或得到高强度的混凝土。在混凝土的拌和水中加入水泥重量2% ~3%的氯化钙,可以提高混凝土的早期强度和密实度。

此外,已经硬化的混凝土不宜震动,拆模时间不得早于规范的规定,否则会使混凝土的强度降低。

401. 锚杆为何能起支护作用,常用锚杆有哪几类?

锚喷支护是目前使用广泛,大力推广的支护结构形式。锚杆支护是把小直径的钢等材料制成的杆状体,通过钻孔安装于围岩中,用于加固围岩的一种支护形式。

在锚杆的作用下,围岩既是外载来源,又是支护结构,对于充分发挥围岩自承能力、减少支护结构材料等具有重要意义。锚杆的主要作用有以下几个方面:

(1)悬吊理论。悬吊理论认为,锚杆支护的作用就是将巷道顶板处较软弱岩层悬吊在上部稳定岩层上,以增强较软弱岩层的稳定性(图 8 – 18a)。在软弱围岩中,锚杆的作用是将直接顶板的破碎岩石悬吊在其上部的自然平衡拱上(图 8 – 18b)。

利用悬吊理论进行锚杆支护设计时,锚杆长度可根据坚硬岩层的高度或平衡拱的拱高来确定,锚杆的锚固力可按照杆体的强度确定,其布置可根据所悬吊的岩层重量来确定。

(2)组合梁理论。组合梁理论认为,顶板锚杆的作用,一方面体现在锚杆的锚固力增加了各岩层间的接触压力,避免各岩层间出现离层现象;另一方面增加了岩层间的抗剪刚度,阻止岩层间的水平错动,从而将作用范围内的几个岩层锚固成一个较厚的组合岩梁。这种组合岩梁在上覆岩层荷载的作用下,其最大弯曲应变和应力大大减小,挠度也显著减小,且组合岩梁越厚,梁内的最大应力、应变和梁的挠度也就越小,如图 8 – 19 所示。

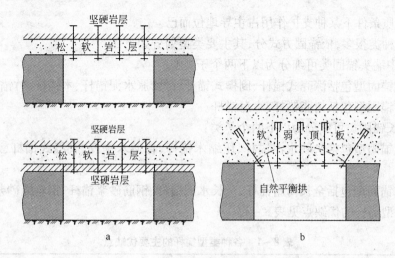

图 8 – 18　锚杆的悬吊作用

a—坚硬顶板锚杆的悬吊作用;b—软弱顶板锚杆的悬吊作用

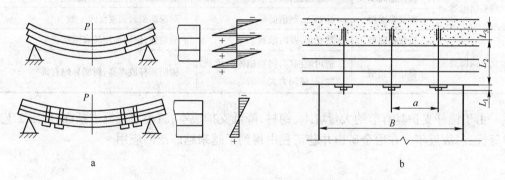

图 8 – 19　锚杆组合梁作用示意图

a—叠合梁与组合梁的内力比较;b—层状顶板锚杆组合梁

（3）组合拱理论。研究表明,在弹性体上安装具有预应力的锚杆,能形成以锚头和紧固端为作用点的锥形体压缩区。因此,如将锚杆沿拱形巷道周边按一定间距径向排列,当围岩产生变形时,锚杆会对围岩产生压应力作用,每根锚杆周围形成的锥形体压缩区彼此重叠连接,便在围岩中形成一个均匀的连续压缩带（图 8 – 20）。它不仅能保持自身的稳定,而且能承受地压,阻止围岩的松动和变形,这就是挤压加固拱。

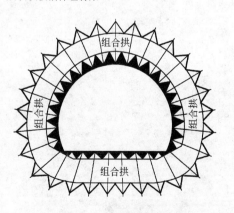

图 8 – 20　锚杆的挤压加固拱

锚杆一方面在锥形体压缩区内产生压应力,增加节理裂隙面或岩块间的摩擦阻力,防止岩块的转动和滑移,亦即增大了岩体的黏结力,提高了破碎岩体的强度;另一方面,锚杆产生的压应力,改善了围岩应力状态,使压缩带内的岩石处于三向受力状态,从而使岩体强度得到提高。

实际上,上述几种锚杆支护作用并非是孤立存在的,而是相互补充的综合作用,只不过在不同的地质条件下某种支护作用占主导地位而已。

锚杆的种类很多,依锚固方式分,其主要类型划分如下:

(1)集中端头锚固类可细分为以下两个子类:

1)机械锚固型包括涨壳式锚杆、倒楔式锚杆、微膨胀水泥锚杆、木锚杆、竹锚杆。

2)黏结锚固型包括树脂锚杆、水泥锚杆。

(2)全长锚固类可细分为以下两个子类:

1)机械锚固型包括快硬水泥锚杆、压缩木锚杆、普通木锚杆、管缝式锚杆、水力膨胀式锚杆。

2)黏结锚固型包括全长树脂锚杆、全长水泥锚杆、钢筋砂浆锚杆、钢丝绳砂浆锚杆。

各种类型锚杆的优缺点见表 8 - 1。

表 8 - 1　各种类型锚杆的主要优缺点

锚杆类型		优　点	缺　点
端头锚固类	机械锚固型	安装迅速,及时承载	对深部围岩强度要求高
	黏结锚固型	易加工,制造简单	对深部围岩强度要求一般
全长锚固类	机械锚固型	易安装,及时承载	易腐蚀,锚固强度易衰减和丧失
	黏结锚固型	适用范围广,树脂锚固剂承载速度快,锚固力大	树脂锚杆成本高,树脂易燃有毒

由于锚杆支护具有节约大量坑木、钢材,降低支护成本,减小巷道掘进断面,施工工艺简单等优点,故近年来在冶金矿山井巷工程中得到了越来越广泛的应用。

第九章 矿井通风

402. 矿井通风的基本任务是什么?

依靠动力将定量的新鲜空气,沿着既定的通风路线不断输入井下,以满足回采工作面、机电硐室、火药库以及其他用风地点的需要;同时将用过的污浊空气源源不断排出。这种对矿井不断输入新鲜空气和排除污浊空气的作业过程称为矿井通风。

矿井通风的基本任务是:供给矿井新鲜风量,冲淡并排出井下的毒性、窒息性、爆炸性气体和粉尘,保证井下风流的质量(成分、温度、速度)和数量符合国家安全标准,创造良好的工作环境,防止各种伤害和爆炸事故,保障井下人员身体健康和生命安全,保护国家资源和财产。

403. 矿井空气中有哪些有毒有害气体,它们的最高允许浓度为多少?

金属矿山井下常见的对安全生产威胁最大的有毒有害气体有一氧化碳(CO)、二氧化氮(NO_2)、二氧化硫(SO_2)、硫化氢(H_2S)等,其最高允许浓度(体积分数)分别为 0.0024%、0.00025%、0.0005%、0.00066%。

404. 矿井的气候条件与哪些因素有关?

影响人体发热率的大小主要取决于劳动强度,而影响人体散热的条件是空气的温度、湿度、风速三者的综合状态。这三个参数也称为矿井气候条件的三要素,三者满足人员健康需要、提高劳动效率的综合状况的构建也是矿井通风的任务目的之一。空气温度对人体对流散热起着主要作用。相对湿度影响人体汗液蒸发散热的效果。风速影响人体的对流散热和蒸发散热的效果,对流换热强度交换效果随风速增大而加强。

405. 矿井中风流的流动状态有哪些?

矿井中风流的流动状态有层流和紊流两种。

层流是指流体各层的质点互不混合,质点流动的轨迹为直线或有规则的平滑曲线并与管道轴线方向基本平行。

紊流是指流体的质点强烈互相混合,质点的流动轨迹极不规则,除了沿流动总方向发生位移外,还有垂直于流动总方向的位移且在流体内部存在着时而产生、时而消失的漩涡。

井下风流多数是完全紊流,只有一部分风流处于层流向完全紊流过渡的状态,只有风速很小的漏风风流才可能出现层流。

406. 井巷的通风阻力包括哪些,如何降低井巷的通风阻力?

井巷的通风阻力包括摩擦阻力和局部阻力两种形式,摩擦阻力在井巷通风阻力占绝对地位。降低摩擦阻力可以极大地降低井巷的通风阻力。

降低摩擦阻力的主要措施有：

（1）降低摩擦阻力系数。选择摩擦阻力较小的支护方式；尽可能使井巷平整光滑。

（2）扩大巷道断面。由于 $h_{fr} \propto S^{2.5}$，即断面的扩大，会使摩擦阻力显著降低，在改造通风困难的矿井时，几乎都要选用此措施，但在进行设计时，要根据使用年限、井掘费、维护费和通电费等因素，综合分析，选取最合适的经济断面。

（3）选用周界较小的井巷。在断面相同的情况下以圆形断面的周长最小，拱形次之，梯形最大。故井筒采用圆形断面，主要巷道采用拱形断面，服务时间短的巷道可采用梯形。

（4）减小巷道的长度。在进行通风系统设计时满足开采需要的情况下，要尽可能缩短风路的长度。

（5）避免巷道内风量过大。因为 $h_{fr} \propto Q^2$，所以当巷道内风量过大时，就会使巷道摩擦阻力大大增加，应尽可能使矿井的总进风早分开，并可能使矿井的总回风晚闭合。

降低局部阻力的措施主要有：

（1）要尽可能避免断面的突然扩大或突然缩小。

（2）尽可能避免拐 90° 的弯，在拐弯处的内侧和外侧要做成斜面和圆弧形，拐弯的曲线半径尽可能的大，还可设置导风板。

（3）尽可能避免突然分叉和突然会合，在分叉和会合处的内侧要做成斜面或圆弧形。

（4）对风速大的风筒，要悬挂平直，拐弯时曲率半径尽可能加大。

（5）在主要巷道内不得随意停放车辆和材料。

（6）把正对风流的固定物体做成流线型。

407. 何谓通风等积孔,其作用是什么?

为了形象化，习惯上引用一个与风阻的数值相当、意义相同的假想孔口的面积值（m²）来表示井巷或矿井的通风难易程度，这个假想的孔口称为井巷或矿井的等积孔。

当通过井巷的风量保持恒定时，如果井巷的等积孔 A 大，则井巷的通风阻力就小，意味着井巷通风较容易；如果井巷的等积孔 A 小，则井巷的通风阻力就大，意味着井巷通风较困难。因此，井巷的等积孔 A 与井巷的风阻 R 相似，可以反映井巷通风的难易程度。

408. 何谓自然通风和自然风压?

自然通风是指在各种自然因素的作用下，使风流获得能量并沿井巷流动的现象。

空气能在井巷中流动，是由于风流的起末点间存在着能量差，这种能量差的产生，若是由扇风机造成的，则为机械风压；若是矿井自然条件产生的，则为自然风压。

进、回风井温差越大，矿井越深，自然风压越大。冬季进风井风流温度低，回风井风流温度四季基本不变，所以，自然风压作用方向往往与机械风压方向相同，夏季进风井温度高，自然风压作用方向往往与机械风压方向相反。

409. 矿用扇风机有哪几类?

矿用扇风机按其构造原理可分为离心式与轴流式两大类。

矿用扇风机按其用途可分为三种:

(1)用于全矿井或矿井某一翼(区)的,称为主力扇风机,简称主扇。

(2)用于矿井通风网路内的某些分支风路中借以调节其风量、帮助主扇工作的,称为辅助扇风机,简称辅扇。

(3)用于矿井局部地点通风的,它产生的风压几乎全部用于克服它所连接的风筒阻力,称为局部扇风机,简称局扇。

410. 扇风机的附属装置有哪些,其作用是什么?

扇风机的附属装置,除扇风机和电动机以外,还应有反风装置、风硐、扩散器、防爆门及消音装置等。

(1)反风装置。反风就是使正常风流反向,当进风井筒附近和井底车场发生火灾时,产生大量的 CO、CO_2 等气体。如果扇风机正常运转就会将有害气体带入采掘工作面,危及井下工人的生命安全。为了救人就利用反风装置迅速将风流方向反转过来。

(2)风硐。风硐是矿井主扇和出风井之间的一段联络巷道。

(3)扩散器。将扇风机出口的速压大部分转变为静压,以减少扇风机出口的速压损失,提高扇风机的静压。

(4)防爆门(井盖)。当井下发生爆炸时,冲击波能把防爆门(井盖)冲开,从而起到泄压作用,防止冲击波的能量毁坏矿井主要扇风机。

(5)消音装置。扇风机在运转时会产生噪声,特别是大直径轴流式扇风机的噪声更大,因此需要采取措施,降低噪声,我国规定扇风机的噪声不得超过 90dB(A)。

消音装置可分为如下两类:

主动式,作用是吸收声音能量。我国矿山企业多采用主动式消声装置,风流通过多孔性材料装成的流道时,其噪声被吸收。

反射式,作用是把声音能量反射回声源。

411. 矿井风量调节有哪些方法?

矿井风量调节包括局部风量调节和全矿井风量调节。

(1)局部风量调节又分为以下三类:

1)增加风阻调节法。在并联风网阻力较小(风量过大)的分支安装调节风门,增加风阻,用以增加阻力较大的分支风量,以保证风量按需分配。由于增阻调节增加全矿总风阻和关联风网的风阻,减少了全矿总风量和并联风网风量,所以增阻分支风量减少量大于增风分支的风量增加量,这是增阻调节的缺点。但是,增阻调节法应用简便,是矿山常采用的方法。

2)降低风阻的调节法。这种方法与增阻调节法相反,它是以并联风路中阻力较小风路的阻力为基础,减少阻力较大风路的阻力,从而使并联风路阻力平衡,以达到调节风量的目的。

3)增加风压的调节法。增压调节法又称辅扇调节。当用增阻或降阻方法调节均难达到目的或不经济时,可以在风量不足的风路中,安设辅助扇风机,用来克服该巷道的通风阻力,从而达到调节风量的目的。

(2)矿井总风量(或总风压)调节。其调节方法主要是调整主扇的工作点,即改变主扇的特性曲线或改变主扇的工作风阻曲线。

412. 矿井通风系统包括哪些方面?

矿井通风系统是向矿井各作业地点供给新鲜空气、排除污浊空气的通风网络、风动力及通风控制设施(通风构筑物)的总称。矿井通风系统包括通风方式、通风方法、通风网络。通风方式是指进回风井之间的位置关系,包括中央式、对角式、混合式。通风方法是指主扇的工作方式,包括抽出式、压入式、压抽联合式。

413. 何谓矿井漏风,其危害是什么?

经进风系统送入的新风,到达作业地点,达到通风口的风流称为有效风流。未经作业地点而通过采空区、地表塌陷区以及通风构筑物的缝隙,直接渗入回风道或直接排出地表的风流称为漏风。

矿井漏风降低了作业面的有效风量,增加通风困难。矿井漏风使通风系统的可靠性和风流的稳定性遭到破坏,易使角联巷道风流反向,出现烟尘倒流现象。大量漏风风路的存在可使矿井总风阻降低从而破坏主扇的正常工况,效率降低,无益电耗增加。此外,矿井漏风还能加速可燃性矿物自燃发火。减少漏风提高有效风量是矿井通风管理的重要任务。

414. 常见矿井漏风的地点及原因是什么?

一般而言,有漏风通道存在,并在漏风通道两端有压差时,就可产生漏风。矿山的主要漏风地点和产生漏风的原因为:

(1)抽出式通风的矿井,通过地表塌陷区及采空区直接漏入回风道的短路风流有时可达很高的数值。造成这种漏风的原因,首先是由于开采规划上缺乏统筹安排,过早地形成地表塌陷区。在回风道的上部没有保留必要的隔离矿柱,同时也由于对地表塌陷区和采空区未及时充填或隔离。

(2)压入式通风的矿井,通过井底车场的短路漏风量也很高。这种漏风常常是由于井底车场风门不严密或风门完全失效所致。

(3)作业面分散,废旧巷道不能及时封闭,造成风流浪费。

(4)井口密闭、反风装置、井下风门、风桥、挡风墙等通风构筑物不严密也能造成较大的漏风。

415. 如何减少矿井漏风,提高有效风量?

(1)矿井开拓系统、开采顺序、采矿方法等因素对矿井漏风有很大影响。对角式通风系统,由于进风井与排风井相距较远,风流直向流动,压差较小,比中央并列式通风系统漏风小。后退式开采顺序,采空区由两翼向中央发展,对减少漏风和防止风流串联有利。充填采矿法比其他采矿法漏风少。在巷道布置上,主要运输道和通风巷道布置在矿脉外,使其在开采过程中不致过早遭到破坏,对维护正常的通风系统、减少漏风有利。

(2)抽出式通风的矿井,应特别注意地表塌陷区和采空区的漏风。从采矿设计和生产管理上,应尽量避免过早地形成地表塌陷区,已形成塌陷区的矿井在回风道上部应保留保护矿柱,并应充填采空区、密闭天井井口。压入式通风的矿井,应注意防止进风井井底车场的漏风。在进风井与提升井之间至少要建立两道可靠的自动风门。有些矿井在各阶段进风穿脉巷道口试用导风板或空气幕引导风流,防止井底车场漏风。

(3)提高通风构筑物的质量、加强严密性是防止漏风的基本措施,挡风墙与风门的面积要尽量小些,挡风墙四周与岩壁接触处用混凝土抹缝。门板最好用双层木板,中间夹油纸或其他致密材料。

(4)降低风阻、平衡风压也是减少漏风的重要措施。漏风风路两端压差的大小,主要决定于并联的用风地点的通风阻力。降低用风地点风阻,使两端压差减小,可降低漏风风路的漏风量。

416. 局部通风有哪些方法?

掘进通风又称为局部通风,是指为了稀释和排出爆破产生的炮烟和矿尘,以及创造良好的工作条件,必须对独头掘进工作面进行通风。这种通风称为掘进通风。

局部通风方法大体可分为用矿井总风压的通风方法、用局部动力设备的通风方法。利用矿井总风压的通风方法不需要增设其他动力设备,直接利用矿井主扇造成的风压对掘进巷道和工作面进行通风,为了将新鲜风流引入工作面并排出污风,必须利用挡风墙、风障和风筒等导风设施,如图9-1所示。

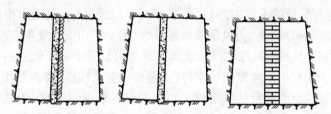

图9-1 利用矿井总风压通风方法

当总风压不能满足掘进通风的要求时,必须借助专门的通风设备对掘进巷道进行局部通风,其中按动力源分为引射器通风、局扇通风。

在掘进工作面利用局部通风机进行通风时,局部扇风机必须配合专用风筒才能把新鲜空气送入工作面,并排出污浊空气。根据局扇及风筒的布置形式,可以分为压入式(图9-2)、抽出式(图9-3)及混合式(图9-4)。

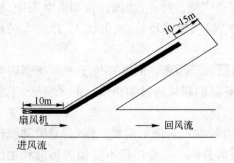

图9-2 压入式通风

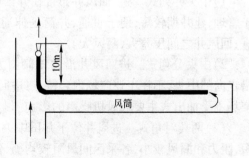

图9-3 抽出式通风

引射器通风是利用压力水或压缩空气经喷嘴高速射出产生射流,周围的空气被卷吸到射流中。

井下常用的引射器有环隙式压气引射器、高压水引射器两种。

引射器通风具有设备简单、安全,水引射器有利于除尘和降温的优点,但产生的风压低,送风量小,效率低,费用高。

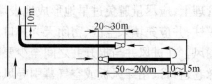

图 9-4　柔性风筒的混合式通风

417. 风筒有哪几类?

局部扇风机通风中,风机主要是克服风筒风阻,而风筒风阻及漏风直接影响通风效果,所以风筒的悬挂及接头的优劣直接影响局部通风效果。目前常用的风筒有金属风筒及柔性风筒两类。

(1)金属风筒,用厚 1.2～3mm 的白铁皮制成,一般做成 3m 一节,用法兰盘联结,内夹橡皮垫圈。它的好处是可以用于负压状态下的通风。但接头处容易漏风、移动搬运不方便。

(2)柔性风筒,以玻璃布作衬布,外表压上塑料称为"塑料人造革风筒";压上橡胶称为"胶皮风筒"。柔性风筒耐酸耐湿、重量较轻,可以折叠,每节长 10m,安装搬运方便,漏风小。

418. 矿井通风检查与管理主要包括哪些内容?

矿井通风检查与管理的主要内容包括:矿井有效风量率(有效风量率能直接反映矿井漏风大小)、风量或风速合格率(指风量或风速符合《冶金矿山安全规程》要求的用风点数与用风点总数的比值,它反映用风点的风量或风速是否满足需要以及风量的分配是否合理)、风质合格率(指进入工作面的风源质量符合《冶金矿山安全规程》要求的用风点数与用风点总数的比值,它反映风源质量及其污染情况)、主扇装置效率(指该装置的输出功率与输入功率的比值,它反映主扇装置的工况、性能及其与矿井通风网路的匹配是否得当,直接反映主扇电耗是否合理)、风量供需比(指实测的主扇工作风量与工作面设计需风量总和的比值,它反映风量的供风关系,即主扇的大小是否适当)、通风系统综合指数(指用来衡量矿井通风系统总的技术经济状况,以便分析对比各通风系统)。

419. 矿井通风系统有哪几类,各有何特点?

(1)中央式。进回风井位于井田走向中央,风流在井下的流动路线是折返式。

1)中央并列式。进、回风井布置在井田中央工业广场。特点:地面建筑和供电集中,便于管理,建井期较短,便于贯通,井筒延伸通风方便,但风流路径长,风阻较大,井底车场和进、回风井之间压差大,漏风大。

2)中央分列式。进回风井沿井田倾斜方向相隔一段距离。回风井位于井田浅部边界沿走向的中央,不在工业广场内。特点:进回风井巷间的漏风通过中央采区的采空区,工业广场不受抽出式主要通风机噪声的影响。

(2)两翼对角式。进风井位于井田中央,回风井设在沿走向的两翼。特点:通风路线较短,阻力和漏风较小,各采区间风阻较均衡,便于按需分风。工业广场不受回风污染和抽出式主要风机噪声危害。

（3）分区式。进风井位于井田中央，开采井田浅部，在每个采区掘一个小回风井与采区回风巷相通，不必掘总回风巷。开采井田深部，往往转变为两翼对角式。特点：基本与两翼对角式相同，浅部开采不掘总回风巷，加快投产时间，但开采深部矿体时，通风方式需变化，对生产有一定干扰。

各类通风方式如图 9 – 5 所示。

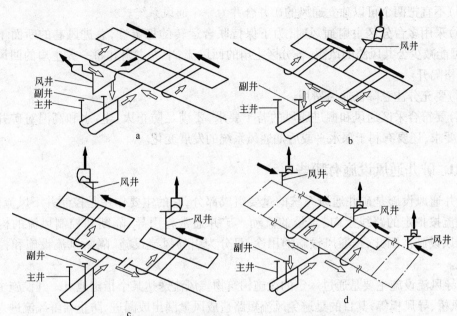

图 9 – 5　矿井通风系统类型示意图
a—中央并列式；b—中央分列式；c—两翼对角式；d—分区式

⟹ 新鲜风　　➡ 污风

420. 矿井通风系统选择依据是什么？

矿井通风系统选择依据安全可靠性高、技术先进合理和经济效益高。其主要表现为系统简单、网络结构合理；能保质保量稳定地向用风地点供风；主要通风机与网络特性相匹配，风机能高效、经济地运行；具有较高的防灾抗灾能力；有利于矿井实现机械化和自动化；通风费用少；符合有关规定。根据矿井设计生产能力、矿体赋存条件、表土层厚度、井田面积、地温等条件，在确保矿井安全、兼顾中、后期生产需要的前提下，通过对多种可行的矿井通风系统方案进行技术经济比较后确定。

中央式通风系统具有井巷工程量少、初期投资省的优点。因此，矿井初期宜优先采用。

当井田面积较大时，初期可采用中央通风，逐步过渡为对角式或分区对角式。

矿井通风方法一般采用抽出式。当地形复杂、采用多风井通风有利时，可采用压入式通风。

选择任何通风系统都要符合投产较快，安全可靠，技术经济指标合理等总原则，具体地说要适应以下要求：

（1）矿井特别是地震区、多震区的矿井，至少要有两个通到地面的安全出口，各出口之间的距离不得小于 30m。

（2）进风井口要避免污风、尘土、矸石、燃烧气体、炼焦气体等的侵入,进风井口距离产生煤尘、有害气体的地点不得小于500m。

（3）箕斗井一般不应兼作进风井或出风井,若满足一定条件时方可兼作。

（4）所有矿井都要采用机械通风,主扇和分区主扇必须安装在地面,新设计矿井不宜在同一井口选用几台主扇联合运转。

（5）不宜把两个可以独立通风的矿井合并为一个通风系统。

（6）采用多台分区主扇通风时,为了保持联合运转的稳定性,总进风巷的断面不宜过小,尽可能减少公共风路的风阻,各分区主扇的回风流,中央主扇和每一翼主扇的回风流都必须严格隔开。

（7）要充分注意降低通风费用。

（8）要符合采区通风和掘进通风的若干要求,要满足防止火、尘、水和高温对矿井通风系统的要求,还要有利于深水平或后期通风系统的发展变化。

421. 矿井通风设施有哪些?

矿井通风设施是矿井通风系统的重要组成部分,它的主要作用是控制井下风流流动,实现风流按拟定的路线定向、定量的流动。矿井通常将引导、隔断和控制风流的构筑物称为通风设施。因此,按通风设施的用途,可分为引导风流设施、隔断风流设施和控制风流设施。

引导风流设施主要是通过一定的设施构筑物将风流送达某个指定地点。其设施主要有风硐、风桥、导风板等,其目的是避免风流短路造成风量漏出或漏进,防止新鲜风流进入回风系统,同时防止采空区及盲巷的有毒有害气体,涌入新鲜风流中。

隔断风流的设施主要有风门、挡风墙(图9-6)等,可根据需要确定可行人或不可行人。

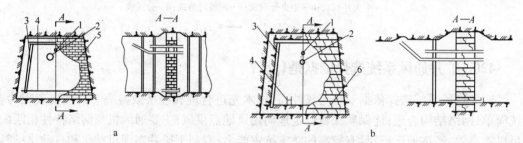

图9-6　挡风墙示意图

a—红砖挡风墙,b—料石挡风墙

1—观测管;2—措施管;3—支架;4—反风管;5—红砖;6—料石

控制风流的设施的目的是定向、定量供风,主要设施为调节风窗(图9-7),也称为调节风门。

根据通风设施使用时间的长短,又可分为永久通风设施和临时通风设施两大类。

永久通风设施包括永久风门(图9-8)、永久调节风门、永久风墙、永久风桥(图9-9)、永久挡风墙(又称永久密闭)。永久通风设施还包括风硐、防爆门、扩

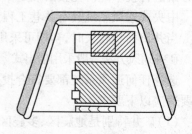

图9-7　调节风窗

散器和反风装置等。

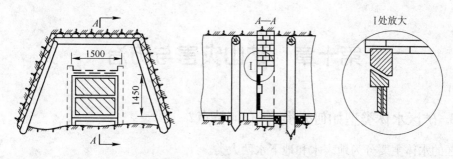

图9-8 永久性风门示意图

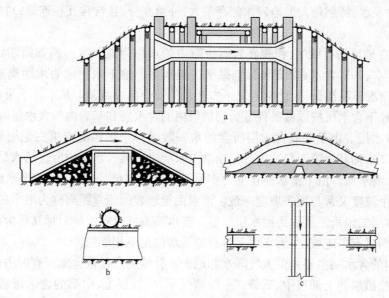

图9-9 永久风桥

a—铁筒式风桥;b—混凝土风桥;c—绕道式风桥

临时通风设施主要包括临时风门、临时调节风门、临时风桥和临时挡风墙(俗称随时密闭),此类设施主要视其服务地点和服务的时间而定,一般为1年左右。

422. 何谓循环通风、扩散通风?

循环通风是指掘进工作面部分或全部回风经过局扇再次送入工作面的通风方式。循环通风的危害:

(1)掘进工作面的污风多次经过风机送入工作面,会使工作面中有毒有害气体浓度越来越大。

(2)当气体多次进入工作面,工作面迎头粉尘浓度会不断增高,降低工作面的能见度,容易发生事故。

扩散通风是指利用空气的扩散运动对掘进工作面或硐室进行通风的方法。只有巷道长度小于6m的情况下,才可以采用扩散通风。对于长度大于6m以上的掘进巷道必须采用全风压通风或局部通风机通风。

第十章　矿山灾害与防治

423. 矿区水体类型如何分类,各有何特点?

矿区的水体主要分为地表水和地下水两大类。

(1)赋存在地球水圈中,积聚在海洋、湖泊、河流、水库、稻田、水渠和塌陷坑中的水统称为地表水。地表水,特别是大型地表水储存量大,补给充分,且常常互相连通,对矿井安全威胁极大。

(2)赋存在地球岩石圈中,积聚在岩石空隙中的水称为地下水。例如第四纪和第三纪松散层中的含水、基岩含水、岩溶水和老采空区积水等。地下水比地表水距离矿体更近一些,而且赋存情况不易搞清,因此常对其下方开采的安全构成威胁。从水体下采矿工程的角度出发,可将地下含水层按埋藏条件分为松散层内的含水层和基岩内的含水层两类。

1)松散含水层。由于松散含水层所含的水一般赋存于第四纪或第三纪松散冲积层的孔隙中,所以又常称其为第四纪或第三纪松散含水层。松散含水层中所含的水是一种潜水,它来自表面 - 潜水面。由于潜水能在重力作用下从高处向低处流动,因此潜水面具有一定的坡度,而这个坡度又常与地表坡度一致。潜水面至地表的铅垂距离称为潜水的埋藏深度。潜水面至隔水层的铅垂距离称为潜水层厚度。潜水面上任意点的绝对标高称为潜水位。显然,由于潜水面具有一定坡度,潜水面上各点的潜水位是不相等的。

松散层内的含水层主要是由大气降水和地表水补给的。松散含水层有时占松散层的全部,有时位于松散层的上部或中、下部。一般情况下,松散层上、中部的含水层富水性强,补给条件好。但如果在其下部有较厚的隔水黏土层,则对开采影响较小。如果含水层位于松散层下部或者松散层是含水沙层,则对开采影响较大。

2)基岩含水层。基岩内的含水层包括石灰岩含水层、砂岩含水层、溶洞和老采空区积水。它们一般充满于两个隔水层之间并承受静水压力,所以又称为承压水。有时承压水体位于开采矿体的底板岩层内,也对开采构成威胁,这就是所谓的"承压水上采矿"问题。

当然,在一般情况下,地表水、松散层内的含水层水体和基岩水体之间常构成某种水力联系,于是就产生各类复合水体,如地表水体和松散含水层,松散含水层和基岩含水层,地表水体和基岩含水层,地表水体、松散含水层和基岩含水层等。而各种单纯水体和复合水体又有水体与矿体直接接触和不直接接触之分。显然,水体与矿体直接接触对水体下采矿是不利的,若水体远离矿体或者其存在良好的隔水层,则是比较有利的情况。

424. 什么叫矿坑水,矿山发生涌水会带来什么危害?

矿山建设和生产时期,地下水、地表水和大气降水便通过岩石的空隙,以滴水、淋水、涌水和突然涌水等方式流入矿坑和巷道里,这种进入露天矿坑和地下巷道中的水,统称为矿坑水。

矿山发生涌水会带来的危害主要有:

（1）在建井时期，当涌水量过大时，需要有治理措施，增加投资；妨碍施工速度，影响建井质量。

（2）具有侵蚀性的矿坑水，能腐蚀露天矿坑和井巷中的各种金属设备，污染作业环境。

（3）降低坑道的顶板、底板和边帮的稳固性，增加支护和维护困难。

（4）在露天矿山，地下水往往破坏边坡的稳定，造成边坡崩塌或滑坡事故，影响正常生产，甚至被迫停产。

（5）当地质情况不清，突然遇到大量的涌水时，会造成井筒、巷道和采场的淹没，人员伤亡，设备毁坏的水害事故。

425. 露天矿涌水主要来源是什么？

（1）大气降水。大气降水是多数矿区涌水的来源之一，对深凹露天矿和多雨地区的矿山影响尤为重要。

（2）地表水。矿区附近地表的海洋、湖泊、河流、水库及充水的露天采场等地表水体，如果通过断层、裂隙、石灰岩溶洞等与矿山井巷或采场相通，则地表水就有可能突然涌入而造成事故。

（3）地下水。采场地表以下含水层，如地下暗河、地下采矿废弃坑道、采空区（已充水），存有大量的积水。采矿过程中，如果遇到这些积水，就可能造成突然透水事故。

426. 露天矿防水的主要措施有哪些？

露天矿地面防水措施有：

（1）截水沟。截水沟的作用是截断从山坡流向采场的地表径流，当矿区降水大时，截水沟还必须起拦截和疏引山洪的目的。

（2）调洪水库。季节性的小型地表水流横穿开采境界时，除让河流改道外，还可以在上游利用地形修筑水库，以拦截和调控洪水，同时，要设排洪渠泄洪。

（3）拦河护堤。当露天矿开采境界四周地表标高与附近河流、湖泊等水体岩边标高相差很少，甚至低于岸边标高时，应在岸边修筑护堤，防止洪水上涨灌入采场。

露天矿地下防水措施有：

（1）钻孔探水。对于有老采区和溶洞的露天采场，应对可疑地段预先打孔探水，以便采取措施。

（2）防水门和防水墙。采用地下井巷排水或疏干排水的露天矿，为保证地下水泵房不被突然涌水所淹没，必须在地下水泵房设防水门，对不能为排水疏干所利用和旧巷道应设防水墙，使之和地下排水或疏干巷道相隔离，防水墙上应有排水孔。

（3）防水矿柱。当露天矿工作面或地下排水巷道接近积水采空区、溶洞或其他地下积水时，可预留防水矿柱，并划出安全采掘边界。

（4）防渗帷幕。在地下水涌入采区的通道上，可设置若干个保持一定距离的注浆钻孔，依靠注入的水泥等浆液在岩缝中扩散，凝结成一道防水隔墙。

427. 什么是矿床疏干，有哪几种方式？

矿床疏干是借助巷道、疏干钻孔、明沟等各种疏水构筑物，在矿山基建之前或基建过程中,预先降低开采地区的地下水位,以保证采掘工作面正常生产和安全所进行的一项防水措施。

矿床疏干主要方式有:

(1)巷道疏干法。巷道疏干法是利用巷道和巷道中的排水孔,降低地下水位的疏干方法。巷道疏干法的平面布置应与地下水的补给方向相垂直,以利于截流。

(2)深井疏干法。深井疏干法是在地表钻凿若干个大口径钻孔,并在钻孔内安装深水泵或潜水泵,抽水降低地下水位。

(3)明沟疏干法。明沟疏干法是在地表或露天矿台阶上开挖明沟拦截地下水的疏干方法,此方法经常作为辅助手段配合其他疏干方法使用。

(4)联合疏干法。联合疏干法就是两种或两种以上方法联合使用,在开发多水矿床尤其是矿区内存在许多无水力联系的含水层时,或深部疏干受水泵扬程限制时需联合疏干。

428. 露天矿排水方式有哪几种,各有何特点?

(1)自流排水。自流排水适用于山坡露天矿,有自流排水条件、有旧的井巷设施可以利用,采场集水结冰的露天采场。具有节省能源、基建投资少,排水经营费低、管理简单的优点,同时井巷对边帮有疏干作用,有利于边帮的稳定。缺点是受地形的限制。

(2)露天排水。露天排水分为采场底部集中排水和分段排水两种。集中排水适用于汇水面积小,水量小的中小型露天矿。分段排水适用于汇水面积大、水量大的露天矿,具有基建工程量小,施工简单,比井巷排水费用低,分段截流时,采场底部积水少的优点,缺点是泵站移动频繁,分段排水泵站多、分散,开拓延伸工程受影响,坑底泵站易淹。

(3)井巷排水。适用于采场小、排洪泵布设困难、深部有坑道可以利用、采场集水结冰的露天矿。优点是能改善穿爆、采、运、装等工艺作业条件,对边帮有疏干的作用,有利于边帮的稳定,不受淹没高度的限制,且泵站固定。缺点是井巷工程量大,投资多、能耗大,前期排水经营费高。

(4)联合排水。联合排水能充分利用各排水方式的优点,但排水环节多,管理复杂。

429. 如何确定采场淹没高度和淹没时间?

(1)利用井巷排水的采场,新水平开沟前,水深不淹没本水平挖掘机的主电机。

(2)采用底部集中排水时,新水平开沟未完成之前,水深不淹没上个水平的挖掘机主电机。

(3)新水平准备时间充裕时,在每年最大降雨量期内停止开沟,开段沟和上个水平可以淹没。

(4)对挖掘机可能被淹造成损失与不淹增加排水设施进行技术经济比较。

(5)露天排水方式的坑底允许淹没时间宜采用 1 ~ 7 天;井巷排水方式的坑底允许淹没时间宜采用 3 ~ 5 天,但淹没时间需用淹没高度来校核。

430. 何谓矿井的涌水量、含水性系数?

单位时间内流入矿井的水量称为矿井涌水量,以 m^3/h 表示。

矿井的涌水量,随着矿井的地质、水文地质、地形、气候以及开采范围和深度等条件不同而变化,同一矿井一年四季的涌水量亦不相同,有最大、最小和正常涌水量之分。正常涌水量是指一年中时间最长的涌水量,最大涌水量往往出现在雨季或融雪之后。

全年涌水量与年产矿石量之比称为含水性系数。

431. 矿井水的主要影响因素有哪些?

矿井水的来源主要有两个方面:自然因素和人为因素。自然因素包括降雨和融雪、地表水体(河流、湖泊、水库、池塘等)、地质条件(地下含水层、岩石空隙、裂缝、断层破碎带与地表水或地下水相通、喀斯特溶洞等)。人为因素包括废弃巷道或采空区积水、未封闭或封闭不严的勘探钻孔、采矿施工造成与含水层或水源相通、地下采空区塌陷造成地表陷坑积水与地下水相通等。

432. 矿井防水主要有哪几类,其具体措施有哪些?

矿井防水主要有矿床疏干、地表防水及地下防水等几类。

(1)矿床疏干。就是对充水矿床进行人工泄水,在采矿之前就降低地下水位,以保证采掘工作安全、正常地进行。其具体措施主要有:

1)深水泵疏干(地表疏干)。它是在需要疏干的地段,在地面钻凿大口径钻孔,安装深井泵或深井潜水泵,向地面排水,降低地下水位。这种办法适合于疏水性好、含水丰富的含水层。

2)巷道疏干。它是利用垂直地下水流方向布置的若干疏干巷道,有时还配合从疏干巷道钻凿的疏水钻孔以降低地下水位的疏干方法,如图10-1所示。

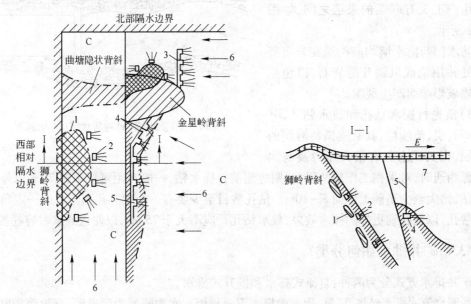

图10-1 某矿疏干巷道布置示意图

1—矿体;2—放水孔;3—疏干巷道;4—疏干硐;5—直流式放水孔;

6—地下水进水方向;7—地下水静止水位

(2)地表防水。其主要措施有:

1) 切实了解矿山水文地质情况,掌握水流的季节性变化规律。

2) 当河流直接从矿床上部地面流过,而且河水沿地下通路与采区相连注入井下时,可以采用河流改道;当河流改道不允许或不合理时可以考虑蓄排防洪。

3) 蓄排防洪是用堤坝拦截水流成调洪水库,以排洪平硐或排洪渠道泄洪,将洪水引出矿区。同时用黄泥、黏土、水泥砂浆、沥青等修补河底,以消除漏水。

4) 当巷道、竖井、风井通至地表的出口或塌陷区的位置在地表水流高水位以下时,修筑防洪堤挡住水流。

(3) 地下防水。即预防突然涌水,限制和阻挡地下水进入矿井。其主要措施有:

1) 设置防渗帷幕。即在地表或井下钻出一系列钻孔,向孔内灌注胶结材料,使其扩散到岩、土的裂隙和孔洞中,凝结后封闭裂隙和孔洞,并在地下形成一道能够阻挡地下水进入矿井的帷幕。

这种方法可以节省大量的排水费用,也可以避免因矿床疏干带来的大面积塌落,又可以使一些因受地下水作用而无法开采的矿床得以采出。

2) 设置防水墙和防水门。当井下某一区段的涌水量达到短期内不能用水泵排出,使这一区段面临被淹没的危险,则用防水墙或防水门与水源切断。防水墙设在永久截水的地点,防水门设在既要防水,又要运输、行人的巷道内,如井下水泵房、变电所的出入口以及有涌水危险但生产上又有联系的采区之间,如图 10 - 2 所示。

防水门与防水墙均应构筑在岩石坚固之处并用镐或风镐开凿岩石,以免原岩受爆破影响而产生裂隙。

3) 预先打探水钻孔和放水钻孔,井下有砾石层、流沙层、具有喀斯特溶洞的石灰层,当其积水具有很大压力或与固

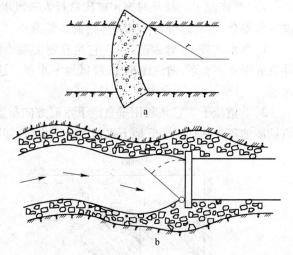

图 10 - 2　防水墙(a)与防水门(b)示意图

定水源相通时,对采掘工作威胁很大,则应超前打探水钻,一般在距可疑水源 70m 以外即开始打钻,钻尖至少超前工作面 5 ~ 10m。钻孔数目至少要有一个中心孔和与之成一定角度的两个帮孔,以便起到更好的探水效果,放水钻孔径应不大于 75mm,以便遇涌水时容易控制。

433. 矿井排水如何分类?

矿井排水方式分为两种:自流式排水和扬升式排水。

平硐自流式排水经济、可靠,用水沟将水引至地面。水沟断面为倒梯形,有效面积取决于水的流量、一般为 $0.05 \sim 0.15 m^2$,巷道纵向坡度要求 3‰ ~ 5‰,水在沟内流速为 0.4 ~ 0.6m/s。

扬升式排水是借助水泵将水排至地面,它分为固定式和移动式两种。采用水泵房方式是固定式排水,移动式排水是指在掘进竖井和斜井时,将水泵吊在专用钢丝绳上,随着掘进而移动。

434. 矿井排水设备数量确定的基本原则是什么?

矿井排水设备主要包括水泵、水管及相应配件,其数量确定的基本原则如下:

(1)在雨季长、涌水量大的矿井中,主要排水设备由三台同类型水泵组成,每台水泵均应于20h内能排出矿井一昼夜的正常涌水量,两台同时工作时,能排出矿井一昼夜的最大涌水量(包括充填水和泥浆水)。

(2)在雨季短的地区,最大涌水量不大于两倍正常涌水量,并且涌水量小于$50m^3/h$的矿井,其主要排水设备可安设两台同类型水泵,而其中一台能在20h内排出矿井一昼夜全部正常涌水量。

(3)在水文地质条件复杂,涌水量大的矿井,所有主水泵的总能力应能排出可能的最大涌水量,泵房应适当增大,应加设临时排水设备。

435. 井下矿对水泵房有哪些规定和要求?

(1)水泵房位于井筒附近,尽可能建在岩石坚硬致密以及裂隙少的地段。

(2)如矿井有出现特大涌水可能性或正常涌水量超过$300m^3/h$时,则最低中段的主要泵站应设斜通道与梯子间和管道格相连,用以敷设排水管和电缆,以便当发生水灾时搬运设备及人员之用。

(3)斜通道的出口一般高出井底车场轨面12~15m,斜度为30°~45°。

(4)设有斜通道的水泵房与井底车场联络的出入口处,应设密闭的防水门。

(5)泵房及变电所的位置应高于水仓标高0.5m,水仓底标高低于泵房水平4m;吸水井通常低于汇水巷0.5m。

(6)对于潜没式水泵房:泵房与变电所的标高比井底车场标高低4m;泵房变电所至井底车场的通道内应设置密闭门。水仓底标高低于井底车场底板2.5m,比泵房标高高出1.5m,水由水仓经水闸阀进入汇水巷,再经汇水巷的配水阀门进入吸水井。每两台泵配一个吸水井。

(7)对于密封式泵房:运输大巷两翼设水闸门;泵房与大巷用密闭门隔开,水仓与配水井用高压引水闸门控制;设法消除滴漏水点,泵与排水井(盲副井)、风井及主井沟通处应设密闭门。

436. 什么是矿井突水,其主要征兆有哪些?

矿井的实际涌水量大于矿井正常涌水量的现象,称为矿井突水。

主要突水征兆有:

(1)巷道或工作面顶底板压力增大,岩石变松,产生掉渣、冒顶、支柱变形或倾倒现象。

(2)工作面"出汗",这是由于压力水渗过微小裂隙凝聚于岩石表面。

(3)巷道壁"挂红",这种现象在某些金属矿山中可见。

(4)明显滴水且逐渐加大,底板突然涌水。

(5)出现压力水线,这是离水流已经很近的现象。

(6)空气变冷发生雾气。

(7)有水叫声,如牛吼或空洞泄水声,这是水流动声音,属于危险期征兆。

(8) 先出小水后出大水,这个过程长短不一。

(9) 或其他异常现象及人为等原因。

437. 预防矿井突水的主要措施有哪些?

为了采取防治矿井透水措施,预防矿井水灾发生,必须查明矿井水源及其分布,做好矿山水文地质观测工作。

(1) 在查明地下水源方面应该弄清以下情况:

1) 冲积层和含水层的组成和厚度,各分层的含水及透水性能。

2) 断层的位置、错动距离、延伸长度,破碎带的宽度,含水、导水的性质。

3) 隔水层的岩性、厚度和分布,断裂构造对隔水层的破坏情况以及距开采层的距离。

4) 老空区的开采时间、深度、范围、积水区域和分布状况。

5) 矿床开采后顶板受破坏引起地表塌陷的范围、塌陷带、沉降带的高度以及涌水量的变化情况。

(2) 在水文观测方面应该掌握如下情况:

1) 收集地面气象、降水量和河流水文资料,查明地表水体的分布范围和水量。

2) 通过对探水钻孔或水文观测孔中的水压、水位和水量变化的观测、水质分析,查明矿井水的来源,弄清矿井水与地下水和地表水的补给关系。

(3) 在水文地质条件复杂,有水害威胁的矿井进行采掘作业,必须坚持"有疑必探、先探后掘"的原则。当遇到下述任何一种情况时,都必须打超前钻孔探水前进:

1) 掘进工作面接近溶洞、含水层、流沙层、冲积层或大量积水区域时。

2) 接近有可能沟通河流、湖泊、贮水池、含水层的断层时。

3) 打开隔离矿柱放水时。

4) 在可能积存泥浆的火区或充填尾砂尚未固结的采空区下部掘进时。

5) 采掘工作面出现透水征兆时。

(4) 超前钻孔的位置、方向、数目、孔径、每次钻进的深度和超前距离,应该根据水头高低、岩石结构与硬度等条件来确定。

1) 超前距离。探水时必须保证掘进时巷道前方有一定厚度的矿(岩)柱阻挡高压水涌出。当前方有老空区或严重透水危险的破碎带时,超前距离不得小于 20m,若在岩石或薄矿体中打超前钻孔,则超前距离可适当缩短,但是最少不能小于 5m。

2) 钻孔直径与数目。探水钻孔的孔径取决于钻机的规格、被钻的矿岩性质、水压和积水量大小。一般为 46~76mm,最大不宜超过 91mm。钻孔数目通常不少于 3 个。

3) 钻孔布置。探水钻孔布置成扇形,钻孔方向应该保证在工作面前方的中心和上、下、左、右都能起到探水作用。为此,探水钻孔中至少要有一个中心孔,其他钻孔与中心孔成一定角度。在钻孔过程中,为了防止孔口被水冲坏,应该用水泥和套管加固孔口,其长度不应小于 1.5~2.0m。当水压较小(294~392kPa)时,可以随时用木楔封闭钻孔;如果水压很大(981~1962kPa),可以加防喷装置和反压装置、防压控制装置。

438. 什么是矿井火灾,分为哪几类?

矿井火灾又称为矿内火灾或井下火灾,是指发生在矿井下巷道、工作面、硐室、采空区等地点的火灾,能够涉及和威胁井下安全的地面火灾,也属矿井火灾。

矿井火灾按其热源可分为自燃火灾(内因火灾)和外源火灾(外因火灾)。

(1)自燃火灾是由矿岩本身的物理和化学反应热所引起的。这种火灾的形成必须有聚热条件,当热量得到积聚时,当然会产生升温现象,温度的升高又导致矿岩的加速氧化,发生恶性循环,当温度达到该种物质的发火点时,则导致自燃火灾的发生。

(2)外源火灾时由外部各种原因引起的火灾。比如:

1)明火所引燃的火灾。

2)油料在运输、保管和使用时所引起的火灾。

3)炸药在运输、加工和使用过程中所引起的火灾。

4)机械作用所引起的火灾。

5)电器设备的绝缘损坏和性能不良所引起的火灾。

随着机械化程度的提高和预防自燃火灾技术的逐渐完善,外源火灾的比例有逐渐增加的趋势。

439. 预防自燃火灾的管理原则有哪些?

(1)有自燃发火可能的矿山,地质部门向设计部门提交的地质报告中必须要有"矿岩自燃倾向性判定"内容。

(2)各矿山在编制采掘计划的同时,必须编制防灭火计划。

(3)贯彻以防为主的原则,在采矿设计中必须采取相应的防火措施。

(4)自燃发火的矿山要尽可能掌握矿岩的发火期,以便加快回采速度进行强化开采,每个采场或盘区争取在发火期前全部采完。

440. 预防自燃火灾的措施有哪些?

(1)正确选择开拓、开采方法。

1)采用集中岩巷或减少采区的切割量。要采用石门、岩石大巷或集中平巷(上山、下山);采区内尽量少开辅助性巷道,尽可能增加巷道间距,把主要巷道布置在较硬的岩石中,必须在矿层中开凿主要巷道时,要选择不自燃或自燃危险性较小的矿层,采区内巷道间的相对位置应避免支撑压力的影响,矿柱的尺寸和巷道支护要合理等。

2)选择合理的采矿方法。

3)提高回采率,加快回采速度。采用先进的劳动组织,尽可能使用高效率的采矿设备和综合机械化设备,以加快回采速度。此外,必须根据矿层的自然倾向和采矿、地质因素确定自然发火期,结合回采速度合理地划分采区面积,在自燃发火以前就将一个采区采完并封闭。

(2)通风措施。开采易自燃或自燃矿层时,结合开拓方案和开采顺序,选择合理的采区通风方式,可以减少采空区漏风量,大大减少或消除自燃发火的供氧因素。合理的通风系统就是要矿井通风网络结构简单。其中,实行分区通风是比较合理的通风方式,它能降低矿井总阻力,扩大矿井通风能力,并易于调节风量,减少漏风。同时在火灾期间也便于稳定风流和隔绝火区。通风设备布置要合理,质量要可靠,主要通风机与风网匹配,通风压力分布应适当。

(3)预防性灌浆。

1)用泥浆作为灌浆材料。预防性灌浆是借助输浆设备把泥浆(水、黄土、沙子等按一定的比例配制)等材料送到易发生自燃的地区,起到防火的作用。采用泥浆作为灌浆材料是预防自燃发火较有效的措施,在有条件使用灌浆的生产矿井得到了广泛的应用。

2)用尾矿作为灌浆材料。尾矿制浆比黄泥制浆工艺简单得多,它只要将选矿后的浆料用灰渣泵或砂浆泵打至地面圆形搅拌池,经过两道筛子过滤,不需其他加工就能作为防火注浆材料。

其流程是:浮选机——(尾)浓缩机——尾矿(矿泥浆料)——砂浆输送——圆形搅拌池——经管路自流入井下各注浆地点。

3)阻化剂灭火是采用一种或几种物质的溶液或乳浊液灌注到采空区、矿柱缝隙等易于自燃的地点,降低矿的氧化能力,阻止矿的氧化过程。阻化剂防灭火简便易行、经济可靠。这种方法对缺土、缺水矿区的防灭火有重要的现实意义。

441. 常用的自燃火灾灭火方法有哪几类,如何实施?

扑灭自燃火灾的方法可分为四大类:直接灭火法、隔绝灭火法、联合灭火法及均压灭火法。

(1)直接灭火法是用灭火器材在火源附近直接进行灭火,一般采用水或化学灭火剂、泡沫剂、惰性气体等,或挖除火源。

(2)隔绝灭火法是在通往火区的所有巷道内建筑密闭墙,并用黄土、灰浆等材料堵塞巷道壁上的裂缝,填平地面塌陷区的裂隙以阻止空气进入火源,从而使火因缺氧而熄灭。绝对不透风的密闭墙是没有的,因此若单独使用隔绝法,则往往会拖延灭火时间,较难达到彻底灭火的目的。只有在不可能用直接灭火法或者没有联合灭火法所需的设备时,才用密闭墙隔绝火区作为独立的灭火方法。

(3)联合灭火法是先用密闭墙将火区密闭后,再向火区注入泥浆或其他灭火材料。注浆方法在我国使用较多,灭火效果很好。另外,灌注选矿厂脱硫尾砂也有很好的灭火效果。

(4)均压灭火法是设置调压装置或调整通风系统,以降低漏风通道两端的风压差、减少漏风量,使火区缺氧而达到熄灭矿岩自燃的目的。

442. 外源火灾的预防有哪些措施?

(1)预防外源火灾应从杜绝明火与电火花着手,其主要措施如下。

1)矿井内要使用安全炸药,爆破要遵守安全规程。

2)正确选择、安装和维护电气设备,保证线路完好,防止短路、过负荷产生火花。

3)井下严禁使用灯泡取暖和使用电炉。井下和井口房不得从事电焊、气焊、喷灯焊接。如必须进行上述工作时,必须制定专门的安全措施,报矿长批准。并由矿长指定专人在场检查和监督。

(2)采用不燃性材料支护。井筒、井底车场、主要巷道及硐室,一旦发生火灾,对整个矿井威胁很大。因此,井筒、平硐及井底车场沿矿层开凿时,必须砌碹;在岩层内开凿时,应用不燃性材料支护。井筒与车场或大巷相连的地点都要砌碹或用不燃性材料支护。井下永久性中央变电所和井底车场内的其他机电硐室必须砌碹,采区变电室都用不燃性材料支护,从硐室、井下火药库及其两旁的巷道(需小于5m)必须砌碹或用不燃性材料支护。

(3)每个矿井必须储存灭火材料和工具,并建立一批消防仓库,同时要满足下列要求:

1)地面消防材料库要设置在井口房附近(但不得设在井口房内),并由铁路直达井口。

2）井下消防材料库要设在每一个生产水平的运输大巷中。

3）消防材料库储存的材料及工具的品种和数量，由矿长决定，并定期检查和更换。这些材料只能用于处理事故，不得它用，因处理事故所消耗的材料，需及时补充。

（4）设防火门。为了避免地面火灾传入井下，进风井口和进风平硐都要装有防火铁门，铁门要能严密地遮盖井口，并易于关闭。进风井筒和各个水平的井底车场的连接处都要装有两道容易关闭的铁门或木板上包有铁皮的防火门。

开采有自燃发火倾向的矿层，在采区进、回风巷道内，必须先砌好留有门硐的防火墙，门硐附近要放置门扇，储备足够封堵防火墙门硐的材料，以便随时封闭。

（5）设置消防水池和井下消防管路系统。每一个矿井必须在地面设置消防水池和井下消防管路系统。消防水池附近要装设水泵，其扬程和排水量在设计矿井消防设备时规定。开采深部水平的矿井，除有地面消防水池外，还可利用上部水平或生产水平的水仓作为消防水池。

443. 井下外源火灾如何扑灭?

井下外源火灾扑灭的方法有直接灭火法、隔绝灭火法和联合灭火法。

直接灭火法用水、化学灭火器、惰性气体、泡沫剂、沙子或岩粉等，直接在燃烧区及其附近灭火。隔绝灭火法和联合灭火法与自燃火灾灭火法相同。

444. 硫化矿石自燃火灾的灭火方法有哪些?

扑灭硫化矿石自燃火灾的方法可分为积极方法、消极方法和联合方法三种。

（1）积极方法可用水、惰性物质等直接覆盖于或作用于发火矿石，或直接挖除自燃的矿石等。这种方法是根治火灾的有效途径，但它一般适合于小范围火区且人员能接近的情况下采用。

（2）消极方法是在有空气可能进入火区的通道上修筑隔墙，减少或完全截断进入火区的空气，使矿石因缺氧而不能继续燃烧，最后自行冷却窒息。采用此方法要求火区易密闭，且密闭墙质量要很好。

（3）联合方法是通过清除零碎发火矿石，并对高温矿石采用灌浆、浇水、喷洒含阻化剂溶液、充填空区、通风排热等综合性技术措施以降低矿石温度和减小其氧化速度，最终达到消灭矿石自燃火灾的目的。这种方法实施起来比较灵活多变。

445. 用水灭火应注意哪些问题?

用水灭火，是利用从水枪射出的强力水流扑灭燃烧物体的火焰。而且水能浸湿物体表面，阻止继续燃烧。该法适用于火势不大，范围较小的火灾。用水灭火时应注意以下问题。

（1）应有足够的水源和水量，保证不间断供给，以免贻误时机，造成火势扩大。少量的水在高温下可以分解成具有爆炸性的氢气和助燃的氧气。灭火人员一定要站在火源的上风侧，并应保证正常通风，回风道要畅通，以便将火烟和水蒸气引入回风道中排出。

（2）应从火源四周开始灭火，逐步移向火源中心，千万不要直接把水喷在火源中心，防止大量蒸汽和炽热矿石抛出伤人，也避免高温火源使水分解成氢气和氧气。

（3）随时检查火区附近的沼气浓度。我国矿山安全规程规定，在抢救人员和灭火工作时，必须指定专人检查一氧化碳、矿尘、其他有害气体和风流的变化，还必须采取防止人员中毒的安全措施。

（4）电器设备着火以后，应首先切断电源。在电源未切断之前，只能使用不导电的灭火器材，如用沙子、岩粉和四氯化碳灭火器进行灭火。若未断电源，直接用水灭火，因水能导电，火势将更大，并危及救火队员的安全。

（5）水不能用来扑灭油料火灾，油比水轻，而且不易与水混合，可以随水流动而扩大火灾面积。

446. 矿山电气火灾原因有哪些，如何预防？

由于使用、维护不当，矿山电气设备、照明设备、电动工具等会发生火灾事故。其原因通常是：设备选用不当；线路年久失修，绝缘老化造成短路；超负荷运行；维修不善导致接头松动；电气设备积尘、受潮，热源接近电器，接近易燃易爆物；通风散热不良；电焊火星引燃易燃物等。从井下矿山调查的情况看，低压橡套电缆着火事故最多，占 70% 以上，其他依次是铠装电缆着火、矿用变压器着火、灯泡和电炉采暖着火及其他（架线电机车等）着火事故等。

矿山电气火灾的预防措施主要有：

（1）应选用合格的矿用不易燃橡套电缆，电缆的悬挂应符合矿山安全规程的要求。

（2）避免外力打击电缆，开关在跳闸后，不查明原因不得反复强行送电。

（3）电缆不准成堆堆放或压埋，电缆接线盒附近不得存放易燃物。

（4）要正确掌握电缆的连接方法，不能用捆接法和压接法。

（5）矿用变压器使用的绝缘油应定期化验，不合格的应及时更换。

（6）井下不准用灯泡、电炉取暖。

（7）机电硐室应采用不燃物支护，不准存放易燃物料，要设防火门。

（8）进行电焊作业应办理防火证，并采取防火措施。

447. 预防矿井火灾的一般措施有哪些？

（1）每个矿井必须制定井上、井下防火措施。

（2）矿井所有地面建筑物、矿堆、矸石山、木料场等处的防火措施和制度必须符合国家和当地消防部门的规定和要求。

（3）木料场、矸石山、炉灰场与进风井之间必须保持一定距离。

（4）永久井架、井口房、以井口为中心的联合建筑，必须用不燃性材料建筑。

（5）矿井必须设地面消防水池和井下消防管路系统。井下消防管路系统应每隔 100m 设置支管和阀门，在带式输送机巷道中应每隔 50m 设支管和阀门。

（6）在进风井口处应装设防火铁门。

（7）井上、井下必须设置消防材料库。

（8）井筒、平硐与各水平的连接处，井底车场、主要绞车道与主要运输巷、回风巷的连接处，井下机电设备硐室，以及主要巷道内带式输送机机头前后两端各 20m 范围内都必须采用不燃性支架。

（9）井下井口严禁采用可燃性材料搭设临时操作间、休息室。

448. 什么是地表塌陷，影响因素有哪些？

地下矿体采出后，采空区的顶板岩层在自身的重力及其上覆盖岩层的压力作用下，产生向下的弯曲和移动。当顶板岩层内部所形成的拉张应力超过该岩层抗拉强度极限时,直接顶板发生破碎和断裂并相继冒落,接着上覆岩层相继向下弯曲、移动进而发生断裂和离层。随着回采空间向前推进,受到采动影响的岩层也不断扩大,当回采扩大到一定范围时,在地表就会形成一个比采空区大得多的塌陷区。

地表塌陷的影响因素主要有:

(1)覆岩力学性质、岩层层位。

(2)松散层对地表移动特征。

(3)矿体倾角。

(4)开采厚度与开采深度。

(5)采区尺寸大小。

(6)重复采动。

(7)采矿方法及顶板管理方法。

449. 地表塌陷对地面建筑物有何影响,如何防治?

地下采矿对地表影响主要有垂直方向的移动和变形(下沉、倾斜、曲率、扭曲)、水平方向的移动和变形(水平移动、拉伸与压缩变形)、地表平面内的剪应变三类。不同性质的地表移动与变形,对建筑物与构筑物的影响是不相同的。

随着地表产生的移动与变形,破坏了建筑物与地基之间的初始平衡状态。伴随着平衡力系的重新建立,建筑物和构筑物中产生附加应力,导致建筑物和构筑物发生变形,严重时将遭到破坏。

建筑物下采矿的防护措施主要为两方面:一方面在井下采取采矿措施,目的是尽量减少建筑物所在地表的移动和变形值;另一方面对建筑物采取结构保护措施,以增加建筑物承受地表变形的能力。这两方面措施常常联合使用,只有在进行综合经济技术比较后,才能确定着重采取哪方面的措施。当采后建筑物加固、维修费用太高,或采动后地面下沉积水,排水有困难时,就应采取采矿措施来保护建筑物。

(1)采矿措施:全柱开采、择优开采、协调开采、连续开采、适当安排工作面与建筑物长轴的关系、对称背向开采、充填法开采、条带法开采。

(2)建筑结构措施:采用建筑结构措施的目的在于增强建筑物承受地表变形的能力,使建筑物正常工作。但结构措施有一定的局限性。只有地表变形值在建筑物能承受的范围内时采用才能有效地保护建筑物。

450. 地表塌陷对铁路有何影响,如何防治?

铁路线路主要由路基、道床、轨枕和钢轨组成。线路的基础是路基,列车的动荷载通过轨枕和道床传递给路基。因此,路基必须经常保持足够的强度和稳定性。但是,铁路下方的矿体被采出以后,地表首先移动并带动路基移动,于是引起线路的上部建筑——道床、轨枕、钢轨、联结零件和道岔的一系列变形。

铁路下采矿时有两种技术措施可供选择:地面线路维修措施和井下开采措施。根据具体情况可单独采用其中一种或者两种联合使用。

(1)地面线路维修措施。地面维修措施是根据铁路下采矿的特点,随时消除地下开采对线路的不利影响,以保证行车安全。在进行铁路下采矿时,应首先考虑地面维修措施,然后再考虑井下开采措施。

(2)安全开采措施。安全开采措施的目的是减小地表下沉值和防止铁路极敏感的地表突然下沉。

451. 排土场滑塌模式有哪些?

排土场的滑塌依据它的受力状态及变形方式,可以分为压缩沉降变形、失去平衡产生滑坡和产生泥石流三种类型。

(1)压缩沉降变形。新堆置的排土场为松散岩土物料,其变形主要是在自重和外载荷作用下逐渐压实和沉降。排土场沉降变形过程随时间及压力而变化。排土初期的沉降速度大,随着压实和固结而逐渐变缓。

(2)失去平衡产生滑坡。按滑塌影响条件和滑动面所处位置的不同,这类滑坡可分为三种:排土场内发生变形破坏、沿排土场与基底接触面的滑坡、基底破坏。

(3)产生泥石流。矿山泥石流形成的条件与一般自然泥石流形成的条件有相似之处。矿山建设往往为泥石流的形成创造了条件,从而促进泥石流的发展。

452. 影响露天矿排土场稳定性的主要因素是什么?

露天矿排土场是采场土岩经爆破、挖掘、运输和排弃过程在基底上堆筑而成的,其结构或外部条件与采场内的原状土岩不同,其稳定性不同于一般的岩土质边坡。排土场稳定性主要取决于排弃散体的物理力学性质、承纳废石的基底岩土层的承载能力、排土工艺以及排土场的物理地理和水文地质条件等因素。

453. 排土场滑塌如何防治?

排土场滑塌防治的措施主要有:合理调整排土岩性的分布,采取疏水措施疏干基底地下水、引出地表水,对排土场基底进行工程处理以及选择适当的排土工艺等。

(1)合理调整排土岩性的分布。对软岩或表土应实行分排,或软岩与坚硬岩石混合排弃,避免由于集中排弃软岩形成软弱带而引起滑塌。

基底上应排弃渗透性好、不易水解的大块岩石,如大颗粒砂质岩石。而其上部则可排弃细粒的和黏土质岩石,这样有利于排土场中的水迅速而有效的自排,避免在基底上堆黏土质岩土,这些岩石的承载能力和抗剪性能差,并易形成隔水层,不利于排土场中水的排除。

(2)疏水措施。疏水处理包括疏排排土场内部含水、基底地下水及地表截水排洪,在距排土场上部边缘的地方挖掘排水沟,进行截流和排洪,使水不进入排土场,也可建造 3° ~ 5° 的防渗反向坡,以防张裂缝以外的水体注入张裂缝;用推土机整平排土场的表面,防止雨水积聚与渗入;排除基底表面的积水;有时在距排土场底角处也要挖掘排水沟,使地表水径流不至于侵蚀排土场底角而造成底角岩石风化。

(3)基底的工程处理。对处于山坡地形的弱岩,排弃岩土前可用推土机推成 2 ~ 3m 宽微倾向山体的台阶,以增强基底的抗滑能力。对平整或缓平的基底,可用爆破法在弱岩之上造"鱼鳞"式或"棋盘格"式的坑,使之形成凹凸不平的抗滑面。

在排土场底角基底风化严重地段或坡积物较厚地段,进行人工挖槽,以增加排弃物料与基底接触的抗滑能力。在松散基底的土场内部,预先埋设一定数量的抗滑挡墙,以增加土场的抗滑强度。

在倾斜稳固的基底表面覆盖有薄的黏土等力学性质弱的物料时,应将其剥离清除,回填坚硬大块物料作底衬,当没有这些覆盖物时,亦可用爆破或机械法疏松基底岩石,以增大底面摩擦力。

(4)排土工艺的选择。排土工艺可以调节排土场及基底的受力状态和受力变形过程。在掌握排土场及其基底的沉降移动规律的基础上,选择适当的排土工艺,可以在控制边坡变形条件下进行排土作业时,达到安全生产的目的。如加速推进工作线、增加排土场高度等。

454. 什么是泥石流,如何防治?

泥石流又称山洪泥流或泥石洪流,是山地沟槽或河谷在暂时性急水流与流域内大量土石相互作用的洪流过程和现象。这种物理地质现象的特点是过程短暂,发生突然、结束迅速,复发频繁。泥石流的流动体主要由固体土石与液体水两相物质所组成,而固体物质含量有时超过水体量,它是介于滑坡、流动等斜坡土石体移动与挟砂水流搬运之间的过渡类型。泥石流以其强大的冲刷力和急速的流体搬运形式,致使地面景观发生巨变,在其整个流域内给人类工农业建设和其他活动带来巨大灾难。

对泥石流的防治必须针对其形成条件及形成机制、不同性质的泥石流类型、流域内地质环境以及防护对象等分别对待。在防治泥石流的具体工程措施上,首先必须实施各种防止泥石流形成的措施,这需要采取水土保持以及稳坡措施,以稳定排土场废石或由于爆破和崩塌引起的岩体破碎松散物质,从而减小甚至消除矿山泥石流固体物质补给。如果不能消除形成泥石流的可能性,必须采取专门的河床水利工程设施,用来稳定和加固河床,削弱泥石流活动,进行泥石流工程整治,直接保护居民区、铁路、公路以及在泥石流影响区内的其他国民经济设施,使其免遭泥石流危害。

455. 影响边坡稳定的因素有哪些?

(1)岩体的岩性。岩性指组成露天边坡岩石的基本属性,包括岩石结构、构造、孔隙度、岩石强度等的影响。岩石结构不同,其矿物间颗粒间联结关系不同,其力学性质也不同。岩石的构造如层理、片理方向对力学性质也有明显影响。岩石孔隙度增大,其强度降低,岩石的弹性模量也减少。露天矿滑坡大都是剪切破坏,因此岩石抗剪强度越高,越不易发生滑坡。

(2)结构面的影响。结构面是指岩体内在地质发展历史中形成的有一定方向、一定规模和形态特征的面、缝、层、带状的地质界面。由于它们的存在,岩石的抗剪强度降低,加上地表水或地下水的渗入,使抗剪强度进一步降低。事实证明,滑坡时滑体的滑动面和边缘轮廓,都是受结构面控制的,结构面的强度决定岩体的强度。

(3)水文地质条件的影响。露天矿滑坡多发生在雨季或解冻期,地表水的渗入和地下水的活动是滑坡发生的重要因素之一。水的渗入,一方面水本身产生静水压力;另一方面,由于水的流动产生的水压力并对岩石结构面产生潜蚀作用,使岩体结构面间的内聚力和摩擦力减小。

(4)爆破震动的影响。露天矿几乎每天都要进行爆破作业,露天边坡长期受爆破震动作用的冲击,使岩体产生破坏,使岩体产生新的结构面或使原结构面扩大,促使边坡破坏。

（5）其他因素。露天矿边坡长期暴露在自然环境中,风化作用使原生结构面或构造面加剧,并可产生新的次生结构面,并对岩石强度有降低作用。另外边坡的形状、高度或人为破坏等因素也影响边坡的稳定。

456. 露天边坡滑坡有哪几种类型?

（1）平面滑坡。平面滑坡是指岩体沿与边坡倾角相同的单一结构面发生滑动。

（2）楔体滑坡。楔体滑坡是指边坡中两组结构面相交成楔形失稳体,其交线与边坡倾向相近或相似时发生的滑坡。

（3）圆弧形滑坡。圆弧形滑坡是指滑动面基本上为圆弧形的滑坡。

（4）倾倒滑坡。倾倒滑坡是边坡岩体中结构面很陡时,岩体由于重力作用发生倒塌。

（5）复合滑坡。复合滑坡是上述两种或两种以上形式组合而成的滑坡。

457. 如何对露天边坡进行监测?

（1）钢丝伸长计监测。钢丝伸长计法是用一垂直桩安装一个带有重物的滑轮,重物的另一端由钢丝固定在发生位移的边坡岩石表面,当边坡移动时,钢丝发生形变带动重物上升,其变化值可通过设在垂直桩上的标尺读出,当重物位移超过警戒位置时,需对边坡进行安全防范处理。

（2）地面精密测量监测。测量法监测边坡位移在我国露天矿得到广泛应用。进行测量时首先应建立观测网,然后设置各类桩,有置镜点桩、照准点桩和观测点桩、水准点桩等,各类桩的设置应根据其用途设置并达到其质量要求。常用的精密测量仪器是经纬仪和水准仪,也可采用光电测距仪等先进测量仪器。测量完成后,对观测资料进行分析整理,得出露天边坡位移与时间的关系图等图表,为预测提供依据。

（3）其他方法,如位移自动记录仪监测、钻孔伸长计监测、钻孔剪切带监测等。

458. 露天边坡整治有哪些方法?

（1）清扫维护。清扫维护是根据边坡岩体情况和工作经验对边坡进行的清理和维护工作。

（2）防排水。防排水是使边坡稳定的主要措施之一,可采用疏干的方法排出地下水,地表可采用排洪沟和防洪坝防水。

（3）改善爆破工作。为减轻爆破对边坡的危害,可采用预裂、缓冲、光面爆破等控制爆破方法。

（4）加固。边坡加固是治理滑坡,提高边坡角,减少剥离量的一种手段。目前常用加固方法有:挡墙、抗滑桩、金属锚杆（索）、护坡等。在实际生产过程中,可根据情况采用一种或几种方法联合加固。

459. 什么是岩爆,如何预防及处理?

岩爆是指岩体中聚积的弹性变形能在地下工程开挖中突然猛烈释放,使岩石爆裂并弹射出来的现象。轻微的岩爆仅剥落岩片,无弹射现象。严重的可测到 4.6 级的震级,一般持续几天或几个月。发生岩爆的原因是岩体中有较高的地应力,并且超过了岩石本身的强度,同时岩石具有较高的脆性度和弹性。此时,一旦地下工程破坏了岩体的平衡,强大的能量把岩石破坏,并将破碎岩石抛出。

预防岩爆的方法是改善围岩应力、改善围岩的性质和加强围岩支护。

(1)改善围岩应力。这种方法主要是降低围岩应力,使围岩应力小于围岩强度,避免岩爆的发生。在施工中主要采取以下措施:在洞身开挖爆破时,采用"短进尺、多循环",采用光面爆破技术,尽量减少对围岩的扰动,改善围岩的应力状态。选择合适的开挖断面形式,也可改变围岩的应力状态。

应力解除法:通过打设超前钻孔或在超前钻孔中进行松动爆破,在围岩内部造成一个破坏带,即形成一个低压区,从而使洞壁和工作面应力降低,使高应力转移到围岩深部。

(2)改善围岩的性质。在施工过程中可采取对工作面附近隧道岩壁喷水或钻孔注水促进围岩软化,从而消除或减缓岩爆的程度。但这种方法在隧道施工中一般对围岩的稳定有一定的影响。

(3)对围岩进行加强支护或超前支护加固。其作用有两个:改善工作面及 1~2 倍硐径硐段内的围岩应力分布,由于支护的作用不但改变了应力大小的分布,而且还使硐壁从单维应力状态变为三维应力状态。

拟采用的加固方法有:锚杆和超前锚杆支护、锚杆喷射混凝土支护、钢纤维喷射混凝土支护、钢支撑、二次衬砌等。

460. 炮烟中的有毒物质主要有哪些,有何危害?

炸药爆炸产物中的有毒气体主要是一氧化碳(CO)和氮氧化物(NO、NO_2),有时还可能有少量的硫化氢(H_2S)、甲烷(CH_4)、二氧化硫(SO_2)和氨气(NH_3)。常用的碳氢氧型炸药,主要的有毒气体是 CO 和 NO_2,它不仅污染环境,严重危害采矿工人的人身安全,而且对井下瓦斯、煤尘爆炸反应起催化作用,故有毒气体的含量是矿用炸药的一项重要的安全指标。表 10-1 列出了某些有毒气体的危害程度。

表 10-1　某些有毒气体的毒性

种　类	吸入 5~10min 的致死浓度/%	吸入 0.5~1h 的致死浓度/10^{-6}
一氧化碳	0.5	1800~2600
二氧化氮	0.05	320~520
二氧化硫	0.05	530~650
硫化氢	0.08~0.1	420~600
氨　气	0.5	2150~3900

461. 爆破产生的空气冲击波有何危害,如何防治?

空气冲击波的破坏作用包括对人体的伤害和建筑物的破坏。冲击波对人体的损伤程度见表 10-2。冲击波对建筑物的破坏比较复杂,它不仅与冲击波的强弱有关,而且还与建筑物的形状、结构强度有关。在爆破近区,当建筑物的自振周期大于 4 倍冲击波的正压作用时间,以冲量作为破坏判断,反之则以超压作为破坏判据。建筑物的破坏程度与超压关系见表 10-3。根据保护对象的允许超压及空气冲击波传播规律确定安全距离。

表 10 - 2　空气冲击波对人体损伤程度

损伤等级	损伤程度	冲击波超压/kPa
轻　微	轻微的挫伤	20 ~ 29
中　等	听觉器官损伤、中等挫伤及骨折	29 ~ 49
严　重	内脏严重挫伤,可能引起死亡	49 ~ 98
极严重	大部分死亡	98

表 10 - 3　建筑物的破坏程度与超压关系

破坏等级		1	2	3	4	5	6	7
破坏等级名称		基本无破坏	次轻度破坏	轻度破坏	中等破坏	次严重破坏	严重破坏	完全破坏
超压 ΔP/kPa		<0.02	0.02 ~ 0.09	0.09 ~ 0.25	0.25 ~ 0.40	0.40 ~ 0.55	0.55 ~ 0.76	>0.76
建筑物破坏程度	玻　璃	偶然破坏	少部分破成大块,大部分破成小块	大部分破成小块到粉碎	粉　碎	—	—	—
	木门窗	无损坏	窗扇少量破坏	窗扇大量破坏,门扇、窗框破坏	窗扇掉落、内倒、窗框、门扇大量破坏	门、窗扇摧毁,窗框掉落	—	—
	砖外墙	无损坏	无损坏	出现小裂缝,宽度小于 5mm,稍有倾斜	出现较大裂缝,缝宽 5 ~ 50mm,明显倾斜,砖垛出现小裂缝	出现大于 50mm 的大裂缝,严重倾斜,砖垛出现较大裂缝	部分倒塌	大部分到全部倒塌
	木屋盖	无损坏	无损坏	木屋面板变形,偶见折裂	木屋面板、木檩条折裂,木屋架支座松动	木檩条折断,木屋架杆件偶见折断,支座错位	部分倒塌	全部倒塌
	瓦屋面	无损坏	少量移动	大量移动	大量移动到全部移动	—	—	—
	钢筋混凝土屋盖	无损坏	无损坏	无损坏	出现小于 1mm 的小裂缝	出现1~2mm 宽的裂缝,修复后可继续使用	出现大于 2mm 的裂缝	承重砖墙全部倒塌,钢筋混凝土承重柱严重破坏
	顶　棚	无损坏	抹灰少量掉落	抹灰大量掉落	木龙骨部分破坏下垂缝	塌　落	—	—
	内　墙	无损坏	板条墙抹灰少量掉落	板条墙抹灰大量掉落	砖内墙出现小裂缝	砖内墙出现大裂缝	砖内墙出现严重裂缝至部分倒塌	砖内墙大部分倒塌
	钢筋混凝土柱	无损坏	无损坏	无损坏	无损坏	无破坏	有倾斜	有较大倾斜

当进行大规模爆破时,特别是在井下进行大规模爆破时,强烈的爆炸空气冲击波在一定距离内会摧毁设备、管道、建筑物和井巷中的支架等,有时还会造成人员的伤亡和采空区顶板的冒落。

在井下爆破时除了爆炸空气冲击波能伤害人员以外,在它后面的气流也会造成人员的损伤。在露天台阶爆破中,空气冲击波容易衰减,波强较弱。它对人员的伤害主要表现在听觉上。

为了减少爆炸空气冲击波的破坏作用,可以从两方面采取有效措施:

(1)防止产生强烈的空气冲击波。如减少同时起爆的炸药量,尽量提高爆破时炸药能量的利用率、减少形成空气冲击波的能量,最大限度地降低空气冲击波的强度;合理确定爆破参数,避免采用过大的最小抵抗线,防止产生冲天炮;选择合理的微差起爆方案和微差间隔时间,保证岩石能够充分松动,消除夹制爆破条件;保证堵塞质量和采用反向起爆,防止高压气体从炮孔口冲出。这些措施都能有效地防止产生强烈的空气冲击波。

(2)利用各种条件来削弱已经产生的空气冲击波。对露天爆破,除采取上述措施外,还应大力推广导爆管起爆或电雷管起爆,尽量不采用高能导爆索起爆。在破碎大块时,尽量不要采用裸露药包爆破,合理规定放炮时间,最好不要在早晨、傍晚或雾天放炮。对于地下矿山,还可以在空气冲击波传播过程中加快其衰减,通常的方法有:

1)通过巷道分岔、转弯或扩大断面积加速空气冲击波的衰减;

2)设主障碍,如阻尼波墙、木垛、柔性帘等使空气冲击波衰减。

462. 如何防止过远爆破飞石的产生?

通过分析爆破飞石和爆破飞石事故的发生原因,根据实际情况采取各种防护措施:

(1)严格执行《爆破安全规程》,爆破前应将人员及可动设备撤离到相应的飞石安全距离之外,对不可动的建筑物及设施应加防护器具。在安全距离以外设置封锁线及标志,以防止人员及运输设备进入危险区。

(2)避免过量装药。如炮孔穿过岩洞,应采取回填措施严格控制过量装药。

(3)选择合理的孔网参数,按设计要求保证穿孔质量。

(4)对于抵抗线不均,特别是具有凹面及软岩夹层的前排孔台阶面,要选择合适的装药量及装药结构。

(5)保证填塞长度及填塞质量,露天深孔爆破填塞长度应大于最小抵抗线的70%,过短的填塞长度,使爆炸气体易于先从孔内冲出引起表面飞石;此外,充填料要选用粗粒、有棱角、具有一定强度的岩料。

(6)采取合理的起爆顺序和延迟时间,延迟时间的选择应保证前段起爆后岩石已开始移动、新的自由面形成后再起爆后段炮孔。延迟时间过短甚至跳段都会造成后段炮孔抵抗线过大,形成向上的漏斗爆破而产生飞石。

(7)二次爆破中尽量减少用裸露爆破法,采用浅孔爆破法进行二次爆破时应保证,孔深不能超过大块厚度的2/3,以免装药过于接近大块表面而产生飞石。

(8)采用防护器材控制和减少飞石,防护器材可用钢丝绳,纤维带与废轮胎编结成网,再加尼龙、帆布垫构成,可以有效地控制飞石。

(9)设置避爆棚。

第十一章 特殊采矿

463. 何谓海底资源,如何分类?

海底资源是海洋资源的一部分,主要是指海洋底部岩层中能获得,并能为人类所利用的矿产资源,包括大洋底部岩层及洋底表层中的各种固体、液体、气体矿产,如石油、重金属海泥、天然气、锰结核、铁、铜、金、煤等。

在浩瀚辽阔的海洋中蕴藏着极其丰富的海洋生物资源、取之不尽用之不竭的海洋动力资源,以其储量巨大、可重复再生的矿产资源和种类繁多、数量惊人的海水化学资源。

依据海洋资源的可再生性分为海洋可再生资源和不可再生资源,如图 11 – 1 所示。

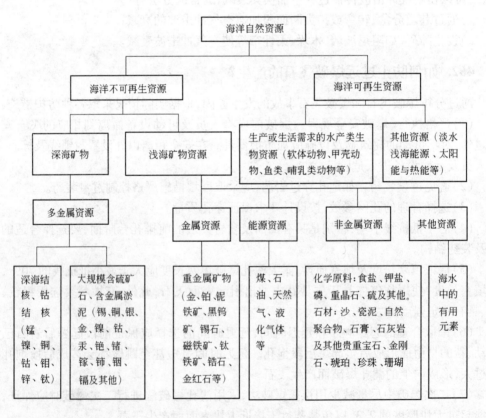

图 11 – 1 海洋自然资源分类

显然,海底资源均属于不可再生资源。依据不同的海水深度,海底资源可分为大陆架资源、大陆坡及大陆裙资源、深海底资源(表 11 – 1)。

表 11 - 1　海底资源分类

资源分布	资源名称	工业类型
大陆架 （0～200m）	重砂矿物：磁铁、钛铁、金红石、独居石、铬铁、锆石、锡石等	钢铁、化工、石油、电子、机械、矿业、造船、建筑等
	贵族稀有元素：金刚石、金铂等	
	硅质砂及贝壳：硅质沙、磷、钙石、霞石、海绿石等	
	建筑、玻璃及铸造等用沙砾及沙	
	流体矿石：石油、天然气、浓盐等	
	海底基岩矿床：煤、铁、硫黄、石膏等	
大陆坡及大陆裙 （200～3500m）	磷灰石、热液流态化矿床（多金属软泥、含金属锌、铜、铅、银等的块状矿物）	
深海底 （3500～6500m）	锰结核（含锰、镍、钴、铅、锌等）	

464. 什么是海洋采矿，我国海洋采矿的发展现状如何？

海洋采矿是从海水、海底表层沉积物和海底基岩下获取有用矿物的过程。海洋采矿一般分为三个方面：一是海水化学元素中含有大量的有用金属和非金属元素，如钠、镁、铜、金、铀、重水等，可以从海水中提取食盐、镁、溴、钾、碘、重水等多种有用元素；二是海底表层矿床开采，即海底基岩以上的沉积矿层或砂矿床，目前已经进行开采的有海滨砂矿、沙、砾石和贝壳等；三是海底基岩矿开采，指那些存在于海底岩层中和基岩中的矿产，目前已经开采的有海洋石油和天然气，海底煤、铁、硫、岩盐和钾盐等。

我国大陆海岸线总长 18000 多千米，海域面积约有 300 万平方千米。从海底地貌上看，我国的四个海区中，不仅有大陆架区，而且有大陆坡和大洋底区，地貌类型齐全，但绝大部分海域是在大陆架范围内。我国大陆架是世界上面积最大、最宽的地区之一。我国大陆及海洋岛屿的海岸线总长约 32000 多千米，海岸线迂回曲折，为砂矿的富集提供了有利的条件。勘探表明，我国的海洋矿资源蕴藏丰富，海洋石油和天然气初步勘探已发现面积 100 万平方千米的 7 个大型含油气沉积盆地，已探明的储量构造 400 多个，原油储量（90～140）亿吨之间，海滨砂矿探明储量达数亿吨，矿种 60 多种。

我国深海采矿技术的研究开发起步较晚，但已于 1991 年启动了为期 15 年的研究开发规划，经过"八五"期间的攻关，已在开采技术与设备的研究开发方面取得了一批阶段成果，缩短了与国际先进水平的差距。

"八五"期间，在中国大洋协会、冶金部和有色总公司的组织和支持下，长沙矿冶研究院和长沙矿山研究院作为深海采矿技术研究开发的两个主要承担单位，已研制出水力式和复合式两种模型集矿机，在剪切强度 $\tau \leqslant 5kPa$ 的模拟沉积物上进行水下集矿，采集率达到 85 %～95 %；在 30m 高的实验系统上完成了矿浆泵、清水泵、射流泵的水力提升和气力提升试验。"九五"期间完成了深海采矿系统的中试技术设计以及部分采矿系统的 150m 湖试，积累了丰富的经验。"十五"期间开展了 1000m 海试准备工作以及针对其他资源的采矿关键技术开发。

　　"十一五"规划明确提出发展海洋资源科学理论和应用技术:实现以海洋矿产资源、海洋生物利用、蓝色海洋食物开发为主的海洋资源开发技术的新突破。推进海水综合利用成套技术攻关。发展深海勘查技术,开展大洋矿产资源的调查评价和采矿选址研究。开展天然气水合物基础理论研究和勘查、开采技术先导性研究。加强我国大陆架深部结构探测和海洋基础地质研究。完成深海采矿系统 1000m 海试的试验工作,积累海上大型系统施工作业的经验。试验完成后开展针对 6000m 的关键技术攻关,为 6000m 海上试验开采做好准备。与此同时在"十一五"规划期间展开其他资源的开采方案和部分关键技术的研究,力争深海采矿技术能面向多种资源。

　　在 2020 年前以发展深海通用技术为先导,逐步建立和完善深海金属矿产资源、天然气水合物、深海基因资源的勘探与开发综合技术体系,重点领域达到国际先进水平。包括开发多种资源勘探技术系列和装备、建立和完善多种深海资源的开发与加工技术系列和装备、优先完成具有商业前景矿种商业开采前的系统设计加工和深海试验研究,建设国际一流开放型综合试验基地。

465. 海洋矿产开采有哪些特点?

　　由于海洋是一个独立的自然地理单元,决定了海洋矿产开发具有与陆地资源开发所不同的特点。

　　(1)海洋环境条件恶劣,矿产开采必然拌有狂风、巨浪、海冰、高压、腐蚀等恶劣条件,开采难度大、技术要求高,属于"三高"(高投资、高风险、高技术)工程。

　　(2)海洋采矿是涉及诸多行业和学科的高技术密集型的系统工程,如地学、机械、电子、通讯、冶金、化工、物理、化学、流体力学等学科和造船业、远洋运输业等行业支持海洋矿产的开发。同样,海洋采矿的发展势必促进这些行业和学科的进一步发展,具有重要的战略意义。

　　(3)海洋采矿中应注意与其他海洋资源开发之间的关系。它们之间相互促进、相互制约。此外在开采中还要注意保护海洋环境,避免污染和破坏海洋生态平衡,即注意开发和保护之间的矛盾,所以需要精细的管理,以求获得最佳的经济、环境和社会效益的统一。

　　(4)国外实践表明,海洋(深海)矿产开采新技术,从开始研制到投入实际应用,通常需要 10~20 年的时间,周期较长。如日本从 1975~1997 年投资 10 亿美元,研究锰结核的勘探和技术开发,进入试采阶段;美国与日本几乎同期开始进行大洋矿区的勘探和采矿技术的研究,累计投资 15 亿美元;印度、英国、意大利等国也经过了长期的研究。可见各发达国家这种长期的投入研究不仅仅是解决国内经济发展的需求,主要是面向未来,是对未来的研究和投资。

　　(5)海洋矿产开发具有国际性的特点。海底矿产资源可能是跨国界或共享的,涉及各有关国家之间的利益,需要国际之间的协调和合作。

466. 海洋锰结核开采方法如何分类?

　　传统的水底采矿法已经不能适应水深超过 1000m 海底锰结核的开采。深海锰结核的开采方法按结核提升方式不同分为连续式采矿方法和间断式采矿方法,按集矿头与运输母体船的联系方式不同可分为有绳式采矿法和无绳式采矿法。深海锰结核的开采方法多种多样,大体可按图 11 - 2 进行分类。

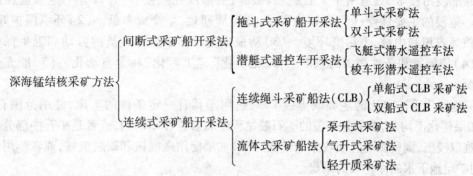

图 11 - 2　深海锰结核采矿方法

467. 什么是堆浸法,有何优缺点?

地表堆浸法是将溶浸液喷淋在破碎而又有孔隙的矿石或废石(边界品位以下的含矿岩石)堆上,溶浸液在往下渗滤的过程中,有选择地溶解和浸出矿石或废石堆中的有用成分,然后从浸出堆底部流出并从汇集起来的浸出液中提取并回收金属的一种方法。地表堆浸是应用最早、最广的溶浸采矿方法。

按浸出地点和方式的不同,堆浸可分为露天堆浸和地下堆浸两类,前者用于处理已采至地面的低品位矿石、废石和其他废料;后者用于处理地面以下、地下水位以上的残留矿石或矿体。

堆浸法有如下优点:(1)无需庞大的基础工程和复杂昂贵的生产设备,故基建周期短而投资省。(2)生产费用和能源消耗较常规的选冶流程低。(3)能经济地处理用常规的选冶方法不经济或难处理的贫矿、废石或其他原料。(4)直接从贫矿石中获得产品溶液或产品,其价值一般均高于矿山传统产品——矿石与精矿的价值,故可提高矿山的经济效益,改善矿山产品结构。(5)可回收矿山表外贫矿,扩大工业储量,充分利用矿山闲置资源,提高金属总回收率和矿产资源综合利用效率。

堆浸法的主要缺点是浸出速度慢、浸出效率低、生产周期长,且其应用受以下条件制约:(1)矿石中的有用矿物成分具有可浸性;(2)矿石本身有孔隙,可渗透;(3)地下堆浸的矿体,其底板与围岩不透水;(4)有适用、价廉且能再生以供循环使用的溶浸剂可供使用;(5)有技术上的成熟,经济上合理而又为环境保护法规所许可的提取回收金属的工艺流程适于应用。

堆浸的使用范围:(1)处于工业边界品位以下,但其所含金属量仍有回收价值的贫矿与废石;(2)品位虽在边界品位以上,但氧化程度较深不宜采用选矿法处理的矿石;(3)化学成分复杂,并含有有害的伴生矿物的低品位金属矿与非金属矿;(4)被遗弃在地下、暂时无法采出的采矿区矿柱、充填区或崩落区的残矿、露天矿坑底或边坡下的分枝矿段及其他孤立的小矿体;(5)金属含有量仍有利用价值的选矿厂尾矿、冶炼加工过程中残渣与其他废料。这种方法普遍用于从相应的低品位矿石和废石中提取铜、铀、金和银。

468. 什么是原地浸出采矿法,有何优缺点?

用溶浸液从天然埋藏条件下的非均质矿石中有选择地浸出有用成分并抽取反应生成化

合物的采矿方法称为原地浸出采矿,简称地浸。

原地浸出技术,只适用于矿石疏松、破碎、裂隙或孔隙发育,并具有一定渗透性能的矿床。地浸的主要优点:(1)基建投资少,建设周期短,生产成本低。(2)环境保护好,基本不破坏农田和山林,不污染环境。(3)从根本上改善了生产人员的劳动和卫生保健条件。(4)使繁重和条件恶劣的采矿工作"化学化"、"工厂化"和全自动化。(5)能充分利用资源。

原地浸出采矿方法的主要缺点:(1)只适用于具有一定条件的矿床,使用范围有限。(2)如果矿化不均匀,矿层各部位的矿石胶结程度和渗透性不均匀,或者是矿石中部分有用成分难以浸出,则资源的总回收率比较低。(3)如果使用碳酸铵和碳酸氢铵,或者使用氢化物,则矿层地下水的净化较为困难。

469. 什么是微生物采矿法?

某些微生物或其代谢产物能对金属或金属矿物产生氧化、还原、溶解、吸附或吸收等作用,使矿石中的不溶性金属矿物变为可溶性盐类转入水溶液中或直接为微生物所吸收或吸附以便进一步提取和回收。基于这种作用,在采矿中可利用某些微生物提取难采矿体中的金属,或处理用常规方法选冶困难的低品位矿石,这种方法称为微生物采矿。利用微生物的这一生物化学特性进行溶浸采矿,是近几十年迅速发展起来的一种新的采矿方法。目前世界各国微生物浸矿成功地应用于工业化生产的主要是铀、铜、金、银等金属矿物,且正在向锰、钴、镍、钒、镓、钼、锌、铝、钛、铊和钪等金属矿物发展。浸出方式由池(槽)浸、地表堆浸逐步扩展到了地下就地破碎浸出,并有向地下原地钻孔浸出发展的趋势。一般说来,微生物浸矿主要是针对贫矿、含矿废石、复杂难选金属矿石的。

迄今为止,已知至少有几十种微生物具有上述功能,其中氧化铁硫杆菌在采矿生产中应用最广,其次为氧化硫杆菌。微生物采矿的优点是其生长所需能源取自硫化矿物中的硫和铁,另加少量氮、磷等营养成分,培养成本低,且生长时不长杂菌,无需灭菌处理;用细菌浸出低品位矿石时,生产成本低,基建费用低,能处理常规法无法回收的金属矿石,经济效益良好。最大缺点是氧化速度慢,浸出时间长,细菌的培养和繁殖受一些客观条件的制约。

470. 什么是钻孔水溶法,什么是钻孔热熔法?

钻孔水溶法是通过专门装备的钻孔,将水或其他溶剂,以一定的压力和温度注入盐类矿床中,使有用矿物原地溶解,转化为溶液状态后提出地表的开采方法。我国凿井开发地下天然卤水,已有两千多年的历史。20 世纪初,我国四川自贡首创钻孔注水采汲卤水。当今,世界 90% 以上的岩盐矿床采用钻孔水溶法开采。20 世纪 50 年代开始,运用该法开采钾盐、天然碱等盐类矿床。该法主要优点是生产工序简单,有利于开采工艺自动化;无井巷工程,基建时间短,投资少,成本低,劳动生产率高,工人劳动强度低;无矿渣污染,开采深度越大,其优越性越突出。主要缺点是采收率低。

钻孔热熔法是在开采自然硫矿时,通过采硫钻孔内一套管径不同的同心管串,将加压热水注入地下硫矿层,经过热交换使硫熔融并汇集于硫井底部,然后升举到地面以获得硫黄的采硫方法。钻孔热熔法适用于盐丘型、蒸发岩型等自然硫矿床的开采。

471. 什么是钻孔水力开采法?

钻孔水力开采法是一种用于回采矿石又无需剥离覆盖岩层的采矿方法,它借助于水力射流,将钻孔周围的矿石原地切割破碎转变成矿浆,然后经气升泵提升到地表。为了强化破碎作用,还可辅以爆破震动、超声波作用,也可使用表面活性剂以降低岩体强度,利用细菌、化学药剂使胶结的矿岩分解。切割矿体常用的工具是高压水枪,提升矿浆用的是气升泵、水力提升器或潜水泵等设备。

使用范围及条件:钻孔水力法适用于不同的工业部门开采疏松多孔的、胶结性弱的矿床,还可开采埋藏很深的建筑材料矿床,对永久性冻土层下部的沙、砾石和砂金矿非常适用,也可用于开采埋藏浅、厚度小的有色金属和稀有金属砂矿,以及勘探过程中工艺矿样的采集。

优点:(1)采准工作量小,投资少,投产快。(2)可开采贫矿,可对小型或成矿无规律的矿床选别开采,从而扩大可采储量。(3)可以合理开采由于技术经济方面的困难而未能开采的矿床。(4)可在水体下,在围岩不能破坏的情况下采矿,能使废石夹层原地留下,避免矿石贫化,使选矿成本降低。(5)矿石的开采和运输全部由水介质实现,工艺过程单一。矿浆适于管道运输至地表。(6)除采矿机具置于井下外,所有辅助设备均在地表设置和操作,整个生产过程可全部自动化。(7)环境污染小,无需破坏地表,不影响地下水位,也不破坏水成分,能避免地表沉降;就地选矿还可利用尾矿砂充填采空区。

缺点是选择性差,回采率低,工艺过程还存在待解决的问题。

472. 盐湖矿床有哪些特点,其开采方法有哪些?

盐湖矿床是第四纪以来通过可溶盐分的聚集、矿化水的浓缩和盐类矿物的沉积而形成的矿床,依矿体的产出状态分为固体矿床和液体(卤水)矿床两大类。与其他矿床比较,盐湖矿床地质有以下特点:(1)大多数盐湖固体矿和液体矿共处于统一的地质体中,受水文、气候等因素影响,两者可相互转化。(2)矿床具有可变性、补偿再生性,成矿作用至今仍在进行中。(3)固体矿床时代新,构造变动少,未经硬结成岩作用,具有浅埋、松软、产状近似水平的特点,厚度和品味相对稳定。(4)矿床一般由多种矿物共生或伴生,有综合开采利用价值。(5)液体矿床的水质、水量因受气象和水文条件的影响,具有动态变化特征。

固体矿床根据矿石的采出方式和作用原理,开采方法分为直接采出固体矿石的露天法、矿石经固液转化以液体形态采出的溶解法两类。赋存条件复杂矿石品位低的矿床,利用盐类矿物易溶性,用溶解法开采。使用露天开采,剥离工作量小(或无需剥离),开拓系统简单,回采矿层无需穿孔爆破。

液体矿床开采方法,分管井式、渠道式和井渠结合式三种。渠道式开采只适用于开采水位埋藏接近地表,含水层厚度小于10m的潜水型含水层;水位埋藏大河含水层厚度大的液体矿床用管井式或井渠结合式开采法。

473. 水力机械化开采的适用条件是什么,有何优缺点?

水力机械化开采,通常是指用水枪产生的射流冲采土岩,形成浆体,再以加压或自流水力运输方法输往选矿厂或水力排土场。其基本特点是利用同一水流依次完成冲采、运输乃至洗选和尾矿排弃等工作,形成连续的生产工艺过程,是一种高效率的开采方法。

水力机械化开采的适用条件:(1)土岩特性适合水力机械化开采,当土岩中 100 ~ 200mm 的大块石含量超过 20% 或 50 ~ 100mm 的小石块含量超过 30% 时,不宜采用单一的水力机械化开采;(2)有充足的经济水源;(3)有充足的稳定电源;(4)人口密集和农业丰产区,一般不宜采用;(5)地区气候无冰冻或冰冻期很短;(6)有建立水力排土场的合适场地。(7)矿床底板的渗漏水要小,以保证砂浆正常流动。

水力机械化开采的优点:(1)工艺流程简单,生产工艺连续、机械化程度高;(2)设备构造简单,制造容易,价格便宜,维修量小;(3)水力冲采及水力运输过程中,有利于泥团的碎散,有利于选矿,利于采选作业连续化;(4)劳动生产率高,开采成本较低和回采率高;(5)投资少,基建时间短;(6)不受雨季影响,在多雨地区应用,能保证均衡生产。

水力机械化开采的缺点:(1)使用条件局限于能被中低压(0.5 ~ 2.0MPa)射流冲采的土岩;(2)水、电消耗大:电耗通常为 6 ~ 10kW · h /m³,在最困难的条件下高达 20kW · h/m³;耗水量一般为 5 ~ 8m³/m³;(3)在严寒地区年作业期短;(4)采用水力剥离时,土层结构全遭破坏,复垦质量差和复垦周期长;(5)从水力排土场泻出的澄清水,一般含矿量都较高,容易污染附近水系和影响农渔业生产。

474. 饰面石材开采的基本特点是什么?

饰面石材是建筑装饰用天然岩石材料的总称,分为大理岩和花岗岩两大类。大理石是指变质或沉积的碳酸盐岩类的岩石,其主要的化学成分是碳酸钙,约占 50% 以上,还有碳酸镁、氧化钙、氧化锰及二氧化硅等,大理石属于中硬石材;天然花岗石是以铝硅酸盐为主要成分的岩浆岩,其主要化学成分是氧化铝和氧化硅,还有少量的氧化钙、氧化镁等,所以是一种酸性结晶岩石,属于硬石材。

饰面石材美观耐用,是高级建筑装饰材料,随着我国建筑业及对外贸易的蓬勃发展,石材工业将会有更为广阔的前景。我国饰面石材资源丰富,花色品种众多,石材矿山都是露天开采。

饰面石材开采的基本特点:从矿(岩)体中最大限度地采出具有一定规格和技术要求、能加工饰面板材或工艺美术造型、完整无缺的长方体或其他形状的大块石,称为荒料。荒料是石材矿山的商品产品,也是石材加工厂的原料,其最大规格取决于加工设备许可的最大尺寸,其最小规格应满足锯切稳定性要求。

475. 饰面材料开采的基本工艺是什么?

饰面石材开采的基本工艺:根据饰面石材开采的特点,采石工艺分为分离、顶翻、切割、整形、拖拽与推移、吊装与运输、清渣等七个工序。

分离是指长条块石采用适当的采石方法,使之脱离原岩体的工序,是采石工艺中最重要的工序。

顶翻在实际生产中,由于长条块石一般高度大,宽度小,为了下一工序切割的方便,要将其翻转 90°,平卧在工作平台上。若长条块石体积较小,可借助钢钎等工具人工将其撬拨、翻倒;体积大的采用液压顶石机或推移包将其顶翻;当长条块石的高度相当时,则不必翻倒。

切割又名分割、分切、解体,是采石工艺的基本工序之一。即按所定的荒料尺寸,将长条块石分割成若干荒料坯。切割采用劈裂法和锯切法。前者适用于花岗石、大理石,后者目前仅用于大理石。切割时应切除细脉、色线、色斑等缺陷。

整形是将荒料坯按国家对荒料的验收标准,或供需双方商定的荒料验收标准,将超过标准规定的凹凸部分,采用劈裂法或专用的整形机予以切除。

拖拽或推移对于采用固定式吊装设备的矿山,限于吊装设备的工作范围,必须将其吊装范围以外的荒料,采用牵引绞车拖拽或采用推土机、前装机推移至吊装范围内,以便起吊。若采用移动式吊装设备的矿山,则无需拖拽或推移。

清渣是将择取荒料后留在采场工作平台上的块石、碎石加以清除并排弃。

476. 饰面石材开采选择首采区的主要原则是什么,确定开采境界的主要原则是什么?

饰面石材矿山确定开采境界,首先是选择首采区,然后根据经济合理剥采比确定露天石材矿的境界。新建石材矿山的开采规模一般较小,仅选择矿区的部分区域首先开采。因此选择首采区的主要原则是:勘探程度较高,储量比较可靠;并且有足够的储量,能保证矿山有适当的服务年限;剥采比小,荒料率高;有较好的开采条件的地段;从矿区来说,不影响整个矿区的合理开发;首采区是露天矿境界内的一部分,因此,在首采区剥离排土应考虑露天矿最终境界,要避免所排弃的表土和废石压矿,形成二次搬运废石。

最终开采境界的确定原则:充分利用资源,尽量减少矿石储量损失;保证矿山有合理服务年限;保证盈利;保证生产安全;保护地表建筑物、构筑物、铁路、公路、河流;主要是确定露天矿合理的剥采比。

为保证石材矿山获得一定的利润,在确定露天矿开采境界时,境界剥采比不大于经济合理剥采比($n_j \leqslant n_{jh}$),其实质是在开采境界内边界层矿石的露天开采费用不超过地下开采费用,使整个矿床用露天和地下开采的总费用最小或总盈利最大。

饰面石材露天矿的经济合理剥采比,按保证获得最低必要利润的方法求出,计算式为:

$$n_{jh} = n_{min} \frac{[D(1-r)-k]-b}{a} \qquad (11-1)$$

式中　n_{jh}——经济合理剥采比;

　　　n_{min}——最低荒料率,%;

　　　D——荒料售价,元/m³;

　　　r——税率,%;

　　　k——盈利指标,元/m³;

　　　b——采矿成本,元/m³;

　　　a——剥离成本,元/m³。

式(11-1)表明,经济合理剥采比与荒料率成正比关系,荒料率越高,则经济合理剥采比越大;反之,经济合理剥采比越小。不同的石材矿山,其荒料率不同,因此经济合理剥采比也不相同。

477. 饰面石材矿山的生产能力如何确定?

矿山生产能力包括荒料生产能力和矿山采剥生产能力。

(1)荒料生产能力根据市场的板材需求量,按式(11-2)计算确定。

$$v = \frac{S}{\eta_b}(1 + K) \qquad (11-2)$$

式中　v——荒料生产能力,m^3/a;

　　　S——市场的板材需求量,m^2/a;

　　　η_b——板材率,m^2/m^3;

　　　K——荒料吊装运输损失系数,一般为 3% ~ 5%。

(2)矿山采剥生产能力按式(11-3)或式(11-4)计算。

$$A = \frac{v(1 + K)(1 + n_p)}{\eta_z} \qquad (11-3)$$

或

$$A = \frac{S(1 + K)(1 + n_p)}{n_p \eta_z} \qquad (11-4)$$

式中　A——矿山采剥生产能力,m^3/a;

　　　n_p——平均剥采比, m^3/m^3;

　　　η_z——综合荒料率,%。

478. 饰面石材开采常用的开采方法有哪些?

根据采石工艺的第一道工艺——分离,即长条块石脱离原岩体所形成的切缝(或沟槽)的方法,对饰面石材的采石方法进行如下分类。

(1)凿岩劈裂法。此法是在凿成的孔眼中,借助不同的劈裂工具使孔壁产生法向挤压力,使岩石沿孔排列的方向裂开达到分离岩石的目的。由于形成法向挤压力的方式不同,此法又分为人工劈裂法与液压劈裂法两种。

1)人工劈裂法简单实用,成本低,但劳动强度大,且要求工人具有识别岩石及其劈理和熟练掌握劈裂技能。这在我国花岗石矿山使用极为普遍,而且能取得较好的经济效益。

2)液压劈裂法是在人工劈裂原理的基础上,为减轻劳动强度而专门研制的一种液压劈裂器代替人工劈裂岩石的方法。

(2)凿岩爆裂法。凿岩爆裂法是严格的控制爆破。此法应用广泛,花岗石矿山应用更为普遍。其特点是孔眼间距小、直径小、装药量少。装药量的多少以不破坏原岩及长条块石本身的完整性为原则。根据所采用的爆破(裂)材料不同,凿岩爆裂法又分为导爆索爆裂法、黑火药爆裂法、燃烧剂爆裂法和静态(无声)爆破法。

(3)机械锯切法。锯切法广泛应用于大理石矿山,凡是条件适宜的地方,应提倡采用锯切法。锯切法根据其刀具磨切岩石的方法和机械的结构,分为三种类型:绳锯法、链锯法、圆盘锯法。

(4)射流切割法。根据生产工具分为火焰切割法和高压水切割法。

(5)联合切割法。此法是由上述四种采石方法进行不同的组合。所有矿山都用联合开采法,也就是说,长条块石的分离都是采用几种采石方法联合完成的。

第十二章 矿山技术经济及环境保护

479. 什么是可行性研究,包括哪些内容?

可行性研究就是对拟建项目技术、经济及其他方面的可行性进行论证。其目的是为了给投资决策者提供决策依据,同时为银行贷款、合作者签约、工程设计等提供依据和基础资料。可行性研究是决策科学化的必要步骤和手段,其主要内容如下:

(1)项目的背景和历史。建设项目的目的,自然资源情况,国内和本地区同行业的历史和现状,国家和地区产业政策,本项目的特点、优势和劣势等。

(2)市场调查和拟建规模。国内外市场供求情况,本项目产品预计市场占有份额,进入国际市场前景,产品方案和工厂规模制定。

(3)资源、原材料、燃料及协作条件。资源储量、品位,勘察及审批情况,原材料、辅助材料、燃料、动力、外协件供应情况及价格。

(4)建厂条件及厂址选择方案。厂区地理位置、地质条件,交通运输条件,水、电、气供应情况,移民搬迁情况,对不同厂址的比较。

(5)环境保护。"三废"排放浓度、排放量及对环境的影响程度,治理方案。

(6)技术方案。项目的构成,工艺、设备选择,公用、辅助设施方案选择,工厂布置方案。

(7)企业组织和定员。机构设置,劳动定员,人员培训等。

(8)项目实施计划和进度。

(9)项目的财务分析。

(10)项目的国民经济分析。

(11)项目的综合评价及建议。对项目的非经济性效果,如就业、技术扩散、生态与环境等进行定量或定性描述,并综合各方面效果进行评价,对不同方案作出比较,提出决策建议。

480. 进行矿山建设方案的技术经济比较应具备哪些条件,如何进行比选?

方案比较必须具备以下基本条件:

(1)参加技术经济比较的方案所采用的生产工艺、设备必须在技术上可行,必须符合国家有关政策与法律的要求,否则不能参与经济比较。

(2)参加比较各方案应具有可比性,其成本与收益可进行货币计量或各方案的功能相同且费用可计量。

(3)参加比较各方案研究的深度应相同。

技术经济比较的一般程序如下:

(1)为实现建设预期目标,选择技术上可行的若干个可比方案。

(2)确定各方案基本经济参数,并计算出各方案差异部分(即增量投资)的经济效果。

(3)对各方案进行可比性检查,对不具备可比条件的因素等进行可比性调整计算。

(4)用评价指标对各方案进行经济分析、综合论证,选出最优方案。

481. 矿山建设项目技术经济常用的比较方法有哪些?

若参与比较的矿山建设项目(或方案)是互斥的,则可用增量分析法进行评价。在通过绝对经济效果检验的若干方案中,两两对比,若差额指标满足判别准则,则淘汰投资小的方案,否则淘汰投资大的方案,暂时保留下来的方案再和其他方案比选,直到找出最优方案。常用的方法有:

(1)净现值法(NPV 法)。净现值是按照某一特定的折现率将各年的净现金流量进行折现到建设起点的累加值。

$$NPV = \sum_{t=0}^{n} \frac{CI_t - CO_t}{(1 + i_c)^t} \qquad (12 - 1)$$

式中　NPV——净现值;

CI_t——第 t 年现金流入量;

CO_t——第 t 年现金流出量;

i_c——设定的折现率(一般采用基准收益率);

t——计算年份;

n——计算期(包括基建期)。

在互斥方案比较时,用该指标选优最为简便。做法是,分别计算各方案的净现值,找出净现值最大者,若它非负,则最大净现值所对应的方案最优(净现值最大准则)。净现金流量也可只计算差异部分,若差额净现值不小于 0,则投资大者为优,反之,投资小者为优。

(2)差额投资收益率法。两方案进行比较时,差额投资回收率是两方案净现金流量差额折现值之和等于零时的收益率值,如果大于基准收益率,则投资大的方案优;反之,投资小的方案优。计算中,一般把超额投资按负值、节约的经营费按正值代入计算。

(3)差额投资回收期法。投资回收期是指选定了基准收益率后,将年收益净值折现后能收回全部投资现值的年限时间(包括基建期)。如果两方案比较时,甲方案投资比乙方案高,乙方案经营费比甲方案高,如果差额投资能在预期的年限内回收,则投资高的方案优;反之,投资低的方案优。

482. 什么是劳动生产率,劳动生产率有哪些表达形式?

劳动生产率是指工人在单位时间内生产产品的数量或单位产品消耗的劳动时间。

常用的劳动生产率如下:

$$企业全员劳动生产率 = \frac{年产量}{全员人数}$$

$$企业生产工人劳动生产率 = \frac{年产量}{生产工人数}$$

$$采矿全员劳动生产率 = \frac{年产量(或采剥量)}{采矿全员人数}$$

$$采矿生产工人劳动生产率 = \frac{年产量(或采剥量)}{采矿生产工人数}$$

$$选矿全员劳动生产率 = \frac{年处理量}{选矿全员人数}$$

$$选矿生产工人劳动生产率 = \frac{年处理量}{选矿生产工人数}$$

483. 什么是固定资产，可分为哪几类？

固定资产是指使用年限在一年以上，单位价值在规定标准以上，并在使用过程中保持原有物质形态的资产。

固定资产可分为以下几类：

（1）工业用固定资产指直接参加生产过程或直接服务生产过程的固定资产，如厂房、构筑物、设备、仪器、管理设备等。

（2）非工业用固定资产指矿山住宅、公共设施、文化生活设施、卫生保健等辅助设施。

（3）土地。

（4）其他固定资产指封存、未使用的固定资产、出租的固定资产等。

就矿山建设项目而言，占建设投资比重最大的往往是固定资产投资。以下费用均计入固定资产原值：

（1）建设工程费用，包括各种厂房、仓库、住宅、宿舍等建筑物和铁路、公路、码头等构筑物的建设工程，各种管道、电力和电讯线路的建设工程，设备基础工程，水利工程，投产前的剥离和矿井工程及场地准备，厂区整理及植树绿化等费用。

（2）设备购置费用，包括一切需要安装和不需要安装的设备的购置费用（含运杂费）。

（3）设备安装工程费用，包括机电设备的装配、装置工程及与设备相近的工作台、梯子间装设工程，附属于被安装设备的管线敷设工程等费用。

（4）工器具及生产用具的购置费用，包括装配车间、实验室等的算作固定资产的工具、器具、仪器及生产用具的购置费用。

（5）其他。上述费用之外的可计入固定资产的各种费用，如土地征用费。

484. 什么是流动资金，可分为哪几类？

流动资金是指用于购买原材料、辅助材料、支付工资和其他生产周转所需要的资金。流动资金于建设期末或投产期内一次或分次投入，与基本建设投资一起构成项目总投资。

一般而言，流动资金分生产领域流动资金和流通领域流动资金两类。前者包括生产前准备的储备资金、生产资金两部分，后者分库存成品占用的成品资金、销售结算资金和库存资金三部分。

矿山项目的流动资金由储备资金、生产资金、成品资金、结算资金等构成。

（1）储备资金包括辅助材料、燃料、动力、备品备件、包装物及低值消耗品等所需的资金。

（2）生产资金包括在产品、自制半成品占用的资金及待摊费。

（3）成品资金是指生产成品占用的资金。

（4）非定额流动资金包括发出商品、货币资金和结算资金。

前三项之和称为定额流动资金。对于新建或扩建矿山，设计中只计算定额流动资金，非定额流动资金由于资金量不稳定且占用量少（10%左右），一般不估算。

485. 什么是固定资产折旧，什么是维简费？

固定资产折旧是指生产期内，固定资产因磨损而转移到产品中去的那部分价值，对应的补偿形式是在总成本中提取固定资产折旧费。

$$年固定资产折旧额 = 固定资产原值 × 该固定资产折旧率 \qquad (12-2)$$

维简费是用于补充消失的生产能力、维持简单再生产所必需的井巷工程、路堑掘进(开拓)、生产探矿、生产设备和设施的更新补充的费用。按现行税法,维简费可于(所得)税前扣除。对于已经提取维简费的工程和设施,矿山企业不再为这部分工程和设施提取折旧费。

486. 采矿直接成本有哪几部分构成,各部分如何计算?

采矿直接成本是按采矿工艺环节分别计算然后汇总成采矿车间直接成本,按其性质与来源,可分以下几部分:

(1)原材料及辅助材料。采矿的原料为天然生成的矿石,因此采矿成本中不发生原料费,选矿成本中原料为原矿石。辅助材料是指采准、回采、破碎、通风、排水、充填等环节使用的炸药、雷管、导火索、导爆索、钎钢、坑木、硬质合金等材料。其计算采用当地单价乘以单位消耗量再乘以设计消耗定额,如外购,则应考虑运杂费用。

(2)动力燃料费。动力燃料费是指生产工艺过程中消耗的电力、压气及汽油、柴油、煤油的费用。单位电耗按设备本身功率和工作时间确定,价格按国家现行规定计算。燃料费按单价乘以设计消耗定额确定。

(3)生产工人工资及附加费。生产工人工资及附加费是指从事矿山生产直接生产工人和辅助人员(不包括机修和非生产性工人)工资和国家规定按工资总额一定比例提取的企业福利经费。企业生产工人基本工资参照类似企业并结合当地情况选取。

487. 什么是现金流量,矿山项目中常见的现金流出与现金流入有哪些?

若将某矿山项目作为一个系统,对该项目在整个寿命周期内所发生的费用和收益进行分析和计量,在某一时间上,将流出系统的实际支出(费用)称为现金流出,而将流入系统的实际收入(收益)称为现金流入,将现金流入与现金流出的差额称为净现金流量。现金流入、现金流出和净现金流量统称为现金流量。常见的现金流入有销售收入、固定资产回收,流动资金回收,常见的现金流出有经营成本、固定资产投资、流动资金投资、销售税金及附加、所得税等。

488. 内部收益率的经济含义是什么?

内部收益率 IRR 是净现值为零时的折现率,是 NPV 曲线与横坐标轴 i 交点处对应的折现率,它反映了投资的使用效率。内部收益率有两个经济含义:一是在项目的整个寿命期内按利率 i = IRR 计算,始终存在未被收回的投资,而在寿命结束时,投资恰好完全被收回。即,在项目的整个寿命期内,项目始终处于"偿付"未被收回的投资的状况,因此,项目的"偿付"能力完全取决于项目内部,故有"内部收益率"之称谓;二是它是项目寿命期内没有回收的投资的赢利率,而不是初始投资在整个寿命期内的赢利率。

489. 净现值的经济含义是什么?

净现值 NPV 指标是对投资项目进行动态评价的最重要指标之一。该指标要求考察项目寿命期内每年发生的现金流量。按一定的折现率将各年净现金流量折现到同一时间点

（通常是初期）的现值累加值就是净现值。对于独立项目来说，若 NPV≥0，则该项目经济上可行。

由于技术经济分析的主要目的在于进行投资决策，即是否进行投资、以多大规模进行投资。体现在投资项目经济效果评价上，主要解决两个问题：什么样的投资项目可以接受；有众多备选投资方案时，哪个方案或哪些方案的组合最优。方案的优劣取决于它对投资者目标贡献的大小，在不考虑其他非经济目标的情况下，企业追求的目标可以简化为同等风险条件下净盈利的最大化，而净现值就是反映这种净盈利的指标，所以，在多方案比选中采用净现值指标和净现值最大准则是合理的。

490. 如何进行盈亏平衡分析？

为了使矿山投产后能保证必需的盈利，必须分析研究生产与销售之间的关系，以测定矿山盈亏平衡点。当矿山投产后按此点进行生产，则其经营正好不盈不亏。盈亏平衡点可用盈亏平衡年产量、生产能力利用率、销售价格和单位产品可变成本表示，一般常用前两者。

进行盈亏平衡点分析，必须假定：（1）矿山投产后正常生产年份作为计算数据的来源；（2）矿山生产的产品全部销售，无积压；（3）年固定成本、单位成本不变，与销售量无关，可变成本与产量成正比关系；（4）矿山产品单一，如不单一，需折算成一种产品计算。

矿山盈亏平衡产量 $BEP_{产量}$ 可按式（12 – 3）计算。

$$BEP_{产量} = \frac{年固定总成本}{单位产品价格 - 单位产品可变成本 - 单位产品销售税金及附加} \qquad (12-3)$$

$BEP_{矿山生产能力利用率}$ 可按式（12 – 4）计算。

$$BEP_{矿山生产能力利用率} = (BEP_{产量}/Q) \times 100\% \qquad (12-4)$$

式中　Q——设计生产能力。

盈亏平衡分析是不确定性分析中一种简单的方法，它能够反映矿山在一定时期内生产、销售、成本、收益等的相互关系。由于盈亏平衡分析要求假定较多，实际中这些条件将发生变化，就影响了盈亏平衡分析结果的准确性，因此，一般只把它作为一种辅助手段。

491. 什么是敏感性分析？

敏感性分析是通过测定一个或多个不确定因素的变化所导致的决策评价指标的变化幅度，了解各个因素的变化对实现预期目标的影响程度，从而对外部条件发生不利变化时投资方案的承受能力做出判断。它是经济决策中常用的一种不确定性分析方法，其主要任务是找出对项目的经济效果影响最大、最敏感的那些因素，进而分析其成因，研究解决的措施，提出控制的对策。

492. 什么是成本核算，其核算的项目有哪些？

成本核算是对企业生产、销售的各项费用支出进行审核与控制，并按其用途和发生地点进行汇总和分配，最后计算出产品总成本和单位成本的工作。

矿山成本核算中经常用到的成本主要是矿产品总成本和经营成本。

（1）矿产品总成本。矿产品总成本是指矿山企业一定时间内生产和销售一定数量的矿产品所花费的全部费用之和。矿产品总成本可分为生产成本和制造成本。

1)生产成本。根据财务会计的规定,生产成本是企业为生产产品和提供劳务而发生的各项直接材料、直接工资以及为进行生产经营和提供劳务而发生的各项间接费用,这部分间接费用称为制造费用。矿产品的生产成本包括:

①辅助材料费用,对采矿车间而言,是指矿山生产过程中消耗的炸药、雷管、导火索、导爆索、钎子钢、坑木、轮胎、风管、水管等材料费用;对选矿车间而言,是指在原矿加工过程中消耗的钢球、衬板、胶带、油脂、选矿药剂等材料费用。

②动力及燃料费是指矿山生产过程中耗用的汽油、柴油、煤、电力、风力等费用。

③生产工人工资及附加费是指矿山生产的直接生产工人和辅助生产工人的基本工资及提取的职工福利费等。

④维简费。根据原财政部、煤炭部、冶金部、中国有色金属总公司规定,矿山开采按原产量提取维简费。

⑤基本折旧。对选矿车间、冶炼车间设备、厂房提取折旧费进入成本。

⑥大修费和维修费。

⑦车间经费是指车间范围内支付的各种管理费和业务费。

2)期间费用。期间费用是指在一个会计期间企业发生的销售费用、管理费用和财务费。这些费用属于损益性支出,不计入产品生产成本,直接计入当期损益。

(2)经营成本。

经营成本 = 总成本 - 折旧费、摊销费与维简费 - 借款利息支出

493. 矿山建设项目经济评价的作用是什么?

(1)矿山建设项目前期研究是在投资决策前,对项目建设的必要性和项目备选方案的工艺技术、运行条件、环境和社会等方面进行全面的分析论证和评价工作。经济评价是项目前期研究诸多内容中的重要内容和有机组成部分。

(2)项目活动是整个社会经济活动的一个组成部分,而且要与整个社会的经济活动相融,符合行业和地区发展规划要求,因此,经济评价一般都要对项目与行业发展规划进行阐述。

(3)在完成项目方案的基础上,采用科学的分析方法,对拟建项目的财务可行性(可接受性)和经济合理性进行科学的分析论证,做出全面、正确的经济评价结论,为投资者提供科学的决策依据。

(4)项目前期研究阶段要做技术的、经济的、环境的、社会的、生态影响的分析论证,每一类分析都可能影响投资决策。经济评价只是项目评价的一项重要内容,不能指望由其解决所有问题。同理,对于经济评价,决策者也不能只通过一种指标(如内部收益率)就能判断项目在财务上或经济上是否可行,而应同时考虑多种影响因素和多个目标的选择,并把这些影响和目标相互协调起来,才能实现项目系统优化,进行最终决策。

494. 矿山建设项目经济评价对深度有什么要求?

项目前期研究各个阶段是对项目的内部、外部条件由浅入深、由粗到细的逐步细化的过程,一般分为规划、机会研究、项目建议书和可行性研究四个阶段。由于不同研究阶段的研究目的、内容深度和要求等不相同,经济评价的内容深度和侧重点也随着项目决策不同阶段

的要求有所不同。

（1）规划和机会研究是将项目意向变成简要的项目建议的过程,研究人员对项目赖以生存的客观(内外部)条件的认识还不深刻,或者说不确定性比较大,在此阶段,可以用一些综合性的信息资料,计算简便的指标进行分析。

（2）项目建议书阶段的经济评价,重点是围绕项目立项建设的必要性和可能性,分析论证项目的经济条件及经济状况。这个阶段采用的基础数据可适当粗略,采用的评价指标可根据资料和认识的深度适度简化。

（3）可行性研究阶段的经济评价,应对建设项目的财务可接受性和经济合理性进行详细、全面的分析论证。

495. 什么是矿业权、矿业权人和矿业权空白地?

矿业权包括探矿权和采矿权。探矿权是指在依法取得的矿产资源勘查许可证规定的范围内,勘查矿产资源的权利。采矿权是指在依法取得的采矿许可证规定的范围内,开采矿产资源和获得所开采矿产品的权利。依法取得矿业权的自然人、法人或其他经济组织,统称为矿业权人。矿业权人依法对其矿业权享有占有、使用、收益和处分权。没有设置矿业权的区域,通常称为矿业权空白地。

496. 矿业权评价的基本途径是什么?

矿业权评价的基本途径有收益、成本、市场及投资–现金流四种。

497. 什么是收益途径评估法?

收益途径是应用比较广泛的矿业权价值评估途径,易于为买卖双方所接受。它是将矿业权所指向的矿产资源开发后各年获得的收益折现到评估起点,以此作为矿业权的评估价值。收益途径常用的评估方法有现金流量法、收益法、收益权益法及现金流量风险系数调整法。

498. 什么是成本途径评估法?

成本途径仅适用于探矿权的评估。当探矿权所指向的矿产地勘查程度较低,储量的可靠性差,不适合采用收益途径评估探矿权价值时,才可考虑采用成本途径进行评估。成本途径评估探矿权的基本原理是,探矿权的价值由重置成本和修正系数两部分决定。重置成本部分指的是勘查时所采用的各种技术方法或手段现时的重置成本;修正系数是对重置成本的效用价值和这些重置成本投入获得的信息所反映的找矿潜力和经济意义所作的判断,由地质专家与评估人员根据评估对象的勘查工作程度和所获得的地质、矿产信息资料的丰富程度来确定。常用的方法有勘查成本效用法和地质要素评序法两种。

499. 什么是市场途径评估法?

市场途径是通过比较被评估矿业权与最近交易矿业权的异同,确定调整系数,再采用调整系数调整最近交易矿业权的价格,进而得出被评估矿业权的价值。市场途径常用的评估方法有可比销售法和粗估法。一般来讲,市场途径评估的矿业权价值最接近矿业权的市场价格。

500. 什么是投资 – 现金流分析?

投资 – 现金流分析是成本收益途径常用的评估方法,它是现金流量法用于探矿权评估的一种变形,其主要的适用范围是探矿权的评估。该法认为,根据卖方投资比例分得的未来投资总收益与卖方投资现值之和,即为探矿权价值。其计算过程如下:

(1)采用现金流量法计算未来投资开发的累计净现金流量现值 W_q。

$$W_q = \sum_{i=1}^{n} \left[(S_i - C_i)(1 + r)^{-(i-1)} \right] \tag{12-5}$$

式中　S_i, C_i——分别为矿业权第 i 年现金流入量和现金流出量;

　　　　r——折现率;

　　　　n——计算年限;

　　　　S_i = 产品销售收入 + 回收固定资产残值 + 回收流动资金

　　　　C_i = 后续地质勘查投资(指评估基准日后需补充地质勘查工作的地质勘查投资) + 固定资产投资 + 固定资产更新 + 更新改造资金 + 流动资金 + 经营成本 + 销售税金及附加 + 企业所得税。

计算中要将卖方的投资现值作为总投资的一部分纳入计算,使净现金流量成为完全由买方投资而形成的。

(2)计算买方累计投资现值 T_{px}。

$$T_{px} = \sum_{i=1}^{x} \left[T_i (1 + r)^{-(i-1)} \right] \tag{12-6}$$

式中　T_i——买方第 i 年勘查或开发的投资额;

　　　　x——买方勘查或开发的投资年限,$i = 1, 2, \cdots, x$,年。

(3)计算卖方累计勘查投资现值 T_{py}。

$$T_{py} = \sum_{l=1}^{q} (U_l P_l) + \varepsilon \sum_{i=1}^{q} (U_l P_l) \tag{12-7}$$

式中　U_l——第 l 年勘查技术方法完成的实物工作量,$l = 1, 2, 3, \cdots, q$;

　　　　P_l——第 l 年地质勘查实物工作量相对应的先行价格;

　　　　ε——其他地质工作、岩矿实验测试、综合研究及编写报告等四项费用分摊系数,一般取 0.3。

(4)按照风险与利益成正比的关系,计算探矿权价值 P_a。

$$P_a = \frac{W_q T_{py}}{T_{px} + T_{py}} + T_{py} \tag{12-8}$$

501. 什么是环境资源价值,其常用评估方法有哪几类?

虽然自然状态下的环境资源是自然界赋予的天然产物,没有凝结人类的劳动,但是环境资源生态功能的产生和实现及环境资源的持续利用无不与人类的劳动有关。环境资源价值的形成包括以下几个方面:(1)现代生产和生活消耗的自然资源和环境质量,必须通过人的劳动进行再生产来补偿环境资源的物质和能量损失。这种补偿物化的社会必要劳动形成环境资源价值。(2)有效地保护和建设环境资源是可持续发展战略的重要组成部分,只有投入大量劳动,才能实现环境资源可持续使用。保护和建设环境资源物化的社会必要劳动形成环境资源价值的重要部分。(3)人类将环境中具有潜在使用价值的资源变成具有符合人类生存和经济发展需要的使用价值,必须付出一定量的劳动(如采掘),这种劳动形成生态价值。

环境资源价值的构成和商品价值的构成一样,也包括三部分:$C + V + m$。C 是补偿、保护和建设环境资源所需的生产资料价值;V 是补偿、保护和建设环境资源所需的劳动者的必要劳动的价值;m 是补偿、保护和建设环境资源的劳动者剩余劳动创造的价值。

环境资源价值评价方法分为三类:直接市场评价法、替代市场评价法和意愿调查价值评价法。

502. 环境资源价值直接市场评估方法主要有哪些?

直接市场评价法因其比较直观易于计算、易于调整等优点而被广泛应用。对发展阶段的国家而言,它都是最常见的价值评估方法,常用方法有以下几种:

(1)剂量-反应法。剂量-反应法是通过一定的手段评估环境变化给受者造成影响的物理效果,其目的在于建立环境损害(反应)与造成损害的原因之间的关系,评价在一定的污染水平下产品或服务产出的变化,进而通过市场价格(或影子价格)对这种产出的变化进行价值评估。

(2)生产率变动法。生产率变动法或称生产效应法认为,环境变化可以通过生产过程影响生产者的产出、成本和利润,或是通过消费品的供给与价格变动影响消费者福利。例如,水污染将使水产品产量或价格下降,给渔民带来经济损失;而兴建水库则可以带来新的捕鱼机会,对渔民产生有利影响。

(3)人力资本法(或收入损失法)。环境质量恶化对人类健康有着多方面的影响。这种影响不仅表现为因劳动者发病率与死亡率增加而给生产直接造成的损失(这种损失可以用市场价值法加以估算),而且还表现为因环境质量恶化而导致的医疗费开支的增加,以及因为人过早得病或死亡而造成的收入损失等。人力资本法就是专门评估反映在人身健康上的环境资源价值的方法。

(4)防护费用法。当某种活动有可能导致环境污染时,人们可以采取相应的措施来预防或治理环境污染。用采取上述措施所需费用来评估环境资源价值的方法就是防护费用法。

防护费用的负担可以有不同的方式,它可以采取"谁污染、谁治理",由污染者购买和安装环保设备自行消除污染的方式;可以采取"谁污染、谁付费",建立专门的污染物处理企业集中处理污染物的方式;也可以采取受害者自行购买相应设备(如噪声受害者在家安装隔音设备),而由污染者给予相应补偿的方式。

(5)恢复费用法(或重置成本法)。假如导致环境质量恶化的环境污染无法得到有效的治理,那么,就不得不用其他方式来恢复受到损害的环境,以便使原有的环境质量得以保持。例如,矿产资源开发引起地表塌陷,影响农业生产,可以用土地复垦的办法来弥补。将受到损害的环境质量恢复到受损害以前状况所需要的费用就是恢复费用。恢复费用又被称为重置成本,这是因为随着物价和其他因素的变动,上述恢复费用往往大大高于原来的产出品或生产要素价格。

503. 环境资源价值替代性市场评估方法主要有哪些?

(1)资产价值法。资产价值法把环境质量看作影响资产价值的一个因素,也就是资产周围环境质量的变化会影响资产未来的经济收益。如果影响资产价值的其他因素不变,则可用环境质量的变化导致资产价值的变化量来估算环境污染或破坏所造成的经济损失,也可用该方法估算环境质量改善所取得的经济效益。资产价值法也称为舒适性价格法,舒适性是资产的主要使用特性,其价格就是资产价值的反映。资产价值法多用于环境质量变化对土地、房屋等固定资产价值的影响评估等环境资源的评价。

(2)旅行费用法。旅行费用法常常被用来评价那些没有市场价格的自然景点或者环境资源的价值。它要评估的是旅游者通过消费这些环境商品或服务所获得的效益,或者说对这些旅游场所的支付意愿(旅游者对这些环境商品或服务的价值认同)。

(3)后果阻止法。环境质量的恶化会对经济发展造成损害。为了阻止这种后果的发生,可以采用两类办法:一类是对症下药,通过改善环境质量来保证经济发展;但在环境质量的恶化已经无法逆转(至少不是某一经济当事人甚至一国可以逆转)时,人们往往采取另一类办法,即通过增加其他的投入或支出来减轻或抵消环境质量恶化的后果。例如,利用增加用于化肥和良种的农业投入的办法来抵消环境污染导致的单产下降;居民购买特制的饮用水以取代受到污染、水质下降的自来水。在这种情况下,可以认为其他投入或支出的变动额就反映了环境资源价值的变动。用这些投入或支出的金额来衡量环境质量变动的货币价值的方法就是后果阻止法。

(4)工资差额法。在其他条件相同时,劳动者工作场所环境条件的差异(例如噪声的高低和是否接触污染物等)会影响到劳动者对职业的选择。在其他条件相同时,劳动者会选择工作环境比较好的职业。为了吸引劳动者从事工作环境比较差的职业并弥补环境污染给他们造成的损失,厂商就不得不在工资、工时、休假等方面给劳动者以补偿。这种用工资水平的差异(工时和休假的差异可以折合成工资)来衡量环境质量的货币价值的方法,就是工资差额法。

504. 环境资源价值意愿调查价值评估方法主要有哪些?

(1)投标博弈法。投标博弈法要求调查对象根据假设的情况,说出他对不同水平的环境物品或服务的支付意愿或接受赔偿意愿。投标博弈法被广泛地应用于对公共物品的价值评估方面。

(2)比较博弈法。比较博弈法又称权衡博弈法,它要求被调查者在不同的物品与相应数量的货币之间进行选择。在环境资源的价值评估中,通常给出一定数额的货币和一定水平的环境商品或服务的不同组合。该组合中的货币值,实际上代表了一定量的环境物品或服务的价格。给定被调查者一组环境物品或服务以及相应价格的初始值,然后询问被调查者愿意选择哪一项。被调查者要对两者进行取舍。根据被调查者的反应,不断提高(或降低)价格水平,直至被调查者认为选择两者中的任意一个为止。此时,被调查者所选择的价格就表示他对给定量的环境物品或服务的支付意愿。此后,再给出另一组组合,比如环境质量提高了,价格也提高了,然后重复上述的步骤。经过几轮询问,根据被调查者对不同环境质量水平的选择情况,进行分析,就可以估算出他对边际环境质量变化的支付意愿。

(3)无费用选择法。无费用选择法通过询问个人在不同的物品或服务之间的选择来估算环境物品或服务的价值。该法模拟市场上购买商品或服务的选择方式,给被调查者两个或多个方案,每一个方案都不用被调查者付钱,从这个意义上说,对被调查者而言是无费用的。

在含有两个方案的调查中,需要被调查者在接受一笔赠款(或被调查者熟悉商品)和一定数量的环境物品或服务之间做出选择。如果某个人选择了环境物品,那么该环境物品的价值至少等于被放弃的那笔赠款(或商品)的数值。可以把放弃的赠款(或商品)作为该环境物品的最低估价。如果改变上述的赠款数(或商品),而环境质量不变,这一方法就变成一种投标博弈法了。但是,其主要区别在于被调查者不必支付任何东西。如果被调查者选择了接受赠款(或商品),则表明被评价的环境物品或服务的价值低于设定的接受赠款额。

505. 什么是环境经济政策?

环境经济政策是为了达到环境保护和经济发展相协调的目标,利用经济效益手段,对环境经济活动进行调节的一类政策体系,主要包括环境资源核算政策、财政政策、信贷政策、环保投资政策和环境管理的经济手段等。

506. 我国环境经济政策的基本内容是什么?

根据政策执行部门划分,我国的环境经济政策共有三大类:

第一类,由环境保护部门执行的政策。其中又分为以经济手段为主的政策(排污收费)、经济手段和标准规定相结合的政策(排污许可证和"三同时")、拟议中的政策(生态环境补偿费)。

第二类,由产业部门执行的政策。主要有:矿产资源补偿费、土地损失补偿费、城建环保投资、废物回收利用、育林费、林业资金、行业造林专项资金以及造林、育林优惠贷款等。

第三类,由综合管理部门执行的政策。主要有:城镇土地使用税、耕地占用税、城乡维护建设税、资源税、资源综合利用、综合利用利润留成、环保投资、企业更新改造、环保投资、清洁生产、环保产业、有益于环境的财政税收政策及银行环境保护贷款等。

507. 什么是矿产资源补偿费?

为了保障和促进矿产资源的勘察、保护和合理开发,维护国家对矿产资源的财产权益,根据《中华人民共和国矿产资源法》的有关规定,1994年2月27日国务院令第150号发布《矿产资源补偿费征收管理规定》(1997年7月3日国务院令第222号修改),明确在中华人民共和国领域和其他管辖海域开采矿产资源,应当依照规定缴纳矿产资源补偿费;矿产资源补偿费按照矿产品销售收入的一定比例计征,企业缴纳的矿产资源补偿费列入管理费用;征收矿产资源补偿费金额=矿产品销售收入×补偿费费率×开采回收率系数;矿权人应当于每年的7月31日前缴纳上半年的矿产资源补偿费;于下一年度1月31日前缴纳上一年度下半年的矿产资源补偿费;矿产资源补偿费纳入国家预算,实行专项管理,主要用于矿产资源勘查。

508. 采矿对生态环境的影响有哪些?

矿产资源的开发,特别是不合理地开发、利用,已对矿山及其周围环境造成污染,并诱发多种地质灾害,破坏了生态环境。越来越突出的环境问题不仅威胁到人民生命安全,而且严重地制约了国民经济的发展。特别是占矿山总数59.06%的乡镇集体矿山,环保工作差距较大;更为严重的是,占总数36.80%的个体采矿点的环保工作几乎是空白。

矿业活动产生的生态环境问题见表12-1。

表 12-1　矿业活动产生的生态环境问题

环境要素	矿业活动对矿山环境的作用形式	产生的主要环境问题
大气环境	废气排放,粉尘排放,废渣排放	大气污染,酸雨
地面环境	地下采空,地面及边坡开挖,地下水位降低,废水排放,废渣、尾矿排放	采空区地面沉陷(塌陷),山体开裂、崩塌,滑坡、泥石流,水土流失、土地沙化,岩溶塌陷,侵占土地,土壤污染,矿震,尾矿库溃坝
水环境	地下水位降低,废水排放,废渣、尾矿排放	水均衡遭受破坏,海水入侵,水质污染

环境问题主要包括:开采活动对土地的直接破坏,如露天开采直接破坏地表土层和植被;矿山开采过程中的废弃物(如尾矿、矸石等)需要大面积的堆置场地,从而导致对土地的过量占用和对堆置场原有生态系统的破坏;矿石、废渣等固体废物中含酸性、碱性、毒性、放射性或重金属成分,通过地表水体径流、大气飘尘,污染周围的土地、水域和大气,其影响面将远远超过废弃物堆置场的地域和空间,污染影响要花费大量人力、物力、财力经过很长时间才能恢复,而且很难恢复到原有的水平。

509. 矿井水有何特点,如何利用?

矿井水的形成一般是由于巷道揭露和采空区塌陷波及水源所致,可分为纯净矿井水、含悬浮物矿井水、高矿化度矿井水、酸性矿井水和特殊污染型矿井水五种类型,它具有地下水的特性,但由于受到人为的污染,又具有地表水的一些特点。

在国外,许多国家对矿井水进行适当处理后,一部分达到排放标准,而排入到地表水系,另一部分水量回用到选矿(煤)厂工业给水和矿井用水。目前,采用中和法与预曝气法相结合使用效果更好,研制了抑制铁氧化细菌活性的表面活性剂来抑制铁氧化细菌的生长,以及采用人工湿地法处理酸性矿井水。对矿井水处理采用的技术一般有固液分离技术、中和法、氧化处理、还原法、离子交换法等。

510. 什么是噪声,采矿工作主要有哪些噪声源?

噪声是声音的一种,具有声波的一切特性。从物理学观点来看,噪声是指声强和频率的变化都无规律的杂乱无章的声音;而从心理学的观点来讲,凡是人们不需要的声音都属于噪声。

按照声源的不同,噪声主要分为空气动力性噪声、机械性噪声和电磁性噪声。空气动力性噪声是由于气体中有了涡流或发生了压力突变引起气体的扰动而产生的,如凿岩机、扇风机、鼓风机、空气压缩机等产生的噪声。机械性噪声是由于在撞击、摩擦、交变的机械应力作用下,机械的金属板、轴承、齿轮等发生震动而产生的,如球磨机、破碎机、电锯等产生的噪声。电磁性噪声主要是由于磁场脉动、磁场伸缩引起的电器部件震动而产生的,如电动机、变压器等产生的噪声。此外,矿山还有爆破过程的脉冲噪声。

按频谱的性质,噪声又可分为有调噪声和无调噪声。有调噪声就是含有非常明显的基频和伴随着基频的谐波,这种噪声大部分是由旋转机械(如扇风机、空气压缩机)产生的。无调噪声是没有明显的基频和谐波的噪声,如脉冲爆破声。

511. 矿山噪声源有哪些?

矿山噪声源根据噪声产生的地点不同,可分为井下噪声源和矿山地面噪声源。地面噪声源又可分为选矿厂噪声源、露天采场噪声源和机修厂噪声源等。井下噪声源,主要是由于凿岩、爆破、通风、运输、提升、排水等生产工艺过程产生。井下噪声最大、作用时间最长的是凿岩设备和通风设备产生的噪声,其次是爆破、装卸矿石、运输、二次破碎等产生的噪声。井下噪声的声级,大都在 95~110dB(A)之间,个别的噪声级超过 110dB(A),是矿山噪声强度最大的噪声源,而且从噪声的频谱特性来看,多呈中、高频噪声。矿山地面噪声源产生的噪声也是矿山噪声的重要来源。选矿厂和露天采场主要设备产生的噪声级,绝大部分超过国标和部标所规定的噪声许可标准。此外,地面上的主力扇风机、空压机、锻钎机等产生的噪声,大都超过 100dB(A),所以地面噪声也相当严重,而且声级高、来源多。综上所述,矿山噪声的来源是多方面的,已成为污染矿山环境的主要因素之一。它严重威胁着矿山人员的身心健康和生命安全。

512. 矿山噪声的危害有哪些,如何防治?

矿山噪声的主要危害见表 12-2。

表 12-2　矿山噪声的主要危害

影　响	危　害
影响正常生活	使人们没有一个安静的工作和休息环境,吵闹的噪声使人烦躁不安,妨碍休息、睡眠,干扰谈话等
对矿工听觉的损伤	矿工长期在强噪声(90dB(A)以上)下工作,将导致暂时性听阈偏移,久而久之会转变成永久性听阈偏移,当 500、1000、2000Hz 听阈平均偏移 25dB(A),称为噪声性耳聋
引起矿工多种疾病	噪声作用于矿工的中枢神经系统,使矿工的基本生理过程失调,引起神经衰弱症
	噪声作用于心血管系统,可引起血管痉挛或血管紧张度降低、血压改变、心律不齐等
	使人们的消化机能衰退,胃功能紊乱,消化不良,食欲不振,体质减弱
影响矿山安全生产和降低矿山劳动生产率	矿工在嘈杂环境里工作,心情烦躁,容易疲劳,反应迟钝,注意力不集中,影响工作进度和质量,引起工伤事故
	由于噪声的掩蔽效应,使矿工听不到事故的前兆和各种警戒信号,容易发生工伤事故

矿山噪声控制及防治技术措施见表 12-3。

表 12 - 3　矿山噪声控制及防治技术措施

技 术 措 施	适 用 范 围
消声器	降低风机等进气口、排气口的空气动力性噪声
隔声间(罩)	隔绝各种生源噪声
吸声处理	吸收室内(罩)的混合声
隔　振	阻止固体声传递,减少二次辐射
阻尼减振	减少板壳振动辐射噪声

513. 什么是土地复垦?

1988 年 10 月 21 日,国务院发布了《土地复垦规定》,对土地复垦定义为:"土地复垦,是指对在生产建设过程中,因挖损、塌陷、压占等造成破坏的土地,采取整治措施,使其恢复到可供利用状态的活动。"这里的生产建设是指开采矿产资源、烧制砖瓦、燃煤发电等。土地复垦是新兴的交叉学科,是采矿工程、土木工程、土壤科学等学科的结合体,分为工程复垦和生物复垦两个阶段。

土地复垦的对象主要是被生产建设破坏的土地,复垦目标是使其恢复到可供利用的程度,这是土地复垦不同于其他土地开发利用内容的两个基本特征。因此它不同于农垦或垦荒,同时它也不强求将被破坏的土地必须恢复到原来的用途或状态。

土地复垦既属国土整治与开发利用范畴,又是环境保护的主要内容。而且社会越进步,经济越发达,在确定土地复垦目标时,越强调其恢复生态环境的内容。因此,在原国家土地管理局土地利用规划司编写的《土地复垦规定》问答中指出,应本着以下三条原则确定复垦后的土地用途:(1)要符合土地利用总体规划的要求,在城市规划区内,应符合城市规划。(2)要尽量复垦为耕地或其他农用土地,鼓励种粮食。(3)要尽量恢复原来用途。但由于土地破坏的程度不同,所处的位置各异,应当本着经济合理、因地制宜确定用途:宜农则农、宜林则林、宜渔则渔、宜建则建,有的还可以开辟成游览娱乐场地。因此土地复垦是一个涉及多学科的边缘学科。总之,土地复垦应不拘一格,只要具有经济、环境、社会效益即可实行。土地复垦行业习惯上将复垦农业用地简称为农业复垦,以此类推也有林业复垦、渔业复垦、建筑复垦等简称。

514. 土地复垦的任务是什么?

(1)对新破坏土地及时进行复垦。人类的生产活动对土地造成一定的破坏常是不可避免的,关键是对所破坏的土地要及时进行复垦,不欠新账,不留后患,使生产建设和土地复垦成为良性系统。为此,要在基本建设项目的可行性论证阶段进行土地破坏评估,并提出土地复垦对策;在环境评价报告书中也要有关于土地破坏及复垦对策的内容,尤其是土地破坏对生态环境的影响及其恢复措施的内容;在基本建设项目的设计中必须有土地复垦规划设计的内容。

(2)对过去破坏的土地要积极复垦。我国累计破坏的土地达 $2 \times 10^6 hm^2$,复垦这些废弃土地具有重大经济、环境和社会效益。今后建设用地应优先考虑使用各种废弃地,对尚有未复垦土地的单位应先进行土地复垦,然后才批给新占用土地,并制定对土地复垦的优惠奖励政策。

515. 土地复垦的意义是什么?

(1)土地复垦是缓解人多地少矛盾的一项重要措施。我国一方面人地矛盾相当突出,另一方面又有大量土地被破坏废弃,而其中有很大一部分可以复垦利用。据预测,到2050年,因生产建设等造成土地破坏面积累计可达$4 \times 10^6 hm^2$。而且我国因生产建设破坏的土地大都集中于人口稠密经济发达的能源城市周围。这些地区经济发达、技术力量雄厚,复垦利用这些废弃土地远比治理山区小流域更易奏效,因而是解决当地人多地少矛盾的一项重要措施。

(2)土地复垦可以改善生态环境。工矿企业破坏土地,压占农田菜地,毁坏森林植被,污染土地,引起许多生态环境问题。土地复垦既整治了土地,避免村庄远距离迁徙,又改善了生态环境和社会环境。

(3)土地复垦可以促进社会安定团结。矿山和企业占用和破坏的土地多为良田沃土,耕地或菜地,使矿区农民人均耕地面积不断减少。因少地无地农民增加,农业生产受到严重影响,加重了国家负担,影响了矿区人民生活,并使企业在征地、拆迁、安置等问题上同农民的矛盾日益加剧,使工农关系紧张,影响矿山和企业生产的正常进行和发展,成为社会不安定因素。因而开展土地复垦工作使废弃土地获得新生,可以促进社会的安定团结。

(4)开展土地复垦可减轻企业的经济负担。过去被破坏的土地,只考虑给予农民经济赔偿,或由国家征用并安排群众的生产和生活。由于土地越来越少,征地费用越来越高,这就增加了企业的生产成本和经济负担,并成为企业亏损的一大因素,企业充分进行土地复垦及生态恢复重建,可减轻企业的经济负担。

516. 我国金属矿山土地复垦现状如何?

我国金属矿床分布地域广阔,露天铁矿的极限剥离系数大,大中型矿山一般在8~10以上。露天矿山的矿体埋藏特点一般是短而深,并且已逐渐转入凹陷和深凹露天开采,剥采比大。地下矿山采矿方法主要是无底柱分段崩落法,任其地表塌陷。矿石又多为贫矿,选矿比和排尾量大,在选矿加工中有62%以上的矿石作为尾矿处理。全国冶金矿山已占用的土地面积约为7万hm^2,其中被破坏需复垦的土地面积约为3.3万hm^2。在冶金矿山中每形成1万t矿石生产能力,平均占地为$3.97hm^2$,每生产1万t矿石占地$0.04 \sim 0.1hm^2$。在占地面积中露天采场、排土场、尾矿场三大场地占地量达70%。

我国近代土地复垦始于20世纪50年代末,这时人们在开展大规模基本建设的同时,已意识到保护土地和恢复废弃地的重要性,陆续进行了许多土地复垦工作。有色冶金设计研究总院在1975年,就专门从事土地复垦的调查研究,并出版了土地复垦专刊,苏州金属矿设计研究院在1982年编译了《露天开采复田》一书。但由于我国的土地复垦工作起步晚,至今各行业尚未普遍建立土地复垦专管机构,复垦资金渠道尚不畅通,开展土地复垦工作至今还是举步艰难,困难重重,土地复垦率还很低,复垦质量也远不如国外。

20世纪80年代是我国土地复垦获得迅速发展的时期。国家颁布了《土地管理法》,成立了国家土地管理局,土地复垦工作更加受到各级领导和社会各界的关注。土地复垦立法、管理体系、科学研究等都有了很大发展。国务院于1988年10月21日召开的第22次常务会议,审议并原则通过了《土地复垦规定》,同年11月8日《土地复垦规定》由国务院第十九号令发布,于1989年1月1日起施行,使我国的土地复垦工作开始初步走向法制轨道。经过十几年的发展,我国复垦重建取得了大量科研成果。例如矿区废弃地稳定化技术,包括排土工艺的优化选择和水土保持调控技术;矿区废弃地绿化技术,包括岩土风化、熟化和培肥技术及优良植物筛选技术等;矿区废弃地功能化技术,包括山、水、田、林、路统一规划,农、林、牧、副、鱼及建筑用地统筹安排技术;矿区废弃地社会、生态、经济效益的综合研究等。实践证明,这些技术在生产应用中具有较强的可操作性。但遗憾的是,这些科学成果向生产力的转化得不到资金的保证,应用推广面积很小,没有真正发挥出其巨大的效益,矿区生态环境未得到根本扭转,反而在继续恶化。这是制约我国土地复垦重建事业健康快速发展的一个重要原因。从长远利益和整体考虑,矿山应在采矿的同时,把生态环境保护放在重要位置来考虑。首先必须提供矿山复垦重建的资金,保证矿山开采终了后,生态环境重建工作能正常进行。土地复垦有计划的全国规划实施已势在必行,且任重而道远。

517. 矿山土地复垦工作的一般程序是什么?

矿山土地复垦作为一个工程,其工作程序离不开工作计划和工程实施两个阶段。由于土地和生态系统的形成往往是经过较长时间的自组织、自协调过程,复垦工程实施后所形成的新土壤和生态环境,往往也需要一个重新组织和各物种、成分之间相互适应与协调的过程才能达到新的平衡。而复垦工程实施后的有效的管理和改良措施可以促使复垦土地的生产能力和新的生态平衡尽早达到目标,所以,复垦工作后的改善与管理工作是必不可少的。因此,根据矿山土地复垦工程的特点,其一般程式可以概括为以下三大阶段:矿山土地复垦规划设计阶段;土地复垦工程实施阶段,即工程复垦阶段;土地工程复垦后改善与管理阶段,除复垦为建筑或娱乐用地外的生物复垦阶段。

复垦规划是复垦工作的准备阶段,决定复垦工程的目的和是否技术经济可行,是后两阶段的依据。复垦工程实施是复垦规划付诸实现的工程阶段,其实质为各种土地整治工程,保质、保量、准确、准时是该阶段的关键,但该阶段的完成仅仅只是完成了复垦工作的60%。美国法律规定,该阶段的完成仅退回60%的复垦保证金。余下40%的复垦工作是由复垦后改善与管理阶段完成,该阶段主要任务是达到复垦最终目标和提高复垦效益,建立良好的植被和生态环境。

518. 什么是工程复垦?

工程复垦主要是指利用采矿、复垦机械进行运送、平整复垦区内的土岩工作,使工程复垦后的土地恢复到比较合理的地形、地貌,使其基本满足环境目标和最终土地用途的需求,为下一步的生物复垦打基础。工程复垦是矿区土地复垦工作的核心,也是搞好下一阶段生物复垦工作的前提。

工程复垦的任务是建立有利于植物生长的表层和生根层,或为今后有关部门利用采矿被破坏的土地做好前期准备工作。主要工艺措施有堆置和平整处理表土和耕层、充填沉陷坑、建造人工水体、修建排水区网、修筑复垦区道路、地基处理与建设用地的前期准备工作、防止复垦区地表侵蚀工程等。

土壤是指在陆地表面上具有肥力、能生长植物的疏松层。它是在生物、气候环境和人为耕作措施影响下发展起来的,由固体、液体、气体三种形态的物质组成。土壤形成速度十分缓慢,约 100 年才能生成厚 5~20mm 的土层。每公顷健康土壤约含 800kg 蚯蚓和近 4t 细菌,是腐殖物的主要生产者。因此,珍惜土壤是保护自然资源的根本任务之一。实践表明,在被破坏的地区,人工建造土壤是可能的,但非常困难,成本很高。因此,在实施矿山工程前先采集全部土壤,就近堆置,以备日后复垦时利用,是经济而有效的方法。

519. 什么是生物复垦?

废弃土地复垦后,除作为房屋建筑、娱乐场所、工业设施等建设用地外,对用于农、林、牧、渔、绿化等复垦土地,在工程复垦工作结束后,还必须进行生物复垦,快速恢复植被,从而有效地控制水土流失、改善矿区生态环境,以建立生产力高、稳定性好、具有较好经济和生态效益的植被。生物复垦是采取生物等技术措施恢复土壤肥力和生物生产能力,建立稳定植被层的活动,它是农林用地复垦的第二阶段工作,是实现废弃土地农业复垦的关键环节。狭义的生物复垦是利用生物方法恢复用于农、林、牧、绿化复垦土地的土壤肥力并建立植被。广义的生物复垦包括恢复复垦土地生产力、对复垦土地进行高效利用的一切生物和工程措施。生物复垦主要内容包括复垦土壤评价、土壤改良与培肥方法、植被品种筛选和植被工艺。

520. 什么是生态农业复垦?

生态农业复垦有的也称为生态复垦和生态工程复垦,是根据生态学和生态经济学原理,应用土地复垦技术和生态工程技术,对沉陷、挖损、压占等采矿破坏土地进行整治和利用。它是广义的农业复垦,其实质是在破坏土地的复垦利用过程中发展生态农业,目的是建立一种多层次、多结构、多功能集约经营管理的综合农业生产体系。

生态农业复垦不是某单一用途的复垦,而是农、林、牧、副、渔、加工等多业联合复垦,并且是相互协调、相互促进、全面发展;它是对现有土地复垦技术,按照生态学原理进行的组合与装配;它是利用生物共生关系,通过合理配置农业植物、动物、微生物、进行立体种植、养殖业复垦;它是依据能量多级利用与物质循环再生原理,循环利用生产中的农业废物,使农业有机废弃物资源化,增加产品输出;它充分利用现代科学技术,注重合理规划,以实现经济、社会和生态效益的统一。

生态农业复垦与传统土地复垦的根本区别,在于它不是单纯将土地复垦当作一个工程或工艺过程来研究,也不是将破坏土地仅仅恢复到可供利用的状态,而是将破坏土地所在区域视为一个以人为主体的自然-经济-社会的复合系统,依据生态学、生物学和系统工程学的理论,对破坏土地进行系统设计、综合整治和多层次开发利用,达到经济、社会和环境效益最优的可供利用的期望状态。因此,生态农业复垦是一种从整体上系统全面地综合开发复垦土地的技术或模式,它将系统和生态的观点与理论容入复垦的设计,工程实施和复垦土地再利用的全过程。这种技术或模式不仅包括原有土地复垦的规划技术、工程复垦技术和生物复垦技术,而且在深度和广度上更加丰富。

521. 生态农业复垦主要模式有哪些?

生态农业复垦的主要模式有五种:

(1)生物立体共生的生态农业复垦系统。这是一种根据各生物种群的生物学、生态学特性和生物之间的互利共生关系而合理组合的生态农业复垦系统。该系统能使处于不同生态位的各生物种群在系统中各得其所,相得益彰,更加充分地利用太阳能、水分、矿物质等营养元素,并建立一个空间上多层次、时间上多序列的产业结构,从而获得较高的经济效益和生态效益。

根据生物的类型、生境差异和生物因子的数量等可将生物立体共生的生态农业复垦分为以下各种类型和模式:立体种植、立体养殖和立体种养三类。

(2)物质循环利用的生态农业系统。这是一种按照生态系统内能量流动和物质循环规律而设计的一种良性循环的生态农业系统,在该系统中,一个生产环节的产出(如废弃物排出)是另一个生产环节的投入,使得系统中的各种废弃物在生产过程中得到再次、多次和循环利用,从而获得更高的资源利用率,并有效地防止废弃物对农业环境的污染。

根据系统内生产结构的物质循环方式,可分为以下两类:1)种植业内部物质循环利用类型,该类型主要是指在林业、作物及食用菌等生产体中的物质多级循环利用,其结构相对简单。2)养殖业内部物质循环利用类型,这种类型主要是利用家禽生产中的粪便等废弃物,作为畜牧生产中的饲料,而畜牧生产的废弃物再作为某些特种培养动物的营养材料而扩大其种群,这些特种培养动物以高级蛋白饲料形式直接用于家禽的饲养,从而建立了废物利用的良性循环。

(3)水陆交换互补的物质循环利用系统。该类型是充分利用沉陷形成积水的优势,根据鱼类等各种水生生物的生活规律、食性及在水体中所处的生态位,按照生态学的食物链原理过程合理组合,实现农–渔–禽–畜综合经营的生态农业类型。如一个系统中生物之间以营养为纽带的物质循环和能量流动,构成了生产者、消费者和还原者为中心的三大功能群类。农作物和青饲料,可作为畜牧生产中鸡、鸭、猪、牛等养殖动物的饲料;畜牧业生产中的粪便等废弃物,可供养鱼或其他水产养殖业的饵料,并可直接施入农田,经微生物分解而成为农用或饲料作物的肥料;鱼池中的塘泥亦可作为农作物的肥料;食用菌生产中的菌渣及培养床的废弃物,可用于饲喂禽畜动物、鱼,或作为农田作物的肥料,由此形成多级的循环利用。

(4)种–养–加工三结合的物质循环利用类型。该类型与第三类相比增加了加工业,并与种植业和养殖业紧密联系起来,种植业和养殖业的产品经过加工这个环节,进一步提高了经济效益,而且加工过程中产生的各种废物,也在整个系统中进一步循环利用,从而增加了系统组分结构的复杂性和保证了资源的充分利用。

(5)多功能的农、副、工业联合生态系统。生态系统通过完全的代谢过程——同化和异化,使物质流在系统内循环不息,这不仅保持了生物的再生不已,并通过一定的生物群落与无机环境的结构调节,使得各种成分相互协调,达到良性循环的稳定状态。这种结构与功能相统一的原理,用于矿区土地复垦和工农业生产的布局,就形成了多功能的农、副、工联合生态系统。这样的系统往往由4个子系统组成,即农业生产子系统、加工工业子系统、居民生活区子系统和植物群落调节子系统。它的最大特点是将种植业、养殖业和工业有机地结合起来,组成一个多功能的整体。

参 考 文 献

[1] 蔡美峰,何满潮,刘东燕. 岩石力学与工程[M]. 北京:科学出版社,2002.

[2] 徐忠义,杜前进. 采矿知识问答[M]. 北京:冶金工业出版社,2005.

[3] 徐九华,谢玉玲,李建平,等. 地质学[M]. 第4版. 北京:冶金工业出版社,2009.

[4] 侯德义,李志德. 矿山地质学[M]. 北京:地质出版社,2004.

[5] 韦冠俊. 矿山环境工程[M]. 北京:冶金工业出版社,2001.

[6] 李德成. 采矿概论[M]. 北京:冶金工业出版社,2001.

[7] 杨福海,李富平,甘德清,等. 矿山生态复垦与露天地下联合开采[M]. 北京:冶金工业出版社,2002.

[8] 王青,史维祥. 采矿学[M]. 北京:冶金工业出版社,2005.

[9] 劳动部矿山安全卫生监督局. 金属非金属矿开采安全[M]. 北京:中国劳动出版社,1992.

[10] 隆泗,周一正. 煤矿安全知识问答[M]. 西安:西安交通大学出版社,2005.

[11] 山东招金集团有限公司. 矿山事故分析及系统安全管理[M]. 北京:冶金工业出版社,2004.

[12] 游华聪. 煤矿通风技术与安全管理[M]. 成都:西南交通大学出版社,2003.

[13] 董方庭,等. 井巷设计与施工[M]. 徐州:中国矿业大学出版社,1994.

[14] 古德生,李夕兵,等. 现代金属矿床开采科学技术[M]. 北京:冶金工业出版社,2006.

[15] 解世俊. 金属矿床地下开采[M]. 北京:冶金工业出版社,1986.

[16] 刘同友. 国际采矿技术发展的趋势[J]. 徐州:中国矿山工程,2005(2):35~40.

[17] 孙豁然,周伟,等. 我国金属矿采矿技术回顾与展望[J]. 金属矿山,2003(10):6~9,71.

[18] 金闯,等. 梅山铁矿大间距结构参数研究与应用[J]. 金属矿山,2002(2):7~9.

[19] 焦玉书. 国外铁矿业发展的新态势[J]. 矿业工程,2003(2),38~41.

[20] 薛奕忠. 高阶段大直径深孔崩矿嗣后充填采矿法在安庆铜矿的应用[J]. 采矿技术,2007(12):8~10,35.

[21] 战凯. 地下金属矿山无轨采矿装备发展趋势[J]. 采矿技术,2006(3):34~38.

[22] 浑宝炬,郭立稳. 矿井通风与除尘[M]. 北京:冶金工业出版社,2007.

[23] 吴贤振,刘洪兴. 井巷工程[M]. 北京:化学工业出版社,2009.

[24] 陈建宏. 矿产资源经济学[M]. 长沙:中南大学出版社,2009.

[25] 张钦礼,王新民,邓义芳. 采矿概论[M]. 北京:化学工业出版社,2008.

[26] 伍佑伦,胡建华. 矿山安全知识问答[M]. 北京:化学工业出版社,2008.

[27] 王玉杰. 爆破工程[M]. 武汉:武汉理工大学出版社,2007.

冶金工业出版社部分图书推荐

书　　名	定价(元)
采矿手册(第1卷~第7卷)	927.00
采矿工程师手册(上、下)	395.00
现代采矿手册(上册)	290.00
现代采矿手册(中册)	450.00
现代采矿手册(下册)	260.00
实用地质、矿业英汉双向查询、翻译与写作宝典	68.00
现代金属矿床开采技术	260.00
海底大型金属矿床安全高效开采技术	78.00
爆破手册	180.00
中国典型爆破工程与技术	260.00
选矿手册(第1卷~第8卷共14分册)	637.50
浮选机理论与技术	66.00
矿用药剂	249.00
现代选矿技术丛书　铁矿石选矿技术	45.00
矿物加工实验理论与方法	45.00
矿山地质技术	48.00
采矿概论	28.00
地下装载机	99.00
硅酸盐矿物精细化加工基础与技术	39.00
矿山废料胶结充填(第2版)	48.00
炸药化学与制造	59.00
选矿知识600问	38.00
矿山尘害防治问答	35.00
金属矿山安全生产400问	46.00
煤矿安全生产400问	43.00
金属矿山清洁生产技术	46.00
地质遗迹资源保护与利用	45.00
现代矿业管理经济学(本科教材)	36.00
爆破工程(本科教材)	27.00
地质学(第4版)(本科教材)	40.00
采矿学(第2版)(本科教材)	58.00
井巷工程(本科教材)	38.00
环境工程微生物学实验指导(本科教材)	20.00
基于ArcObjects与C#. NET的GIS应用开发(本科教材)	50.00
井巷工程(高职高专教材)	36.00